Metin Tolan
Manchmal gewinnt der Bessere

PIPER

Zu diesem Buch

»So ist Fußball. Manchmal gewinnt der Bessere.«
Was Lukas Podolski nach der WM-Niederlage
2006 gegen Italien zerknirscht bekannte, beweist der Dortmunder Physik-Professor Metin
Tolan: Fußball ist der ungerechteste Sport der
Welt. Würden sich auf dem grünen Rasen nämlich je 11 Physiker begegnen, wäre Schluss mit
falschen Abseitsentscheidungen, Bananenflanken ins Aus und schlecht positionierter Abwehr.
Denn die Physik kann, was Netzer und Co. nur
versuchen: Fußball erklären. Wer hätte gedacht,
dass im Elfmeterschießen die Reihenfolge der
Schützen entscheidend ist? Und wer wagt vom
Wembley-Tor 1966 zu behaupten: »Der könnte
drin gewesen sein«? Metin Tolan wagt es! Und
lüftet absolut unbestechlich alle Geheimnisse
rund ums runde Leder.

Metin Tolan, 1965 geboren, manchmal BVB-, bis-
weilen VfB-, aber immer Fußball-Fan, ist Professor für Experimentelle Physik und Prorektor für
Forschung an der Technischen Universität Dortmund. Seit Jahren macht er sich einen Namen als
Deutschlands verwegenster Physik-Erklärer. Sein
Buch »Geschüttelt, nicht gerührt« über die Physik in James-Bond-Filmen wurde zum Überra-
schungsbestseller.

Metin Tolan

Manchmal gewinnt der Bessere

Die Physik des Fußballspiels

Mit 80 Grafiken und Abbildungen

Mehr über unsere Autoren und Bücher:
www.piper.de

Von Metin Tolan liegen im Piper Verlag vor:
Geschüttelt, nicht gerührt
Manchmal gewinnt der Bessere
Titanic
Die STAR TREK Physik

Aktualisierte Taschenbuchausgabe
1. Auflage September 2011
7. Auflage Mai 2017
© Piper Verlag GmbH, München 2010
unter dem Titel »So werden wir Weltmeister«
Umschlaggestaltung: Büro Jorge Schmidt, München
Umschlagabbildungen: Jakob Werth, Teisendorf
Illustrationen: Sven Binner
Grafiken: Florian Feldhaus
Foto S. 26: FIRO
Satz: Sebastian Lehnert, München
Gesetzt aus der Corpid
Druck und Bindung: CPI books GmbH, Leck
Printed in Germany   ISBN 978-3-492-26492-1

 INHALT

Kapitel 2
Wahrscheinlichkeit und Statistik 63

Kapitel 3
Die Mechanik des Fußballspiels 155

Nachwort
Wie es zu diesem Buch kam

Grundsätzlich werde ich versuchen zu erkennen,
ob die subjektiv geäußerten Meinungen subjektiv
sind oder objektiv. Wenn sie subjektiv sind, würde
ich an meiner objektiven Linie festhalten. Wenn
sie objektiv sind, werde ich überlegen und vielleicht
die objektiven, subjektiv geäußerten Meinungen
der Spieler mit in meine objektive einfließen lassen.

(Antwort von Bundestrainer Erich Ribbeck bei der
Europameisterschaft 2000 auf die Frage, wie er mit
Ratschlägen von Spielern umgehe)

# VORWORT
FUSSBALL – EIN EINFACHES SPIEL?

Fußball – das bedeutet prickelnde Emotionen, heißer Kampf, überschwängliche Euphorie und Spannung pur. Die Physik hingegen prickelt überhaupt nicht, ist völlig kalt und emotionslos, kommt ohne Kampf und Euphorie aus, und viele Leute empfinden sie alles andere als spannend. Dabei hat sie jedoch einen entscheidenden Vorteil: Die Physik ist objektiv, völlig frei von subjektiven Einflüssen und absolut unbestechlich.

Im Fußball kann man eigentlich (fast) alles mit den Mitteln der Physik erklären, denn wenn Bälle durch die Luft fliegen, geschieht dies nach den Gesetzen der Physik. Der Ball unterliegt natürlich der Schwerkraft, er wird durch den Luftwiderstand genauso gebremst wie ein Radfahrer, und manchmal wirken auf ihn auch noch der Wind und die sogenannte Magnus-Kraft ein. Diese Kräfte bestimmen dann seine Flugbahn. Befindet sich das runde Leder erst einmal in der Luft, wird es zum Spielball der Naturgesetze. Der Flug eines Fußballs erweist sich übrigens wegen seines Gewichts relativ zum Luftwiderstand im Vergleich zum Tischtennis-, Golf- oder Basketball als besonders schwer zu berechnen. Es scheint fast so, als ob uns die Natur davon abhalten will, dem emotionalen Fußballspiel mit den kalten Werkzeugen der Naturwissenschaft seine Geheimnisse zu entlocken!

Auch ein Schuss ist ein mechanischer Vorgang, sodass die Physik ihn erklären kann. Hier kann man mit dem Gesetz der Impulserhaltung die grundlegenden Mechanismen verstehen. Michael Ballack wird niemals einen 200 km/h schnellen Schuss zustande bringen, sondern immer bei 120 bis 130 km/h hängen bleiben, egal wie sehr er sich anstrengt. Es ist leicht einzusehen, dass die Physik dies mit ihren Gesetzen verhindert und so dem Können und der Kraft der Spieler Grenzen setzt. Aber wer hätte gedacht, dass die Tor- und Ergebnisverteilung in der Fußball-Bundesliga mit einer Formel beschrieben werden kann? Wer würde vermuten, dass man exakt beweisen kann, dass Fußball zwar der ungerechteste Sport der Welt, dafür aber auch der interessanteste ist? Wer würde annehmen, dass es davon abhängt, in welchem Monat man geboren ist, ob man Fußballprofi wird oder nicht? Und wer hätte gedacht, dass im Elfmeterschießen die optimale Reihenfolge der Schützen entscheidend ist?

Es ist nicht genau überliefert, wo zuerst mit dem Fußballspielen begonnen wurde. Verschiedene Quellen nennen China als Ursprungsland, weil dort schon im zweiten Jahrtausend vor Christi Geburt ein fußballähnliches Spiel namens »Ts'uh-küh« ausgetragen wurde. »Ts'uh« bedeutet dabei »mit dem Fuß stoßen«, und die Übersetzung von »küh« lautet »Ball«. Gespielt wurde mit einem aus Lederstücken zusammengenähten Ball, der mit Tierhaaren oder Federn gefüllt war. Das Spiel geriet in China aber im Laufe der Zeit in Vergessenheit. Auch aus dem antiken Griechenland und von den Römern sind fußballähnliche Spiele bekannt. Leider ist deren Regelwerk nicht überliefert. Sie dienten vermutlich zur Ertüchtigung der Soldaten in der Armee und waren damit wohl alles andere als friedliche Spielchen.

In England wurde Fußball bereits im Mittelalter als brutales Kampfspiel ohne Regeln gespielt. Die Wurzeln liegen dabei in der Nähe von Derby bei Ashbourne. Dort spielten ganze Dörfer gegeneinander, die oft kilometerweit voneinander entfernt lagen. Der Ball musste dabei durch das gegnerische Stadttor oder eine ähnlich markante Einrichtung getrieben werden. Da es keine Regeln gab, konnte eine beliebige Zahl an Spielern pro Mannschaft teilnehmen. Ohne Regeln konnten sich die Spieler auch ungestraft gegenseitig die Knochen brechen und die Köpfe einschlagen. Das Spiel war so gewalttätig, dass es zwischen dem 14. und 17. Jahrhundert verboten wurde. Im 14. Jahrhundert wurde in Frankreich über ein fußballähnliches Spiel mit dem Namen »La Soule« berichtet, das in der Normandie heimisch war. In Norditalien wurde bis ins 18. Jahrhundert das »Calcagno« (Fußtritt) gespielt, und in Florenz wird mit dem bis heute jährlich stattfindenden Kostümfußball »Calcio storico« – bei dem es nur wenige Regeln gibt und es entsprechend rustikal zugeht – an ein Fußballereignis aus dem Jahr 1530 erinnert.

Das Mutterland des heutigen Fußballs ist zweifellos England. 1848 wurden in Cambridge die ersten Regeln verfasst, 1857 gründeten Kricketspieler mit dem FC Sheffield den ersten Fußballclub der Welt, und 1863 wurde mit der Football Association (FA) der erste Fußballverband gegründet, der das Regelwerk zentral vorgab und weiterentwickelte. In Deutschland wird Fußball erst seit 1871 gespielt. Fußball galt zur Zeit des Turnvaters Jahn, in der kräftige Männer am Barren oder Reck das Bild des erfolgreichen Sportlers verkörperten, aber eher als »Mädchensport« und entwickelte sich deswegen nur sehr zögerlich. Der Deutsche Fußball Bund (DFB) wurde erst am 28. Januar 1900 in Leipzig gegründet und nach dem Zweiten Weltkrieg am 10. Juli 1949 in Stuttgart erneut aus der Taufe gehoben.

1872 fand in Glasgow das erste Fußball-Länderspiel statt – Schottland spielte gegen England 0:0. Im selben Jahr wurde mit dem noch heute ausgespielten FA-Cup der erste nationale Fußballwettbewerb eingeführt. 1888 spielten zum ersten Mal zwölf Teams in einer Liga den Meister aus. Preston North End beendete die Saison ungeschlagen als Erster vor Aston Villa und den Wolverhampton Wanderers, zwei Teams, die auch heute noch außerhalb Englands bekannt sind. In der Saison 2008/09 spielten immerhin noch sechs Teams dieser allerersten zwölf Mannschaften in der englischen Premier League! Der Fußball wurde in England auch sehr früh professionalisiert. Seit 1897 wird das Leder auf der Insel von vertraglich an einen Verein gebundenen Profikickern getreten. Auch das Kaufen von Spielern kam recht schnell in Mode. So wurde schon im Jahr 1905 der Spieler Alf Common für über 1 000 Pfund von Sunderland nach Middlesbrough transferiert. Die Professionalität des Fußballs hat sich seitdem dramatisch weiterentwickelt. Heutzutage sind Jahresgehälter von 10 Millionen Euro in der englischen Premier League keine Seltenheit, und Manchester City hat im Januar 2009 für den brasilianischen Star Kaká vom AC Mailand sage und schreibe 125 Millionen Euro Ablöse geboten!

Auf dem Festland brauchte die Professionalisierung etwas länger. Hier wurde in Österreich im Jahr 1924/25 die erste Profiliga eingeführt, der schnell weitere professionelle Ligen in den anderen europäischen Ländern folgten. Eine der wenigen Ausnahmen war Deutschland.

Hier ist mit der Bundesliga erst 1963 eine Profiliga eingeführt worden. Vorher galt der strikte Amateurstatus, dessen Verletzung streng bestraft wurde. Die deutschen Weltmeister von 1954, die das »Wunder von Bern« schafften, bekamen für ihren historischen Triumph lächerliche 2 500 Mark, einen Fernseher, einen Lederkoffer und einen Motorroller. Aber was ist schon schnödes Geld gegen die Unsterblichkeit der 54er-Helden …

Das British Empire umfasste im Jahr 1919 etwa ein Fünftel der gesamten Erdoberfläche. Somit konnte der Fußball, so wie er auf der Insel gespielt wurde, über die ganze Welt verbreitet werden. Interessant ist aber, dass bis heute der Fußball in der ehemaligen britischen Kolonie Indien nie so recht heimisch wurde. Indien hat sich bisher nur ein einziges Mal für eine Weltmeisterschaft qualifiziert – 1950 in Brasilien –, wobei man genau genommen noch nicht einmal von einer Qualifikation reden kann, da das Land als einziger Vertreter Asiens automatisch gesetzt war. Allerdings wollten die Spieler ohne Schuhe antreten, weil sie es nun mal so gewohnt waren. Dies wurde von der FIFA untersagt, und der indische Verband zog seine Mannschaft daraufhin zurück. Seitdem hat man vom indischen Fußball nicht mehr viel gehört.

Der Fußball-Weltverband, die Fédération Internationale de Football Association (kurz FIFA), wurde am 21. Mai 1904 in Paris im Hinterhaus des Sitzes der Union Française de Sports Athlétiques gegründet. Heutiger Sitz der FIFA ist Zürich. Die Gründungsakte wurde von den Bevollmächtigten der Verbände der Schweiz, der Niederlande, Frankreichs, Belgiens, Dänemarks, Spaniens und Schwedens unterzeichnet. Deutschland ist noch am selben Tag per Fernschreiben der FIFA beigetreten. 1909 kam Südafrika, das Gast-

geberland der Weltmeisterschaft 2010, als erstes nicht-
europäisches Land hinzu, und 1912 waren Argentinien
und Chile die ersten südamerikanischen Länder, denen
ein Jahr später die USA folgte. Erst nach dem Zweiten
Weltkrieg im Jahr 1946 traten die britischen Verbände
in die FIFA ein. Davor war man auf der Insel der Auffassung, dass im Mutterland des Fußballs ohnehin der
beste Fußball gespielt werde und man sich daher
nicht mit dem Rest der Welt messen müsse – ein gigan-
tischer Trugschluss, bedenkt man heute das mäßige
Abschneiden der britischen Teams bei den bisherigen
Welt- und Europameisterschaften. Heutzutage gehören
der FIFA mit 208 Fußballverbänden deutlich mehr Mit-
glieder an als den Vereinten Nationen, die es nur auf
192 Länder bringen. Die FIFA ist damit der weltweit
größte und auch mächtigste Sportverband.

Die Entwicklung in Deutschland verlief ebenfalls
rasant. Heute ist der DFB mit über 26 000 Vereinen und
mehr als sechs Millionen Mitgliedern der größte und
reichste Einzelsportverband der Welt. Bei der totalen
Kommerzialisierung des Fußballs wirkt es grotesk, dass
der DFB immer noch als eingetragener, gemeinnütziger
Verein mit Sitz in Frankfurt am Main firmiert.

Schon 1905 dachte die FIFA darüber nach, eine Weltmeisterschaft mit Nationalteams auszuspielen. Dieser
Plan wurde aber erst im Jahr 1930 mit dem ersten
WM-Turnier in Uruguay verwirklicht. Vorher galten die
olympischen Fußballturniere als eine Art Ersatz-Welt-
meisterschaft. Uruguay gewann auf heimischem Boden
den ersten Titel mit 4:2 im Endspiel gegen Argentinien.
Dieser Trend sollte sich fortsetzen: Amerikanische
Teams gewannen fortan die Weltmeisterschaft immer
dann, wenn sie auf amerikanischem Boden ausgetragen
wurde, während europäische Teams in Europa trium-

phierten. Die einzige Ausnahme waren die Brasilianer 1958 in Schweden, die das Endspiel mit 5:2 und einem überragenden siebzehnjährigen Pelé gegen die Gastgeber gewannen. Brasilien gewann auch das erste Turnier im Jahr 2002 auf asiatischem Boden. 2010 wurde das erste Mal eine WM-Endrunde in Afrika ausgetragen. Hier gewann mit Spanien ein Team aus Europa. Einfacher wird es dann vier Jahre später. Am 30. Oktober 2007 hat die FIFA beschlossen, die WM-Endrunde im Jahr 2014 nach Brasilien zu vergeben. Nach dem Gesetz der Serie können wir dort also einen Titelträger aus Südamerika erwarten.

Deutschland ist mit den drei Titeln 1954, 1974 und 1990 hinter Brasilien, das bisher fünfmal triumphierte, das zweiterfolgreichste WM-Team der Geschichte. Zwar gewannen die Italiener den Titel viermal, aber Deutschland hat mit vier weiteren Finalteilnahmen, vier dritten und einem vierten Platz eine mehr als eindrucksvolle Gesamtbilanz bei den insgesamt 17 WM-Teilnahmen vorzuweisen. Auf zwölf Halbfinalteilnahmen kommt nicht einmal Brasilien. Auch hat sich Deutschland bisher immer, wenn man wollte oder durfte, für eine WM-Endrunde qualifiziert. 1930 wollte man genauso wie Italien wegen der Reisestrapazen nach Uruguay nicht, und 1950 durfte man nicht, weil Deutschland wegen seiner Rolle im Zweiten Weltkrieg noch nicht wieder in die FIFA aufgenommen worden war.

Eindrucksvoll ist auch die deutsche Bilanz bei den seit 1960 ausgespielten Fußball-Europameisterschaften. Hier konnten unsere Jungs bei 13 Turnieren drei Titel (1972, 1980 und 1996) und drei weitere Vizemeisterschaften (1976, 1992 und 2008) erringen. Die letzte Vizemeisterschaft bei der EM 2008 in der Schweiz und Österreich ist sicher noch in bester Erinnerung. Wer hätte aber seinerzeit gedacht, dass die Europameisterschaft 1996, die die Vogts-Truppe im Londoner Wembley-Stadion durch das »Golden Goal« von Oliver Bierhoff in der 95. Minute errang, für weit mehr als zehn Jahre der letzte Titel unseres Teams sein würde?

 Der weltweite Erfolg des Fußballs wird immer wieder auch damit begründet, dass es sich um ein einfaches, für den Zuschauer leicht nachvollziehbares Spiel handelt. Dieses Buch soll daran nichts ändern – keine Angst! Wenn man aber anfängt, Fragen zu stellen, dann wird der Fußball schnell recht kompliziert, zumindest wenn man diese Fragen mit den objektiven Mitteln der Mathematik und Physik beantworten will. Zum Beispiel, ob es mathematische Gründe dafür gibt, dass eine Mannschaft in einer Saison super drauf ist und unter die ersten fünf in der Tabelle kommt, im folgenden Jahr die gleichen Spieler mit dem gleichen Trainer aber völlig versagen und vielleicht sogar absteigen. Ja, dafür gibt es tatsächlich einen mathematischen Grund! Eine weitere Frage betrifft die Schieds- und Linienrichter. Kann man mathematisch und physikalisch feststellen, ob unsere Referees eigentlich gut oder schlecht sind? Ja, man kann! Unsere Referees sind sogar besser, als es die Physik erlaubt. Noch kurioser ist die Frage, ob Fußball etwas mit Radioaktivität zu tun hat. In der Tat! Fußball hat etwas mit Radioaktivität zu tun. Kann man physikalisch begründen, warum eigentlich noch niemand im »Aktuellen Sportstudio« sechs Mal an der legendären Torwand aus sieben Metern die 55 Zentimeter großen Löcher getroffen hat? Ja natürlich, hierfür gibt es einen ganz objektiven und profanen mathematisch-physikalischen Grund. Kann man objektiv erklären, warum der Frauenfußball im Augenblick noch nicht so interessant ist wie der Männerfußball? Ja man(n) kann!

Wird der Frauenfußball irgendwann einmal so attraktiv sein wie der Männerfußball? Er wird in (ferner?) Zukunft sogar noch attraktiver werden, was sich erstaunlicherweise mathematisch exakt begründen lässt.
Ist der Austragungsmodus einer Weltmeisterschafts-Endrunde mathematisch optimal? Nein, ganz und gar nicht! Er birgt sogar sehr große Gefahren für Manipulationen. Gibt es eine optimale Reihenfolge, in der unsere Jungs zum nächsten Elfmeterschießen antreten sollten? Ja, die gibt es tatsächlich! Am Ende des Buches wird der Titelträger des Turniers in Südafrika mathematisch ausgerechnet. Erstaunlicherweise stand er schon im Vorfeld fest, wie eine Formel ganz eindeutig beweist. Allerdings macht auch die Mathematik manchmal Fehler ...

Dies sind nur einige der Fragen, denen hier auf den Grund gegangen wird. Sie werden in diesem Buch so viel Neues über Fußball lernen, dass Sie im Freundeskreis mit diesen Kenntnissen sicher großen Eindruck schinden können. Selbst der »Fußball-Professor« Ralf Rangnick wird nicht mithalten können! Leider werden an der einen oder anderen Stelle des Buches ein paar Formeln benötigt. Ja, Sie werden sogar auf so etwas Grausames wie »Bessel-Funktionen« stoßen! Doch alles wird auch ausführlich in Worten erklärt. Sollten die Formeln Sie an die dunkelsten Kapitel Ihrer Schulzeit erinnern, so überspringen Sie diese Stellen einfach. Wer im Umgang mit Formeln etwas geübt ist, kann so allerdings die objektiven Begründungen manch subjektiv erscheinender Tatsachen etwas leichter nachvollziehen – *Schau'n mer mal!*

Fußball ist ein Spiel für 22 Mann; 11 auf jeder Seite.
Die Spieler treten den Ball von einem Ende des Platzes
an das andere. Das Leder muss in ein Tor, in dem
ein Keeper steht. Das Spiel dauert 90 Minuten. Und
am Ende gewinnt immer Deutschland ...

**(Der englische Nationalspieler Gary Lineker fasst
die Regeln des Fußballs zusammen)**

 **DIE REGELN**

Im Jahr 1848 haben Studenten der Universität Cambridge die ersten Fußballregeln, die »Cambridge Rules«, verfasst. Eine Mannschaft sollte aus 15 bis 20 Spielern bestehen. Erst 24 Jahre später wurde durch die 1863 in England gegründete Football Association die Zahl der Spieler auf die heutigen elf festgelegt. Wir werden sehen, dass man die Zahl von zehn Feldspielern tatsächlich mathematisch begründen kann. 1863 beschloss die Football Association auch ein ausführliches Regelwerk, welches 14 Absätze umfasste und auf den Cambridge Rules basierte. Demnach werden das Spielen mit dem Fuß und das ausschließliche Treten nach dem Ball als wesentliche Elemente des Spiels festgelegt. Seit 1877 gibt es den Feldverweis eines Spielers bei grobem Foulspiel. Allerdings wurde erst 1909 der genaue Strafenkatalog dafür geschaffen, und erst seit 1970 wird der Feldverweis mit einer »Roten Karte« und eine minder schwere Tat durch eine »Gelbe Karte« angezeigt. Die Rote Karte zog der Referee im Unterschied zur Gelben, die in der Brusttasche steckte, immer aus seiner Gesäßtasche, damit die Zuschauer und Reporter vor den Schwarz/Weiß-Fernsehgeräten deutlich sehen konnten, wenn ein Spieler mit einem Feldverweis belegt wurde. Seither spricht man davon, dass jemand »die Arschkarte zieht«, wenn ihm ein Unglück widerfährt. Doch wie stark wird eine Mannschaft eigentlich durch eine solche »Arschkarte« im Durchschnitt geschwächt?

Merkwürdigerweise hat die Football Association 1863 auch schon die Abseitsregel eingeführt. Wir werden im Folgenden sehen, warum diese Regel sinnvoll ist, dass sie aber geradezu ein Desaster für Schieds- und Linienrichter darstellt, da sie bei der Anwendung dieser Regel prinzipiell immer Fehler machen müssen. Auch die Größe des Tores liegt schon lange fest. Bereits im Jahr 1865 wurde die Torhöhe auf 8 Feet = 2,44 Meter begrenzt. Im Jahr 1875 wurde dies noch präziser als die Höhe der Lattenunterkante definiert, und gleichzeitig wurden die Halbzeitpause und der Seitenwechsel eingeführt. Auch die Breite des Tores wurde auf 8 Yards = 7,32 Meter normiert. Die Ballgröße steht seit 1872 mit einem Umfang von 68 bis 70 Zentimetern bei einem Durchmesser von etwa 22 Zentimetern fest. Warum gerade diese Ausmaße? Sollte man die Tore nicht größer und den Ball kleiner machen, damit das runde Leder häufiger im erst 1890 eingeführten Tornetz zappelt? Im Handball sind die Tore zwar kleiner, aber es fallen trotzdem viel mehr Tore als im Fußball. Ist dadurch das Spiel wirklich interessanter? Wir werden im folgenden Kapitel mathematisch begründen, dass der Fußball seinen großen Reiz daraus bezieht, dass nur sehr wenige Tore fallen. Dadurch wird Fußball zum ungerechtesten, aber auch interessantesten Mannschaftssport der Welt.

Mit der Ausbreitung des Fußballs Ende des 19. Jahrhunderts in England entwickelten und verfeinerten sich auch die Regeln. In Deutschland legte 1874 der Braunschweiger Lehrer Konrad Koch das erste Regelwerk fest. Die FIFA und der DFB haben die Regeln des Fußballspiels später immer weiter ausgearbeitet. Für jede denkbare Situation gibt es heutzutage eine konkrete Handlungsanweisung, nachzulesen beispielsweise auf der Homepage des DFB. Auf jährlichen Konferenzen kontrolliert die FIFA, ob die Regeln noch adäquat sind, und passt sie gegebenenfalls an. Es gibt im offiziellen Regelwerk der FIFA 17 Spielregeln, die 1938 neu gefasst wurden und bis auf geringfügige Änderungen bis heute unverändert geblieben sind. Man könnte daher denken, dass alles klar ist und darüber nicht mehr weiter diskutiert werden muss. Aber schon die triviale Frage, wann eigentlich ein Ball im Tor ist, erweist sich bei genauerer Betrachtung als ungeheuer kompliziert. Die Regel ist glasklar formuliert, aber kann ein Schiedsrichter sie überhaupt so genau umsetzen? Wie viel Zeit hat er, um zu entscheiden, ob ein Ball »drin« war? Interessant ist ohnehin, dass es den Schiedsrichter erst seit 1873 und seine beiden Linienrichter erst seit 1889 gibt. Vorher hat man offenbar 25 Jahre lang Fußball ohne Schiedsrichter gespielt! Die beiden Mannschaftsführer haben das Spiel geleitet und bei Regelverstößen unterbrochen. Es ist allerdings nicht überliefert, wen das unterlegene Team eigentlich für seine Niederlage verantwortlich gemacht hat, wenn der Schiedsrichter als Sündenbock ausfällt. Es ist auch nicht klar, wie die Schiedsrichter 16 Jahre lang Abseitsstellungen ohne Linienrichter gesehen haben.

Heutzutage sind die Schieds- und Linienrichter an allem schuld. Ihre Leistung wird jedes Wochenende kritisch hinterfragt, und einzelne Szenen werden mit Superzeitlupen und Standbildern geradezu seziert. Ein Ergebnis der Ausführungen des folgenden Kapitels wird aber sein, dass unsere Schiedsrichter erstaunlich wenige Fehler machen. Sie sind sogar besser, als sie laut Theorie eigentlich sein dürften! Und die Fehler, die sie machen, sind häufig das Salz in der Suppe. Was wäre der Fußball ohne all die Diskussionen über strittige Abseits- und Torentscheidungen, ohne übersehene Handspiele und unberechtigte Elfmeter, ohne zweifelhafte Feldverweise und nicht geahndete Foulspiele? Nichts – er wäre viel ärmer! Deswegen kann man der FIFA nur dringend davon abraten, elektronische Hilfsmittel für Schiedsrichter zu entwickeln oder die Tatsachenentscheidung immer weiter auszuhöhlen in der irrigen Annahme, man könne damit Gerechtigkeit auf den Fußballplatz bringen. Nein, wir Fans wollen keinen klinisch reinen Fußball, wir dürsten geradezu nach Ungerechtigkeit und strittigen Entscheidungen!

Wann ist ein Ball im Tor?

Im Fußball ist es wie in der Liebe. Was vorher ist, kann auch sehr schön sein, aber es ist nur Händchenhalten. Der Ball muss hinein!

(Der Trainer und Kolumnist Max Merkel philosophiert über das Wesen des Fußballspiels)

Häufig erleben wir im Fußball umstrittene Torentscheidungen. War der Ball wirklich hinter der Linie? Das umstrittenste Tor der Fußballgeschichte ist wohl im WM-Finale 1966 gefallen und unter dem Namen

»Wembley-Tor« in die Annalen eingegangen. Auf dieses Tor kommen wir noch in aller Ausführlichkeit in einem späteren Abschnitt zurück. Auch im WM-Finale 2006 gab es zwei Entscheidungen dieser Art. Zinédine Zidane hat für Frankreich den ersten Elfmeter im Spiel lässig gegen die Unterkante der Latte gelupft. Von dort sprang er auf den Boden, wieder gegen die Latte und dann aus dem Tor heraus. Doch war dieser Ball wirklich im Tor? Im Elfmeterschießen hat David Trezeguet dann den entscheidenden Strafstoß gegen die Unterkante der Latte gehämmert. Der Ball sprang fast senkrecht nach unten auf den Rasen und von dort aus dem Tor heraus. War dieser Ball auch im Tor? Wir werden sehen, dass diese Fragen eigentlich nicht zu beantworten sind.

Die Regel 10 der offiziellen Fußballregeln, die der DFB im Jahr 2008 veröffentlicht hat, besagt: »Ein Tor ist gültig erzielt, wenn der Ball die Torlinie zwischen den Torpfosten und unterhalb der Querlatte in vollem Umfang überquert, ohne dass ein vorgängiges Vergehen des Teams vorliegt, das den Treffer erzielt hat.« Diese Regel hört sich recht einfach an, besagt sie doch nur, dass sich ein Fußball von 22 Zentimeter Durchmesser vollständig hinter der Torlinie befinden muss.

Da die Linie mit zum Spielfeld gehört, ist ein Ball also selbst dann nicht im Tor, wenn sich sein Mittelpunkt zwar vollständig, aber noch nicht mehr als 11 Zentimeter hinter der Torlinie befindet. Physikalisch könnte man es auch so ausdrücken: Nur wenn das letzte Atom des Balls hinter dem letzten Atom der Linie ist – erst dann ist er im Tor!

Selbst diese einfache Regel kann recht kompliziert werden, wie das folgende Beispiel aus der Bundesliga-Saison 2008/09 zeigt. Im Spiel des VfL Bochum gegen

den VfB Stuttgart kam es am 26. Spieltag zu obiger
Szene. Das Foto stammt aus der *Frankfurter Rundschau*
vom 6. April 2009. Schiedsrichter Fleischer entschied,
dass der Bochumer Spieler Joël Epalle ein Tor erzielte,
weil der Stuttgarter Keeper Jens Lehmann einen
peinlichen Fehler beging und den Ball offensichtlich
erst hinter der Linie zu fassen bekam. Alle waren
sich einig, dass es sich um ein klares Tor handelte. Der
Spieler Epalle ohnehin, der Torhüter Jens Lehmann
protestierte nicht, und die Reporter diverser Sportsen-
dungen sprachen von einem »klaren Tor«. Die *Frankfurter Rundschau* schrieb sogar: »Hoppla: Jens Lehmann
liegt mit Ball hinter der Linie.« Die Lage ist ja auch
eindeutig. Schließlich sieht man zwischen der Torlinie
und dem Ball noch ein klitzekleines Stückchen des
Rasens durchschimmern. Deswegen muss der Ball doch
klar hinter der Linie liegen, oder?

Die Lage sieht anders aus, wenn wir uns an die
obige Regel 10 erinnern. Wenn wir bedenken, dass ein

FIFA-Fußball einen Durchmesser von 22 Zentimetern hat, kann ein Ball also satte 11 Zentimeter hinter der Linie liegen und trotzdem noch nicht im Tor sein. Ein »klein wenig Ball« befindet sich dann noch in der Luft auf der Höhe der Linie, und das macht eben den Unterschied zwischen »Tor« und »kein Tor« aus. Bei einem kurz gemähten Rasen ist es nun durchaus möglich, dass man dann zwischen dem Ball und der Linie noch etwas von dem Grün sieht, obwohl der Ball noch nicht im Tor ist. Die Szene aus dem Spiel des VfL Bochum gegen den VfB Stuttgart ist also doch nicht so eindeutig, wie zuerst vermutet. Auf ein klares Tor kann man jedenfalls aus den Fernsehbildern nicht schließen!

Ein weiteres Problem mit der Regel ergibt sich, wenn der Ball nur kurz hinter der Linie aufprallt und dann aufgrund eines Dralls aus dem Tor springt. Dies ist beim Wembley-Tor und auch bei den beiden entscheidenden Elfmetern des WM-Finales 2006 der Fall gewesen. Wir fragen uns nun, wie lange der Aufprall des Balls auf dem Boden überhaupt dauert. Dies ist immer dann wichtig, wenn er nur knapp hinter der Linie auf den Rasen springt und die Schieds- und Linienrichter dann blitzschnell entscheiden müssen, ob er »drin« war.

Wir versuchen daher jetzt die Kontaktzeit $t_{Aufprall}$ abzuschätzen. Wenn der Ball auf den Boden prallt, wird er dabei eingedrückt. Im Ball selbst muss laut DFB- und FIFA-Regeln ein Überdruck zwischen 0,6 und 1,1 Atmosphären herrschen. Wir gehen bei den folgenden Betrachtungen von einem Druck von $p = 0,8$ bar im Ball aus. Wenn die Kontaktfläche des Balls mit dem Boden nun mit A bezeichnet wird und wir bedenken, dass Druck = Kraft pro Fläche ist, dann erhalten wir einerseits für die auf den Ball wirkende Kraft: $F = p \times A$.

Andererseits lautet das 2. Newton'sche-Axiom Kraft = Masse × Beschleunigung, wobei Letztere eine Geschwindigkeitsänderung pro Zeit ist. In der halben Kontaktzeit $t_{Aufprall}/2$ ändert sich die Geschwindigkeit vom Ausgangswert v_0 auf null. Dann ergibt sich also für die auf den Fußball der Masse m wirkende Kraft: $F = m \times v_0 / (t_{Aufprall}/2)$.

Im Prinzip könnten wir so schon die Aufprallzeit eines Fußballs auf dem Rasen berechnen.[1] Allerdings gibt es noch das Problem, dass die Kontaktfläche A in der Regel nur schwer zu bestimmen ist. Auch wird es so sein, dass die Aufprallgeschwindigkeit v_0 mit der Größe der Kontaktfläche A zusammenhängt. Wenn der Ball mit einer größeren Geschwindigkeit auf den Boden trifft, wird er stärker zusammengedrückt, und die Kontaktfläche wird somit auch größer. Wir sind also noch nicht ganz fertig.

Zunächst kann die Anfangsgeschwindigkeit v_0 auch durch die senkrechte Strecke s, um die der Ball eingedrückt wird, und die Aufprallzeit $t_{Aufprall}$ ausgedrückt werden: $v_0 = 4 \times s/t_{Aufprall}$. Wenn die senkrecht eingedrückte Strecke s des Balls klein ist, dann ergeben geometrische Überlegungen, dass die Aufprallfläche durch den Durchmesser d eines Fußballs und die Strecke s sehr einfach bestimmt ist: $A = \pi \times d \times s$.

Wie bereits erwähnt, muss ein Fußball laut Regelwerk einen Umfang zwischen 68 und 70 Zentimetern haben, was einen Durchmesser von etwa d = 22 cm ergibt. Für den Druck setzen wir p = 0,8 bar, und die Masse eines Fußballs darf zwischen 410 und 450 Gramm

---

1 Diese kann mit der Kraft vorher gleichgesetzt und nach der Aufprallzeit umgestellt werden, was die Formel $t_{Aufprall} = 2 \times m \times v_0/(p \times A)$ ergibt.

liegen. Hier nehmen wir für die Berechnungen den maximalen Wert m = 450 Gramm an. Mit diesen Zahlen ergibt sich für die Kontaktzeit eines Fußballs mit dem Rasen ein Wert von $t_{Aufprall} \approx 0{,}008$ Sekunden.[2] Der Aufprall eines Fußballs dauert also weniger als eine Hundertstelsekunde! Nun ist es aber so, dass im besten Fall etwa fünf Hundertstelsekunden vergehen müssen, bis wir einen Seheindruck im Gehirn vollständig verarbeitet haben. Dies ist mehr als fünfmal länger als die Kontaktzeit des Balls mit dem Boden. Mit anderen Worten: Ein Schieds- oder Linienrichter kann gar nicht genau erkennen, ob der Ball wirklich knapp vor oder hinter der Linie aufprallt, da die Aufprallzeit deutlich kürzer als seine Wahrnehmungszeit ist! Er kann sich in solchen Fällen daher nur auf seine Erfahrung und Intuition verlassen. Dies sollte man immer berücksichtigen, wenn strittige Torszenen in Superzeitlupe von Reportern nachträglich seziert werden. Bedenkt man also, dass der Schiedsrichter viele strittige Szenen in Wirklichkeit gar nicht wahrnehmen kann, weil sie fünfmal schneller ablaufen, als sein Gehirn Seheindrücke verarbeitet, gibt es sogar erstaunlich wenige Fehlentscheidungen in der Fußball-Bundesliga. Wir werden dies später beim Abseits noch einmal aufgreifen und zu demselben Schluss kommen.

Ergänzt wird die einfache Regel 10 des DFB, die wir am Anfang dieses Abschnitts zitiert hatten, übrigens durch die folgende Anweisung für den Schiedsrichter: »Bestehen Zweifel, ob der Ball vollständig im Tor war, soll der Schiedsrichter das Spiel weiterlaufen lassen.«

2 Nimmt man nun die Formeln für v_0 und A und setzt sie in den Ausdruck für $t_{Aufprall}$ ein, ergibt sich schließlich als Resultat für das Quadrat der Aufprallzeit eines Fußballs: $(t_{Aufprall})^2 = 8 \times m/(\pi \times d \times p)$. In diese Formel wurden die Zahlen eingesetzt.

Unsere Ausführungen haben gezeigt, dass eigentlich immer Zweifel bestehen, weil es häufig recht kompliziert – wenn nicht sogar unmöglich – sein kann zu entscheiden, ob der Ball wirklich hinter der Linie war. Das Wembley-Tor hätte also nie gegeben werden dürfen, wenn der Schweizer Schiedsrichter Gottfried Dienst den Zusatz zur Regel 10 im Kopf gehabt hätte. Er tat aber trotzdem etwas Regelkonformes. Laut DFB- und FIFA-Regeln gilt nämlich: »Ist der Schiedsrichter über eine Entscheidung im Zweifel, so befragt er den Linienrichter, ehe er die Entscheidung trifft.« Gottfried Dienst fragte den sowjetischen Linienrichter Tofik Bährämov, der den Ball aus etwa 50 Metern Entfernung klar im Tor gesehen hatte ...

Wie spielentscheidend sind Rote Karten?

Ich verwarne Ihnen. – Ich danke Sie!

(Dialog zwischen dem Referee und dem Spieler Willi »Ente« Lippens, der daraufhin wegen Schiedsrichterbeleidigung vom Platz flog)

Als Christian Wörns in der 40. Minute des Viertelfinales der Fußball-Weltmeisterschaft 1998 in Frankreich vom Platz gestellt wurde und Deutschland dieses Spiel gegen Kroatien sang- und klanglos mit 0:3 verlor, nahm der damalige Trainer Berti Vogts diese Szene zum Anlass, eine Verschwörung der FIFA gegen den deutschen Fußball auszumachen. Seine Mannschaft sei einfach für den Rest der Welt »zu stark« geworden, und deswegen müsse man das deutsche Team eben so massiv benachteiligen, um es überhaupt zu schlagen. Doch wie stark hat dieser Platzverweis die Vogts-Truppe damals wirklich geschwächt? Dies soll nun genauer analysiert werden unter der Voraussetzung, dass alle Spieler einer Mannschaft als gleich stark angesehen werden können. Selbstverständlich sind die Spieler einer Mannschaft nicht alle gleich wichtig; beispielsweise wäre ein Verlust von Bastian Schweinsteiger in der aktuellen Nationalmannschaft sicher viel größer als der von manch anderem Spieler, aber wir wollen hier nur ein Gefühl für den Effekt bekommen, um den es geht. Die Frage lautet also: Wie stark schwächt der Ausfall eines Fußballspielers seine Mannschaft? Diese Frage könnte natürlich sofort mit »um exakt 10 %!« beantwortet werden, da einer von zehn Feldspielern ausscheidet, und $1/10 = 10\%$ ist. Doch ist es wirklich so einfach?

Zunächst stellen wir einen Zusammenhang zwischen der Zahl der Feldspieler einer Mannschaft und der Größe des Spielfelds her, bevor wir die eigentliche Frage beantworten. Das Fußballfeld mit seinen Ausmaßen ist in der Abbildung auf Seite 32 dargestellt.

Interessant ist, dass es gar keine feste Regel dafür gibt, wie groß ein Spielfeld genau sein muss. Ein Spiel auf einem fast quadratischen Feld der Größe 91 Meter × 90 Meter wäre also durchaus regelkonform![3] In den Jenaer Regeln von 1896 wurde lediglich vorgegeben, dass Fußballfelder frei von Bäumen und Sträuchern sein sollen. Heutzutage ist eine Fläche von $A = 7000$ Quadratmetern ein realistischer Wert. Nun soll eine bestimmte Zahl N von Feldspielern gleichmäßig auf diesem Spielfeld verteilt werden. Angenommen, jeder

---

3 Die Regeln sagen, dass das Spielfeld nicht exakt quadratisch sein darf.

Ausmaße des Fußballfelds

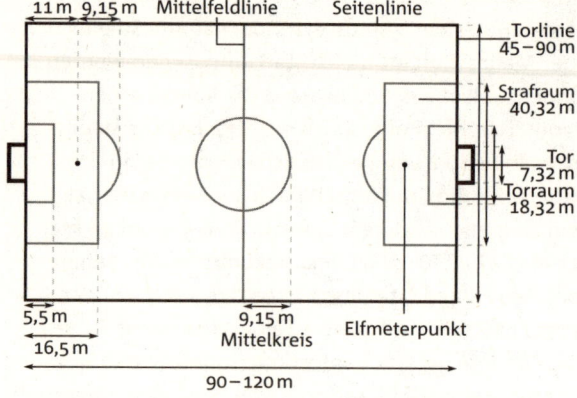

Feldspieler hat einen Aktionsradius von R, d. h. er überbrückt diese Strecke in einer vorgegebenen Zeit, um beispielsweise einen Gegenspieler zu attackieren, dann kann die Spielfläche A mit N Quadraten der Seitenlänge $2 \times R$ überdeckt werden. Der Aktionsradius ist aus Gründen der Einfachheit hier nicht wirklich ein Radius, aber das ist nicht weiter wichtig. Das Überdecken der Spielfläche geschieht also wie in der Abbildung auf Seite 33 für $N = 24$ Feldspieler angedeutet.

Es ist nun leicht zu erkennen, dass sich der Zusammenhang $A = N \times (2 \times R)^2$ für die Spielfläche und die Zahl der Feldspieler ergibt. Diese Formel kann einfach nach dem Aktionsradius R umgestellt werden. Der Aktionsradius R hängt dann von der Quadratwurzel aus dem Verhältnis der Spielfläche A und der Spieleranzahl N ab. Wenn der Aktionsradius durch die Geschwindigkeit $v_{Spieler}$ des Spielers und mit der Zeit $T_{Spieler}$ ausgedrückt wird, die ein Spieler benötigt, um seine

Überdeckung der Spielfläche durch 24 Feldspieler

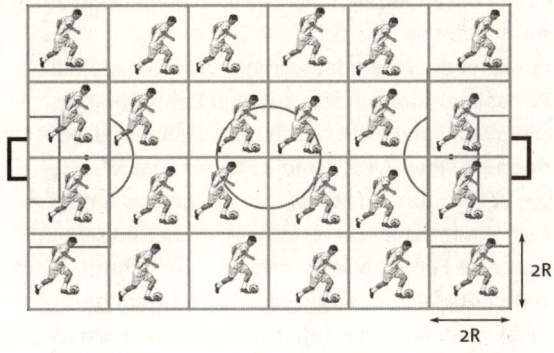

Fläche zu kontrollieren, dann folgt: $T_{Spieler} = R/v_{Spieler}$.
Für R kann der obige Zusammenhang mit der Spiel-
fläche und der Spielerzahl eingesetzt werden. Es ergibt
sich dann: $T_{Spieler} = \sqrt{A/N}/(2 \times v_{Spieler})$.

Die Formel zeigt uns an, wie schnell ein Spieler sein
muss, damit er bei vorgegebener Größe von Spielfeld
und Spielerzahl seinen Aktionsradius in der errechneten
Zeit $T_{Spieler}$ erreicht. Sind weniger Spieler auf dem Feld,
wird die Zeit $T_{Spieler}$ größer, weil N im Nenner der Formel
steht. Da aber auch $v_{Spieler}$ im Nenner steht, kann dies
durch eine größere Geschwindigkeit der Spieler wettgemacht werden. Weil aber die Spielerzahl unter der
Quadratwurzel steht, die Geschwindigkeit jedoch nicht,
folgt daraus, dass beide Einflüsse nicht gleich sind.
In der Tat ergibt die Berechnung: Wenn sich das Verhältnis der Spieler auf dem Feld ändert, wirkt dies
wie eine halbe Änderung der Geschwindigkeit. Wenn
sich also die Zahl der Spieler um 10 % verringert, dann

müssen die verbleibenden Feldspieler nur um jeweils 5 % schneller rennen, um das Spielfeld genauso wie vorher abzudecken!

Nun kann eingewendet werden, dass sich niemals alle Feldspieler gleichmäßig auf dem Fußballplatz verteilen, alle auch nicht gleich schnell sind und sicher nicht den gleichen Aktionsradius haben. Das ist richtig. Die Betrachtungen sollten nur ein grobes Gefühl für die Zusammenhänge vermitteln. Immerhin zeigen sie, dass eine Fußballmannschaft im Durchschnitt durch den Ausfall eines Spielers nicht so stark geschwächt wird, wie man zunächst vermuten könnte. Anstelle der sofort geschätzten 10 % ist es so, dass alle Spieler nur 5 % mehr Leistung geben müssen, um den Verlust des Spielers zu kompensieren. Allerdings helfen diese Betrachtungen Berti Vogts jetzt auch nicht mehr weiter …

Günter Netzer und die optimale Zahl an Feldspielern

Am Montag nehme ich mir vor, zur nächsten Partie zehn Spieler auszuwechseln. Am Dienstag sind es sieben oder acht, am Donnerstag noch vier Spieler. Wenn es dann Samstag wird, stelle ich fest, dass ich doch wieder dieselben elf Scheißkerle einsetzen muss wie in der Vorwoche.

(John Toshack als Trainer von Real Madrid)

Im vorigen Abschnitt haben wir gesehen, dass eine Rote Karte eine Fußballmannschaft weniger stark schwächt als zunächst angenommen. Mit den angestellten Überlegungen kann eine noch interessantere

und grundlegendere Frage beantwortet werden.
Wieso gibt es eigentlich genau zehn Feldspieler auf
dem Platz?

Wir hatten die Formel für die Zeit $T_{Spieler}$ hergeleitet,
die ein Spieler benötigt, um seinen Aktionsradius zu
erreichen, wenn er mit der Geschwindigkeit $v_{Spieler}$ läuft.[4]
Mit dieser Formel können wir berechnen, wie lange es
bei einer vorgegebenen Größe eines Spielfelds und
einer Spielerzahl dauert, bis ein Spieler den nächsten
erreicht. Umgekehrt können wir mit dieser Formel
natürlich auch die Spielerzahl berechnen.

Um nun die optimale Zahl N an Spielern einer
Mannschaft zu ermitteln, benötigen wir Zahlenwerte
für die drei Größen $v_{Spieler}$, A und $T_{Spieler}$. Die durchschnittliche Geschwindigkeit eines Mittelfeldspielers ist
ungefähr $v_{Spieler} = 16$ km/h. Wie im vorigen Abschnitt
schon bemerkt, sind die Ausmaße eines Fußballfelds gar
nicht so genau festgelegt. Allerdings sind für Länderspiele die Maße 105 Meter × 68 Meter vorgegeben,
sodass wir für A eine Fläche von etwa 7 000 Quadratmetern annehmen können. Da die heutigen Arenen alle
länderspieltauglich sind, hat sich dieser Wert zumindest
in der Bundesliga etabliert. Schwieriger gestaltet sich
nun die Frage, welche Zeit man für $T_{Spieler}$ wählen soll.

Diese Zeit finden wir am besten durch einen Vergleich
heraus. Wir gehen davon aus, dass das Fußballspiel von
zwei Zeiten dominiert wird. Da ist zum einen die Zeit
$T_{Spieler}$, die ein Maß dafür ist, wie weit die Spieler einer
Mannschaft voneinander entfernt sind. Zum anderen
gibt es die Zeit $T_{Kontrolle}$, über die ein Spieler verfügt, um
den Ball anzunehmen, zu kontrollieren und weiterzuspielen, ohne dabei vom Gegner gestört zu werden. Vom

4 Zur Erinnerung: $T_{Spieler} = \sqrt{A/N} / (2 \times v_{Spieler})$.

Verhältnis dieser beiden Zeiten hängt es nun ab, ob ein Fußballspiel interessant ist oder nicht. Ist $T_{Spieler}$ deutlich größer als $T_{Kontrolle}$, stehen die Spieler offenbar zu weit auseinander. Der ballführende Spieler hat dann sehr viel Zeit, um seine nächste Aktion zu überdenken, und es ist kein Druck durch den Gegner zu verspüren. Dies würden Zuschauer eher als Standfußball empfinden. Aber das andere Extrem ist auch nicht gut. Wenn $T_{Kontrolle}$ deutlich größer als $T_{Spieler}$ ist, dann stehen die Spieler zu dicht. Ein Spieler hat nun keine Zeit mehr, planvoll auf dem Feld zu handeln, und der Ball würde sich wie eine Flipperkugel in den Mittelfeldreihen bewegen. Auch dies wäre sicher kein zuschauerfreundliches Spiel. Das Optimum ist also offensichtlich dann gegeben, wenn beide Zeiten in etwa gleich groß sind, wenn also $T_{Spieler} = T_{Kontrolle}$ gilt. Dann stehen die Spieler im Mittel so weit entfernt, dass einerseits von der gegnerischen Mannschaft genügend Druck auf den ballführenden Spieler ausgeübt wird und andererseits dieser Spieler genügend Zeit hat, um eine planvolle Aktion auf dem Fußballfeld durchzuführen.

Wenn wir daher eine Zeit für $T_{Kontrolle}$ finden, haben wir auch die gesuchte Zeit $T_{Spieler}$ gefunden. Wir unterstellen nun, dass das Annehmen, Kontrollieren und Weiterspielen eines Balls jeweils etwa eine Sekunde dauert, und kommen somit zu dem Wert $T_{Kontrolle} \approx$ 3 Sekunden. Hierbei handelt es sich natürlich um einen sehr groben Mittelwert. Wenn der Ball direkt weitergespielt wird, ist die Zeit $T_{Kontrolle}$ sicher deutlich kleiner als drei Sekunden, bei einem längeren Dribbling hingegen viel größer. Da wir nun also den Wert für $T_{Kontrolle}$ kennen und das Optimum des Spiels für den Zuschauer gegeben ist, wenn diese Zeit mit der Zeit $T_{Spieler}$ übereinstimmt, gilt: $T_{Spieler} \approx 3$ Sekunden.

Wie groß ist die optimale Anzahl von Spielern auf dem Fußballfeld?

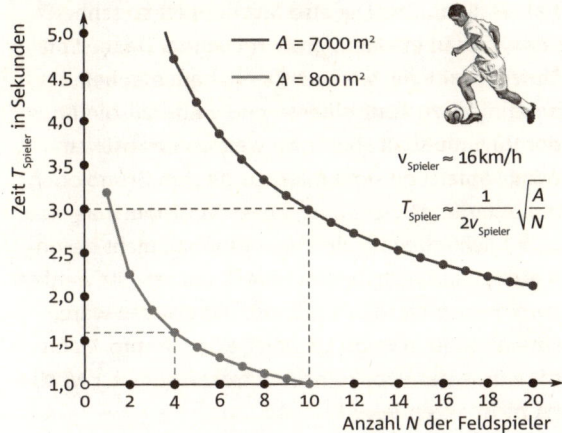

Nun können wir die ursprüngliche Formel nach der optimalen Spielerzahl N auflösen. Dies wollen wir allerdings grafisch tun. Die Abbildung oben zeigt T_{Spieler} als Funktion der Spielerzahl N einer Mannschaft.

Aus der Abbildung lesen wir ab (gestrichelte Linien), dass sich für $T_{\text{Spieler}} = 3$ Sekunden eine Spieleranzahl von N = 10 ergibt. Die Zahl 10 ist also tatsächlich die optimale Zahl an Feldspielern auf einem 7 000 Quadratmeter großen Spielfeld!

Zum Vergleich wurde auch noch die untere Kurve für ein Hallenfußballfeld der Größe A = 800 Quadratmeter in die vorige Abbildung mit eingezeichnet. Laut DFB-Statuten muss ein Hallenspielfeld eine Größe von 40 Meter × 20 Meter haben, auf dem sich vier bis fünf Feldspieler pro Mannschaft befinden dürfen. Es wird in der Regel aber nur mit vier Feldspielern pro Mannschaft beschickt. Wir lesen dann in der Grafik auf der linken Seite einen Wert von $T_{Spieler} \approx 1{,}6$ Sekunden ab. Hallenfußball ist also fast doppelt so schnell wie der Fußball in einem großen Stadion. Da die Spieler im Durchschnitt viel weniger Zeit haben, einen Ball anzunehmen, zu kontrollieren und weiterzuspielen, ist der Hallenfußball aber auch weitaus erratischer. Planvolle Spielzüge sieht man aus diesem Grund eher selten. Allerdings wäre auch unser Optimum von $T_{Spieler} = 3$ Sekunden für den Hallenfußball nicht besonders erstrebenswert, da dies bereits mit jeweils weniger als zwei Feldspielern pro Mannschaft erreicht wäre, wie die Abbildung zeigt. So wenige Spieler pro Mannschaft würde das Publikum wohl trotz optimaler Mathematik nicht akzeptieren!

Wir müssen aber noch einige kritische Anmerkungen zu unseren Resultaten machen. Erstens sind unsere Betrachtungen nur als grobe Überschlagsrechnungen zu verstehen. Jedesmal haben wir Mittelwerte für Größen wie die Geschwindigkeit $v_{Spieler}$ oder die Zeit $T_{Spieler}$ verwendet, die in einem realen Fußballspiel starken Schwankungen unterworfen sind. Daher liefert unsere Formel mehr oder weniger durch Zufall ein recht genaues Ergebnis für die optimale Spieleranzahl auf einem Fußballfeld, obwohl sie auf plausiblen Annahmen beruht. Allerdings zeigt sie deutlich die Einflussfaktoren, auf die es ankommt.

Unsere Formel $T_{Spieler} = \sqrt{A/N} / (2 \times v_{Spieler})$, die die durchschnittliche Dauer des Ballbesitzes mit der Zahl N der Feldspieler verknüpft, kann uns aber noch tiefere Einblicke in den Fußball gewähren. Häufig wird behauptet, dass die deutsche Nationalmannschaft, die 1972 mit Günter Netzer und Co. Europameister wurde, den besten Fußball spielte, den ein deutsches Nationalteam je abgeliefert hat. Insbesondere der 3:1-Viertelfinal-Sieg gegen England im Londoner Wembley-Stadion soll das beste Spiel überhaupt gewesen sein. Aus heutiger Sicht ist dieses Spiel allerdings nicht besonders aufregend. Man vermisst einfach das Tempo. So viel Zeit, wie Günter Netzer vor jedem seiner Traumpässe gewährt wurde, hat heutzutage kein Mittelfeldspieler mehr. Wenn wir diese Art des Fußballs hätten in die heutige Zeit hinüberretten wollen, dann sagt uns die obige Formel, wie man dies machen müsste. Gehen wir davon aus, dass die Fußballer im Zeitraum von 1972 bis heute um etwa 5 % athletischer geworden sind, dann hat auch ihre durchschnittliche Geschwindigkeit $v_{Spieler}$ auf dem Platz um diesen Betrag zugenommen. Da wir aber die Zeit $T_{Spieler}$ und damit das Spiel selbst nicht verändern wollen, können wir dies nur durch eine Reduzierung der Spielerzahl N um einen Spieler bei gleichbleibender Spielfeldgröße A kompensieren. Dann wäre die Zeit $T_{Spieler}$ durch die nun athletischeren Spieler unbeeinflusst geblieben. Wer sich also den Fußball der Siebzigerjahre zurückwünscht, muss einen Feldspieler streichen. Nach den WM-Turnieren 2006 und 2010 wurde übrigens vereinzelt genau dieser Vorschlag gemacht, da insgesamt recht wenige Tore gefallen waren. Die Spieler hätten dann wieder mehr Zeit, planvolle Pässe zu spielen, und könnten wieder häufiger aus der Tiefe des Raumes kommen – so wie Günter Netzer in seinen besten Zeiten.

Warum es immer wieder falsche Abseitsentscheidungen geben wird

Abseits ist, wenn dat lange Arschloch zu spät abspielt!

(Der legendäre Gladbacher Trainer Hennes Weisweiler über Günter Netzer)

Abseitsentscheidungen von Linienrichtern sind immer besonders umstritten, zumal sie häufig auch ausschlaggebend für ein Fußballspiel sind. So wurde Rudi Völlers Treffer zum vermutlich entscheidenden 2:0 im Viertelfinale der Weltmeisterschaft 1994 gegen Bulgarien nicht anerkannt, weil er den Abpraller eines Pfostenschusses von Lothar Matthäus verwandelte und sich dabei angeblich im Abseits befand. Deutschland verlor durch zwei späte Tore der Bulgaren noch sensationell mit 2:1 und schied als amtierender Weltmeister aus. Auch die Griechen ärgerten sich bei der Europameisterschaft 2008 darüber, dass ein Tor im Spiel gegen Russland wegen einer vermeintlichen Abseitsstellung nicht gegeben wurde und sie deswegen als amtierender Titelträger bereits in der Vorrunde ausscheiden mussten. Die Liste dieser Beispiele ließe sich beliebig verlängern. Was ist also so schwierig daran, eine Abseitsstellung genau zu erkennen?

Zunächst wollen wir kurz die Entwicklung dieser merkwürdigen Abseitsregel nachzeichnen. In dem ersten Fußballreglement der englischen Football Association aus dem Jahr 1863 waren alle Spielgewohnheiten versammelt, die sich im Laufe der Jahrzehnte bewährt hatten. Darunter befand sich eine sonderbare Norm, welche jeden Angreifer bestrafte, der sich weiter vorn als der Ball befand. Sie wurde als »Regel 11«

aufgenommen und heißt seitdem die »Offside-Rule«.
Die Reglementsverfasser kannten den tiefen Grund
dieser Regel nicht. Wie und warum entstand eine solch
merkwürdige Gewohnheit? Die Fußballtheorie klärt
uns auf. Die Abseitsregel diente dazu, den Vorwärtspass
zu verhindern und die Verteidigung zu organisieren.
Der ballführende Spieler wurde dadurch gezwungen,
auf dem Weg zum Tor einem Verteidiger zu begegnen.
Diese Regel ist für einen Schiedsrichter relativ einfach
zu handhaben, hat sich in der Praxis aber nicht bewährt,
da sie das Spiel völlig in eine angreifende und eine verteidigende Mannschaft teilt und somit schöne Spielzüge
unmöglich macht.

Im Eishockey wird diese Abseitsregel aber immer
noch praktiziert, da dieser Sport extrem schnell ist und
daher jede Maßnahme ergriffen werden muss, um das
Tempo auf dem Eis zu reduzieren. Im recht langsamen
Fußball hingegen hat man schon nach drei Jahren, also
im Jahr 1866, gehandelt und die Regel entscheidend verändert. Ein Angreifer befindet sich nun im Abseits, wenn
er sich zum Zeitpunkt des Zuspiels näher an der Torlinie
als *drei* Gegenspieler aufhält. Einer von diesen drei
Gegenspielern ist dabei in der Regel der Torwart. Diese
Abseitsregel bevorzugt ein 1–2–7- oder 2–3–5-System,
denn der zweite Verteidiger definiert die Abseitslinie.
Zwei Verteidiger reichten daher oft aus, um alle Angreifer zu stoppen. Im Jahr 1925 wurde dann die im Wesentlichen noch heute gültige Abseitsregel festgelegt. Ein
Angreifer befindet sich danach im Abseits, wenn er sich
zum Zeitpunkt des Zuspiels näher an der Torlinie befindet als der *vorletzte* Gegenspieler. Einer von diesen
zwei Gegenspielern ist dabei in der Regel der Torwart.

Diese Abseitsregel erzwang andere Abwehrstrate-
gien, da nun der vorletzte Abwehrspieler nicht mehr die

Abseitslinie definiert und ein einzelner Spieler leicht überlaufen werden kann. Aus dem 2–3–5-System wurde ein Mittelfeldspieler nach hinten beordert, und es ergab sich das 3–2–2–3-System oder »WM-System«, wie es bis in die Fünfzigerjahre hinein praktiziert wurde. »WM« bedeutet hier aber nicht »Weltmeisterschaft«, sondern veranschaulicht die Anordnung der Spieler des 3–2–2–3-Systems auf dem Platz. Danach wurden die modernen 4–3–3- und 4–4–2-Systeme entwickelt und von fast allen Mannschaften übernommen. Man erkennt also, dass die Abseitsregel das Fußballspiel entscheidend geprägt hat, wie auch an der Torstatistik der englischen Profiliga aus der Zeit vor 1925 und danach nachzuweisen ist.

Vor 1925 sank die Torrate pro Spiel immer weiter bis auf 2,5 Tore pro Spiel ab, Nach Einführung der neuen Abseitsregel stieg sie sprunghaft auf fast 4 Tore pro Spiel an, um dann in den folgenden 20 Jahren wieder auf 2,8 abzufallen. Heutzutage haben wir etwa 2,6 Tore pro Spiel in der englischen Premier League. Die letzte gravierende Regeländerung stammt aus dem Jahr 1990. Seitdem wird »gleiche Höhe« nicht mehr als Abseitsstellung gewertet.

Wir sehen, dass diese Regel das Spiel wirklich ganz entscheidend prägt. Deswegen und wegen der Tatsache, dass Abseitsstellungen bei fast jedem Angriff auftreten können, ist es besonders wichtig, dass sie vom Schiedsrichtergespann korrekt umgesetzt wird. Dabei haben wir noch nicht einmal all die Feinheiten und Ausnahmen wie etwa passives Abseits und Ähnliches diskutiert. Dies soll hier auch nicht weiter interessieren, obwohl gerade diese Feinheiten die Umsetzung der Abseitsregel für die Schiedsrichter in der Praxis noch einmal deutlich komplizierter machen.

Die erste Schwierigkeit, mit der ein Linienrichter beim Erkennen einer Abseitsstellung konfrontiert ist,

ist die eigene Reaktionszeit. Wenn wir davon ausgehen, dass im günstigsten Fall etwa 5/100 Sekunden vergehen müssen, bis wir einen Seheindruck im Gehirn vollständig verarbeitet haben[5], dann legt ein Mittelfeldspieler, der mit einer Geschwindigkeit von etwa fünf Metern pro Sekunde läuft, in dieser Zeit immerhin eine Strecke von 25 Zentimetern zurück. Auf diesen 25 Zentimetern ist der Linienrichter quasi »blind«, da sich sein Gehirn gerade mit der Verarbeitung der empfangenen Daten beschäftigt. Da diese Verarbeitung aber auch bis zu 1/10 Sekunde dauern und ein sprintender Stürmer sogar bis zu zehn Meter pro Sekunde erreichen kann (die Relativgeschwindigkeit zwischen einem Stürmer und einem Abwehrspieler kann sogar leicht zehn Meter pro Sekunde betragen!), vergrößert sich diese unsichtbare Strecke auf einen ganzen Meter! Hierbei ist es natürlich wichtig, nochmals zu bemerken, dass man während dieser Zeit nicht »blind«, sondern lediglich mit dem Verarbeiten der Dinge, auf die man sich konzentriert, »beschäftigt« ist. Unser Gehirn versorgt uns in der Zwischenzeit natürlich trotzdem mit Bildern, die nicht immer mit dem wirklich Geschehenen übereinstimmen müssen. Darauf basieren übrigens viele optische Täuschungen, die wir hier nicht weiter diskutieren wollen.

Für den Linienrichter kommt aber noch ein weiteres Problem hinzu. Um eine Abseitsposition zu erkennen, muss das menschliche Auge oft in der Lage sein, gleichzeitig bis zu fünf Objekte zu erfassen, die sich relativ zueinander bewegen. Eine Reihe von Untersuchungen hat nun gezeigt, dass das Auge für diese Aufgabe

5 Dies zeigen beispielsweise Studien von J. Sanabria et al., veröffentlicht in der Zeitschrift *Lancet*, Vol. 351, 1998, S. 268.

viel zu träge ist – zumindest in einem dynamischen Spiel wie dem Fußball, wo sich Angreifer und Abwehrspieler mit bis zu zehn Metern pro Sekunde relativ zueinander bewegen. Idealerweise befinden sich alle fünf Objekte, z. B. je zwei Spieler beider Mannschaften sowie der Ball, im Blickfeld des Schiedsrichters oder eines seiner Assistenten. Ohne Scharfstellen erfassen die Augen diese Objekte mit einer Verzögerung von etwa 5/100 bis 1/10 Sekunde, wie oben erwähnt. Wenn das Auge aber akkomodieren, d. h. die Augenlinse verstellen, und fokussieren muss, kostet das mindestens weitere 0,5 Sekunden, was wieder mehreren Metern Unsicherheit auf dem Platz entspricht.[6]

Zudem muss man auch bedenken, dass eine Spielfeldhälfte eine Fläche von gut 3500 Quadratmetern umfasst, sodass sich viele Szenen nur im Augenwinkel des Linienrichters abspielen. Dies wirft ein weiteres Problem auf, wenn wir die Dichte der Sehzellen auf der Netzhaut im Auge betrachten. Sie ist in der Mitte am größten. Die Sehschärfe des Auges ist daher am größten, wenn das Licht gerade durch die Linse einfällt. Dabei sind die sehr dicht auf der Netzhaut angeordneten sogenannten Zäpfchen für das Farbsehen verantwortlich und die nicht so dicht liegenden sogenannten Stäbchen für den Unterschied zwischen Hell und Dunkel. Im Augenwinkel in der äußeren Sehzone liegen die Sehzellen nicht so dicht, sodass man hier niemals genau Situationen erkennen kann. Ein Linienrichter wird deswegen immer ein Problem haben, wenn ein weiter Pass gespielt wird und er entscheiden soll, ob sich ein Angreifer im Moment der Ballabgabe im Ab-

6 Siehe hier etwa die Studie von F. B. Maruenda, *British Medical Journal*, Vol. 329, 2004, S. 1470.

seits befindet. Hier muss er oft Situationen beurteilen, die sich im Augenwinkel mit reduzierter Sehschärfe abspielen. Gleichzeitig zeigen Studien aber auch, dass das Erkennen von Ereignissen in der äußeren Sehzone und das Weiterleiten der Information in die Sehgrube in der Mitte des Auges bis zu 0,3 Sekunden dauern kann. In diesen 0,3 Sekunden hat sich ein Stürmer aber schon wieder bis zu drei Meter weiterbewegt!

Zu diesen biologischen Schwierigkeiten, die alle auf der Trägheit unserer Augen beruhen, kommt für den Linienrichter auch noch eine ziemlich einfache geometrische Schwierigkeit hinzu, um eine Abseitsstellung zweifelsfrei zu erkennen, wie holländische Wissenschaftler in einer Studie genauer untersucht haben.[7] Ihre Überlegungen werden durch die Grafik auf Seite 46 veranschaulicht.

Nehmen wir an, der Linienrichter steht an der Seitenlinie dichter am Tor als der Verteidiger und der Angreifer, die sich beide Richtung Tor bewegen sollen. Dabei befindet sich der Angreifer weiter weg vom Linienrichter als der Verteidiger. In dieser Situation würde der Linienrichter eine Abseitsstellung zu erkennen glauben, obwohl der Angreifer weiter von der Grundlinie entfernt ist als der Verteidiger, da die Projektionen der vom Angreifer und Verteidiger ausgehenden Lichtstrahlen auf der Netzhaut des Auges des Linienrichters in umgekehrter Reihenfolge erscheinen. Der Linienrichter sieht in diesem Fall also ein klares Abseits und muss nach bestem Wissen und Gewissen die Fahne heben. Auch dieser Effekt kann recht groß werden. Wenn der Linien-

7 R.D. Oudejans und sein Team veröffentlichten im Jahr 2000 eine Studie mit dem Titel *Errors in judging ›offside‹ in football* (Nature, Vol. 404, S. 33).

Abseits: Richtig gesehen – falsch entschieden!

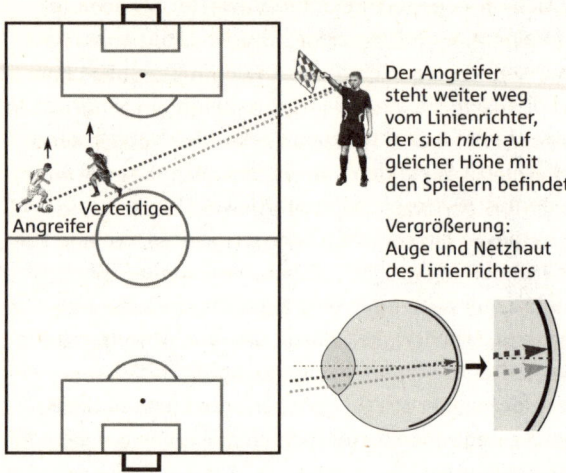

Der Angreifer steht weiter weg vom Linienrichter, der sich *nicht* auf gleicher Höhe mit den Spielern befindet

Vergrößerung: Auge und Netzhaut des Linienrichters

richter sich etwa fünf Meter oberhalb der Linie Angreifer–Verteidiger befindet, die Situation in der Grafik etwa 25 Meter von der Seitenlinie entfernt ist und der Verteidiger und der Abwehrspieler fünf Meter voneinander entfernt stehen, kann sich der Angreifer einen Meter hinter dem Verteidiger befinden, und trotzdem würde ein Linienrichter eine klare Abseitsstellung erkennen!

Diese Überlegungen zeigen uns, dass die Abseitsregel mit allen Details nicht nur schwierig zu verstehen ist, sondern dass ihre korrekte Umsetzung und das Erkennen auf dem Platz noch viel schwieriger bzw. prinzipiell unmöglich sind. Einerseits ist die Trägheit des menschlichen Auges so groß, dass mehrere Meter Unsicherheit bei jeder Entscheidung bleiben. Auch die rein geometrische Projektion einer Spielsituation ins Auge des Linienrichters kann einen Fehler von bis zu einem Meter bei der Abschätzung des Abstands zweier Spieler zueinander verursachen. Dies alles bedeutet, man sollte sich eigentlich nicht immer nur über die (wenigen!) Fehlentscheidungen von Linienrichtern erregen, die häufig nachträglich in Superzeitlupe, mit Standbildern und 3D-Analysen seziert und besserwisserisch von »Experten« kommentiert werden, vielmehr sollte man die ungeheuere Leistung der Schieds- und Linienrichter würdigen. Sie machen viel weniger Fehler, als nach der obigen Analyse zu erwarten wären. Sie machen sogar viel weniger Fehler als die Physik eigentlich erlaubt! Das muss daran liegen, dass sie in der Regel sehr viele Entscheidungen aufgrund ihrer Erfahrung treffen und entsprechende Laufwege der Spieler vorausahnen. Mit anderen Worten: Unsere Schieds- und Linienrichter sind offenbar hervorragend ausgebildet! Andernfalls wäre die äußerst geringe Zahl an Fehlentscheidungen, insbesondere was Abseitsstellungen angeht, wirklich nicht zu erklären.

Fußball ist der ungerechteste Sport der Welt

So ist Fußball. Manchmal gewinnt der Bessere.

(Lukas Podolski nach dem 0:2 der Nationalmannschaft im Halbfinale der WM 2006 gegen Italien)

Bayern München–MSV Duisburg 0:0 und Hamburger SV–Energie Cottbus 0:0. Diese Ergebnisse waren am 16. Spieltag der Saison 2007/08 eher überraschend, spielten doch der Erste und Dritte der Tabelle gegen den 17. und 18. Bei beiden Spielen waren die Favoriten drückend überlegen und hatten unzählige Torchancen. In Interviews wurde von Vertretern aus München und Hamburg mehrfach die Auffassung vertreten, das jeweils erzielte Ergebnis sei deswegen »ungerecht«. Bei anderen Partien dieses Spieltages, z. B. bei Hannover 96 – Werder Bremen, wurde massiv über Schiedsrichterentscheidungen geklagt. Solche Fehlentscheidungen (wenn es denn wirklich welche waren!) führen zu ungerechten Ergebnissen, wird immer wieder behauptet. Das hochfavorisierte Deutschland hat im EM-Finale 1992 mit 2:0 gegen das kleine Dänemark verloren. Das dänische Team befand sich vor dem Turnier schon im Urlaub und durfte nur wegen des Ausschlusses der Jugoslawen kurzfristig einspringen. War der Titelgewinn der saloppen Dänen gegen die akribisch und fleißig vorbereiteten Deutschen gerecht?

Doch was versteht man unter einem *gerechten* Spiel? Von einem gerechten Spiel ist zu erwarten, dass der Bessere auch gewinnen soll und der Zufall möglichst ausgeschaltet wird. Wer »Mensch ärgere dich nicht« spielt, kann also nicht auf ein in diesem Sinn gerechtes Spiel hoffen, da hier fast ausschließlich der Zufall regiert. Beim Poker ist das schon etwas anders. Zwar spielt auch hier der Zufall eine sehr große Rolle, aber Taktik und Können sind sicher ebenfalls nicht zu unterschätzen. Poker ist daher im Sinn dieser Definition etwas gerechter als »Mensch ärgere dich nicht«, weil der Bessere häufiger gewinnt. In der Leichtathletik hingegen gewinnt immer der objektiv Bessere, also der Schnellere, wer am weitesten oder am höchsten springt oder wer eine Kugel möglichst weit stößt. Leichtathletik ist daher ein zutiefst gerechter Sport. Und Fußball?

Um diese Frage zu beantworten, müssen wir erst einmal spezifizieren, was genau unter einer »besseren« Mannschaft verstanden wird. Hierfür definieren wir die Spielstärke eines Teams über die Wahrscheinlichkeit p, mit der die jeweilige Mannschaft das nächste Tor erzielen wird. Damit ist die Spielstärke durch nur eine Zahl p zwischen null und eins gegeben. Dieses Modell ist zugegebenermaßen sehr grob, soll aber auch nur das Prinzip der Argumentation klar werden lassen. Wenn also gesagt wird, dass eine Mannschaft doppelt so stark ist wie eine andere, dann meint man damit, dass die Wahrscheinlichkeit, das nächste Tor zu erzielen, doppelt so groß ist. Dies bedeutet genauer, dass die schwächere Mannschaft die Wahrscheinlichkeit $p = 1/3$ hat, das nächste Tor zu schießen, und die stärkere Mannschaft dementsprechend die Wahrscheinlichkeit $1 - p = 2/3$. Bayern München hatte an den ersten 16 Spieltagen der Saison 2007/08 genau 31 Tore erzielt und der MSV Duisburg nur 14. Die Bayern wären also in dieser Betrachtungsweise $31/14 = 2,2$, etwa doppelt so stark wie der MSV Duisburg. Ähnliches gilt für Hamburg und Cottbus mit 23 und 12 erzielten Treffern.

Nun kann die jeweilige Siegwahrscheinlichkeit des schwächeren Teams als Funktion der erzielten Tore bestimmt werden. Wenn insgesamt nur ein Tor fällt, dann liegt im obigen Beispiel die Siegwahrscheinlichkeit des doppelt so schwachen Teams immerhin noch bei $p = 1/3 = 33\%$. Diese Siegwahrscheinlichkeit geht allerdings drastisch zurück, wenn insgesamt mehr Tore fallen. Bei drei Toren beträgt die Wahrscheinlichkeit eines Gewinns des schwächeren Teams $1/3 \times 1/3 \times 1/3 + 3 \times (1/3 \times 1/3 \times 2/3) = 7/27 = 0,26$, da das Team entweder 3:0 oder 2:1 gewinnen kann, wobei im zweiten Fall das Gegentor beim Stand von 0:0, 1:0 oder 2:0 möglich ist. Die Siegwahrscheinlichkeit für das schwächere Team ist also von 33 % auf 26 % zurückgegangen. Entsprechend kann man zeigen, dass die Siegwahrscheinlichkeit des schwächeren Teams mit zunehmender Gesamtzahl der erzielten Tore weiter stark abnimmt. Dies ist in der Abbildung auf Seite 51 für eine ungerade Anzahl von insgesamt erzielten Toren deutlich zu sehen (der Trend ist nicht so stark, wenn man von einer geraden Anzahl erzielter Treffer ausgeht).

Die obere Kurve ist für Teams berechnet, deren Spielstärken sich um 50 % unterscheiden ($p = 2/5$, $1 - p = 3/5$), die zweite von oben gilt für ein Team, das doppelt so schwach ist wie ein anderes ($p = 1/3$, $1 - p = 2/3$). Die zweite Kurve von unten ist berechnet für ein Team mit einer dreimal schwächeren Spielstärke ($p = 1/4$, $1 - p = 3/4$) und die untere für ein Team mit einer viermal schwächeren Spielstärke ($p = 1/5$, $1 - p = 4/5$). Die genaue Berechnung der Kurven in der Abbildung ist nicht sehr schwer. Es ergibt sich durch Betrachtung aller möglichen Endergebnisse und Torfolgen eine sogenannte Binomialverteilung, wie an der Formel oben rechts in der Grafik für Experten zu sehen ist.[8]

Nun ist es so, dass in der Fußball-Bundesliga etwa drei Tore pro Spiel fallen. Man erkennt an den Kurven, dass damit die Wahrscheinlichkeit, dass schwächere Teams gewinnen oder unentschieden spielen, noch recht hoch ist. Die Siegwahrscheinlichkeit von Duisburg oder Cottbus als jeweils doppelt so schwaches Team (zweite Kurve von oben in der Abbildung) lag also immerhin noch bei 26 %! Am 16. Spieltag der Saison

---

8 Entsprechendes gilt auch für das Auftreten von Unentschieden, wie man leicht zeigen kann.

Siegwahrscheinlichkeit des schwächeren Teams

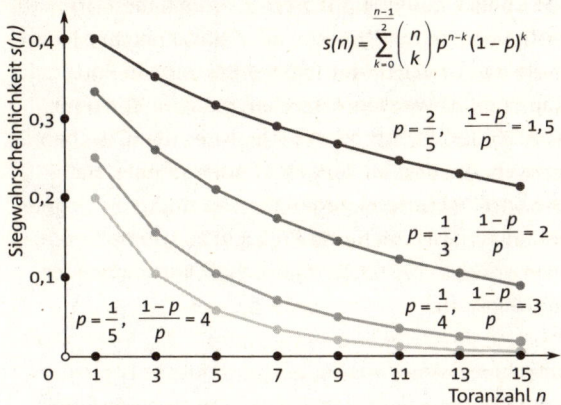

$$s(n) = \sum_{k=0}^{\frac{n-1}{2}} \binom{n}{k} p^{n-k}(1-p)^k$$

$p = \dfrac{2}{5}, \quad \dfrac{1-p}{p} = 1{,}5$

$p = \dfrac{1}{3}, \quad \dfrac{1-p}{p} = 2$

$p = \dfrac{1}{4}, \quad \dfrac{1-p}{p} = 3$

$p = \dfrac{1}{5}, \quad \dfrac{1-p}{p} = 4$

2007/08 hätte es also noch schlimmer kommen können
für Bayern München und den Hamburger SV. Ein sogar
viermal schwächeres Team hat so immerhin noch
im Durchschnitt eine Siegwahrscheinlichkeit von 10 %
(untere Kurve in der Abbildung). Würden im Durchschnitt in der Bundesliga neun Tore pro Spiel fallen,
ginge diese Wahrscheinlichkeit auf nur noch 2 % zurück.
Überraschungen wären also fünfmal seltener, das Spiel
wäre aber – nach unserer Definition von Gerechtigkeit –
auch fünfmal gerechter!

Damit erklärt sich auch die weitverbreitete Taktik
unterlegener Fußballteams von selbst. Eine Regional-
ligamannschaft würde gegen einen Bundesligisten
im DFB-Pokal niemals alles nach vorn werfen in der
Hoffnung, etwa 5:4 zu gewinnen. Diese Mannschaften
spielen nach dem Motto »Hinten wird Beton ange-
mischt, und vorn hilft der liebe Gott!« und versuchen
in erster Linie Tore zu verhindern, weil ihnen klar

ist, dass sie im offenen Schlagabtausch mit vielen Toren keine Chance gegen ein stärkeres Team haben. So konnte sogar eine recht schwache Nationalmannschaft wie die von Griechenland bei der EM 2004 in Portugal Europameister werden. Nachdem man die Vorrunde mit viel Glück überstanden hatte, ist es den Griechen gelungen, mit drei 1:0-Siegen im Viertelfinale, Halbfinale und im Endspiel gegen die viel stärkeren Gegner Frankreich, Tschechien und Portugal zu triumphieren. Ist hier wirklich die beste Mannschaft Europameister geworden?

 Zwar gibt es immer wieder z. T. auch krasse Fehlentscheidungen durch Schiedsrichter, die einzelne Spiele durchaus entscheiden können, das ungerechteste am Fußball ist aber die Tatsache, dass im Durchschnitt nur recht wenige Tore fallen. Dadurch kann mit relativ hoher Wahrscheinlichkeit auch ein deutlich unterlegenes Team gewinnen. Wer also Fußball spielt, lässt sich bereits auf ein zutiefst ungerechtes Spiel ein, noch bevor der Schiedsrichter überhaupt den Platz betreten hat! Wer sich Gerechtigkeit im Fußball wünscht, müsste beispielsweise die Tore größer machen oder die Abseitsregel abschaffen. Das würde die durchschnittliche Anzahl von Toren steigern und so das bessere Team häufiger gewinnen lassen. Es gibt dann aber auch viel weniger Überraschungen, und Bayern München würde möglicherweise immer Deutscher Meister. Da das aber selbst Bayern-Fans sicher nicht wollen, bleibt der Fußball hoffentlich immer so ungerecht, wie er nun mal ist. Drei Tore im Durchschnitt sind einerseits nicht zu wenig, sodass wir Fans noch häufig genug jubeln können, und andererseits auch nicht zu viel, sodass es immer viele Überraschungen geben wird.

Übrigens: Wer unbedingt einen gerechten Sport haben möchte, bei dem der Bessere auch (fast) immer gewinnt, sollte Tennis spielen. Beim Tennis ist es so, dass ein Spieler, der nur 10 % besser ist als sein Kontrahent, der also den nächsten Punkt mit einer Wahrscheinlichkeit von 55 % erzielt, einen Satz bereits mit 80 % Wahrscheinlichkeit gewinnt. Ein Match über zwei Gewinnsätze würde er bereits mit einer Wahrscheinlichkeit von 90 % und eines über drei Gewinnsätze mit einer Wahrscheinlichkeit von 95 % gewinnen. Der Grund dafür sind die vielen Punkte, die man zum Sieg benötigt. Ein kleiner Leistungsunterschied zwischen zwei Spielern wird dadurch extrem verstärkt. Deswegen ist Tennis aber auch langweilig, und Roger Federer und Rafael Nadal gewinnen (fast) alle Turniere ...

Warum Handball langweiliger ist als Fußball

Uli Hoeneß und Lothar Matthäus haben wieder normalen Verkehr miteinander gehabt.

(Karl-Heinz Rummenigge über das sich verbessernde Verhältnis zwischen Uli Hoeneß und Lothar Matthäus)

Das »Sommermärchen« im Jahr 2006 wurde im Januar 2007 durch den Gewinn der Handball-Weltmeisterschaft als »Wintermärchen« weitergeschrieben. Handball erzielte Traumquoten im Fernsehen, wie sie sonst nur vom Fußball bekannt waren. Der Handball hat traditionell in Deutschland einen besonders hohen Stellenwert, allerdings kommt er bei Weitem nicht an den des Fußballs heran. Warum ist das so?

Die Regeln und die Mechanik des Fußball- und des Handballspiels sind grundverschieden. Beispielsweise kann der Handball niemals schneller werden als die Hand, die ihn wirft, während der Fußball sehr wohl eine größere Geschwindigkeit erreichen kann als der Fuß, wenn er auf den Ball trifft. Dies werden wir in einem späteren Abschnitt noch genauer untersuchen. Es ist also klar, dass diese beiden Sportarten nicht viel mehr miteinander gemein haben als die Tatsache, dass bei beiden ein Ball zum Einsatz kommt. Es gibt aber noch einen anderen fundamentalen Unterschied zum Fußball, der dafür sorgt, dass zumindest der Vereinshandball niemals so interessant werden wird wie der Fußball. Dieser Unterschied ist in der simplen Tatsache begründet, dass im Handball viel mehr Tore fallen als im Fußball. Während im Handball im Durchschnitt über 50 Tore pro Spiel erzielt werden, sind es im Fußball nur etwa drei. Im vorigen Abschnitt hatten wir gesehen, dass dies drastische Konsequenzen für schwächere Teams hat. In Sportarten, bei denen viele Tore erzielt werden, setzen sich die besseren Teams auch häufiger durch, und Überraschungen sind seltener. Der Grund dafür ist, dass Zufallstreffer in einem solchen Spiel leichter wieder zu korrigieren sind als in einem Spiel mit nur sehr wenigen Toren. Deswegen sollten sich Fußball und Handball also auch prinzipiell deutlich unterscheiden.

Wir sehen diesen Unterschied sofort, wenn wir Tabellen aus der Fußball- und der Handball-Bundesliga direkt miteinander vergleichen. In beiden Ligen befinden sich jeweils 18 Mannschaften, die in einer Hin- und Rückrunde gegeneinander antreten. Damit ergeben sich also für jede Mannschaft 34 Spiele. Im Handball und im Fußball wird allerdings unterschiedlich gezählt.

Während es im Handball für einen Sieg zwei Punkte gibt, erzielt eine Mannschaft im Fußball bei einem Sieg drei Punkte. Diese Drei-Punkte-Regel wurde in der Saison 1995/96 in der Fußball-Bundesliga eingeführt, um die Zahl der Unentschieden zu reduzieren. Für ein Unentschieden gibt es in beiden Fällen jeweils einen Punkt. Um die Tabellen besser vergleichen zu können, wurden die Fußball-Bundesliga-Tabellen jeweils auf die Handballregel mit zwei Punkten pro Sieg umgerechnet. Die Tabellen auf den Seiten 56 und 57 zeigen den Vergleich für die Saison 2006/07.

Es fällt auf, dass die Tabelle der Handball-Bundesliga viel weiter auseinandergezogen ist als die der Fußball-Bundesliga. Während die Differenz zwischen dem ersten und dem letzten Platz in der Handball-Bundesliga 47 Punkte beträgt, sind es in der Fußball-Bundesliga nur 29 Zähler – also viel weniger. Schon dies zeigt deutlich, dass in der Handball-Bundesliga die guten Mannschaften im Vergleich zur Fußball-Bundesliga viel besser sind als die schlechteren Teams. Sie verlieren seltener gegen Mannschaften aus dem unteren Tabellendrittel. Während in der Saison 2007/08 der Tabellenführer Bayern München gegen den Tabellenletzten Energie Cottbus am 24. Spieltag mit 0:2 unterlag, kann man sich an ein solches Ereignis in der Handball-Bundesliga gar nicht mehr erinnern. Wann hat der THW Kiel eigentlich das letzte Mal gegen ein Team aus dem unteren Tabellendrittel verloren? In der Saison 2006/07 wurde der VfB Stuttgart mit 49:19 Punkten Meister (man beachte die Umrechnung auf die Handball-Zählweise mit zwei Punkten!). Diese Punktzahl hätte beim Handball gerade einmal für Platz 5 gereicht. Umgekehrt haben in der Handball-Tabelle die beiden Spitzenteams jeweils 58 Punkte erzielt. Diese Punktzahl hat

Vergleich der Tabellen der Fußball- und der Handball-Bundesliga Saison 2006/07

Fußball		S	G	U	V	Tore	TD	Punkte
1	VfB Stuttgart	34	21	7	6	61:37	24	49:19
2	FC Schalke 04	34	21	5	8	53:32	21	47:21
3	Werder Bremen	34	20	6	8	76:40	36	46:22
4	Bayern München	34	18	6	10	55:40	15	42:26
5	1. FC Nürnberg	34	11	15	8	43:37	11	37:31
6	Bayer Leverkusen	34	15	6	13	54:49	5	36:32
7	Hamburger SV	34	10	15	9	43:37	6	35:33
8	VfL Bochum	34	13	6	15	49:50	−1	32:36
9	Borussia Dortmund	34	12	8	14	41:43	−2	32:36
10	Hertha BSC	34	12	8	14	50:55	−5	32:36
11	Hannover 96	34	12	8	14	41:50	−9	32:36
12	Arminia Bielefeld	34	11	9	14	47:49	−2	31:37
13	Eintracht Frankfurt	34	9	13	12	46:58	−12	31:37
14	Energie Cottbus	34	11	8	15	38:49	−11	30:38
15	VfL Wolfsburg	34	8	13	13	37:45	−8	29:39
16	FSV Mainz 05	34	8	10	16	34:57	−23	26:42
17	Alemannia Aachen	34	9	7	18	46:70	−24	25:43
18	Borussia M'gladbach	34	6	8	20	23:44	−21	20:48

noch nie ein Meister in der Fußball-Bundesliga erreicht. Hier hat Bayern München in der Saison 1971/72 mit 55 Punkten (das entspricht 79 Punkten bei der Drei-Punkte-Regel) die bisherige absolute Bestmarke erzielt. 50 Punkte garantieren im Fußball eigentlich schon den Titel, und in der Saison 2000/01 haben sogar nur 44 Punkte zum Gewinn der Meisterschaft ausgereicht. Diese Punktzahl hätte in der hier gezeigten Handball-Tabelle gerade einmal Platz 8 bedeutet. Dasselbe gilt auch für die Abstiegszone. Während in der Fußball-Bundesliga der FSV Mainz 05 in der Saison 2006/07 mit 26 Punkten den bitteren Weg in die Zweitklassigkeit

Handball		S	G	U	V	Tore	TD	Punkte
1	THW Kiel	34	28	2	4	1237:976	261	58:10
2	HSV Hamburg	34	28	2	4	1114:951	163	58:10
3	SG Flensburg-Handewitt	34	25	1	8	1143:1010	133	51:17
4	VfL Gummersbach	34	24	3	7	1172:1052	120	51:17
5	HSG Nordhorn-Lingen	34	23	3	8	1042:960	82	49:19
6	SC Magdeburg	34	23	2	9	1080:954	126	48:20
7	TBV Lemgo	34	21	3	10	1073:1001	72	45:23
8	Rhein-Neckar Löwen	34	20	2	12	986:945	41	42:26
9	TV Grosswallstadt	34	17	3	14	933:924	9	37:31
10	Frisch Auf! Göppingen	34	14	2	18	1003:1018	−15	30:38
11	Wilhelmshavener HV	34	11	2	21	950:1055	−105	24:44
12	MT Melsungen	34	10	0	24	959:1052	−93	20:48
13	HBW Balingen-W'stetten	34	7	4	23	899:1024	−125	18:50
14	GWD Minden	34	8	2	24	864:994	−130	18:50
15	HSG Wetzlar	34	8	2	24	905:1042	−137	18:50
16	TuS N-Lübbecke	34	8	1	25	965:1076	−111	17:51
17	HSG Düsseldorf	34	8	1	25	895:1048	−153	17:51
18	Eintracht Hildesheim	34	5	1	28	939:1077	−138	11:57

antreten musste, wäre eine Mannschaft mit 26 Punkten
in der Handball-Bundesliga immerhin 11. geworden.
Dort hätten 18 Punkte zum Klassenerhalt ausgereicht –
ein Wert, mit dem man in der Geschichte der Fußball-
Bundesliga bisher immer deutlich abgestiegen ist.

Am markantesten ist der Unterschied zwischen den
beiden Ligen aber in der Mitte der Tabelle zu sehen.
Während die Punktzahlen in der Fußball-Bundesliga
gleichmäßig von oben nach unten abnehmen, ist in der
Handball-Bundesliga ein klarer Bruch zwischen Tabellenplatz 9 und 10 zu sehen. Der TV Großwallstadt hat als 9.
mit 37:31 Punkten noch ein deutlich positives Punkt-

verhältnis. Das auf dem 10. Platz folgende Team von Frisch Auf! Göppingen hat hingegen mit 30:38 Punkten ein klar negatives Punktverhältnis. Die Handball-Tabelle ist also sehr deutlich in zwei Teile gespalten – es gibt offensichtlich kein Mittelfeld. Das ist nicht etwa ein zufälliger Ausrutscher in der Saison 2006/07, sondern eine durchgängige Erscheinung, wie man bei einem Vergleich über die letzten Jahre schnell feststellen kann.

 Das zeigt ganz deutlich: Handball ist langweiliger als Fußball! Beim Handball gibt es eine ganz klare Zweiklassengesellschaft. Mannschaften aus der oberen Tabellenhälfte verlieren in der Regel nicht gegen Teams aus der unteren Hälfte. Der Grund dafür liegt allein in der großen Anzahl der Tore, die in einem Handball-spiel fallen. Dadurch nimmt die Wahrscheinlichkeit drastisch ab, dass ein schwächeres Team auch einmal gewinnen kann. Beispielsweise hatten wir im vorigen Abschnitt gesehen, dass in der Fußball-Bundesliga ein Team, welches auf eine doppelt so starke Mann-schaft trifft, immerhin noch eine Siegwahrscheinlich-keit von 26 % hat. Dies liegt daran, dass nur etwa drei Tore pro Spiel im Durchschnitt fallen. In der Hand-ball-Bundesliga mit etwa 50 Toren pro Spiel hat ein solches Team eine Siegwahrscheinlichkeit von nur noch 7 Promille. Eine solche Überraschung ist also fast unmöglich.

Um den Handballsport attraktiver zu gestalten, sollte man genau das Gegenteil von dem machen, was man bisher getan hat. Man hat die Handballregeln in den letzten Jahren so verändert, dass das Spiel immer schneller wurde und somit immer mehr Tore fallen. Dies ist genau der falsche Weg, um die Zweiklassen-gesellschaft in der Handball-Bundesliga-Tabelle zu überwinden. Wenn man dies will, dann wären Regeln vonnöten, die das Torewerfen eher verhindern als befördern. Aber vielleicht will man das ja auch gar nicht – wer weiß. Und für den Fußball droht keine Gefahr. Solange man hier die Regeln nicht ändert und nicht viel mehr Tore fallen, werden die Tabellen auch immer ein deutliches Mittelfeld ausweisen, weil dann der Zufall eine große Rolle spielt. Weiterhin wird der Tabellenführer aus diesem Grund auch immer für den Tabellenletzten schlagbar bleiben. Wir werden später noch genauer sehen, dass aus diesem Grund die Struktur der Tabelle der Fußball-Bundesliga sogar mathematisch sehr gut berechenbar ist. Auch deswegen ist Fußball viel interessanter als Handball: Durch die große Zufallskomponente, die durch die wenigen Tore automatisch in das Spiel hineinkommt, kann man kurioserweise sehr viel berechnen, wie wir in den nächsten Kapiteln sehen werden. Der Handball hingegen ist nicht so leicht mathematisch berechenbar, obwohl der Ausgang der Spiele vorhersagbarer ist.

Und noch etwas muss bemerkt werden. Anfang 2009 wurde der Handball-Bundesligist und Serienmeister THW Kiel verdächtigt, Schiedsrichter bei Champions-League-Spielen bestochen zu haben. Es kann hier keinesfalls ausgeschlossen werden, dass dies tatsächlich der Fall war. Allerdings können wir die Behauptung vieler Handball-Fachleute widerlegen, dass es besonders einfach sei, Spiele zu manipulieren, da am Ende immer große Hektik auf dem Spielfeld vorherrscht. Wir müssen hier nüchtern feststellen, dass das genaue Gegenteil der Fall ist. Wegen der vielen Tore im Handball ist es besonders schwer für die Schiedsrichter, eine Manipulation unauffällig vorzunehmen. Wenn sie systematisch die schwächere Truppe bevorzugen, fällt das ganz einfach auf. Wenn sie es nicht systematisch tun, wird sich das bessere Team mit der Zeit schon wieder durchsetzen. Und in der Tat ist bei dem Champions-League-Finale aus dem Jahr 2007 zwischen dem THW Kiel und der SG Flensburg-Handewitt, welches inzwischen unter starkem Manipulationsverdacht steht, keinerlei offensichtliche Manipulation zu erkennen. Möglicherweise haben die Schiedsrichter einfach nur kassiert und dann auf dem Feld nichts weiter getan. Im Fußball hingegen reichen zwei, drei krasse Fehlentscheidungen aus, und schon ist ein Spiel entschieden. Robert Hoyzer hat dies im August 2004 beim Pokalspiel des Hamburger SV gegen den damaligen Regionalligisten SC Paderborn vorgemacht. Er gab zwei unberechtigte Elfmeter für Paderborn und stellte den Hamburger Spieler Emile Mpenza wegen Meckerns vom Platz. Diese Entscheidungen waren höchst umstritten. Man sagte aber unmittelbar nach dem Spiel, dass der Schiedsrichter wohl einen schlechten Tag gehabt habe – nichts weiter. Erst später sollte man dann herausfinden, dass es sogar einer der schwärzesten Tage des deutschen Fußballs war, denn Robert Hoyzer hatte sich von der Wettmafia kaufen lassen und das Spiel für einen Plasmafernseher und etwas Geld verschoben. Fußball ist zwar wegen der wenigen Tore interessanter als Handball, aber dadurch auch deutlich anfälliger für Manipulationen.

Wenn jeder Spieler 10 Prozent von seinem Ego
an das Team abgibt, haben wir einen Spieler mehr
auf dem Feld.

**(Bundestrainer Berti Vogts erklärt, warum die Mann-
schaft der Star ist)**

WAHRSCHEINLICHKEIT
UND STATISTIK

Fußball ist ein Paradies für Statistiker. Der FC Bayern München hat 1972/73 mit 25 Siegen die meisten gewonnenen und 1986/87 mit nur einer Niederlage die geringste Zahl an verlorenen Spielen in einer Spielzeit aufzuweisen. Auch die längste Siegesserie von 15 Spielen im Zeitraum vom 19. März bis 20. September 2005 ist vom FC Bayern aufgestellt worden. Den bisher treffsichersten Angriff stellten ebenfalls die Münchner mit sage und schreibe 101 Toren in der Spielzeit 1971/72, von denen allein Gerd Müller 40 beisteuerte. Auch über die sicherste Abwehr verfügte der FC Bayern München, der 2007/08 in der letzten Saison von Olli Kahn nur 21 Gegentore zuließ. Am längsten ungeschlagen war in der Bundesliga der Hamburger SV, der 36 Spiele im Zeitraum vom 30. Januar 1982 bis 22. Januar 1983 ohne Niederlage schaffte. Der HSV ist auch die Mannschaft mit den meisten Bundesliga-Spielzeiten. Er nahm als einziges Team an allen bisher 48 Bundesliga-Saisons (die Spielzeit 2010/11 ist hier mitgerechnet) teil. Diese Zahlen sind recht einfach in Tabellen zu finden.

Wir wollen nun aber etwas mehr tun, als lediglich Zahlen aus Tabellenwerken oder Datenbanken abzurufen. Hierzu ein kleines Beispiel: Im Spiel um Platz 3 bei der WM 2006 standen mit Philipp Lahm und dem portugiesischen Mittelfeldstar Maniche zwei Spieler auf dem Platz, die beide am 11. November Geburtstag haben. Yanina Lyesnyak hat im Rahmen ihrer Bachelor-Arbeit bei Statistikprofessor Walter Krämer an der TU Dortmund herausgefunden, dass in 34 von 64 Partien der WM 2006, also bei 53 % aller Spiele, mindestens zwei der 23 Personen auf dem Platz (22 Spieler plus Schiedsrichter), am selben Tag Geburtstag hatten. Das scheint auf den ersten Blick eine überraschende Aussage zu sein, denn es gibt 365 Tage im Jahr, und warum sollen dann bei nur 23 Personen zwei mit so hoher Wahrscheinlichkeit am selben Tag Geburtstag haben? Die Wahrscheinlichkeitsrechnung sagt einem aber, dass dies keinesfalls überraschend ist. Ab einer Zahl von 23 Personen ist die Wahrscheinlichkeit dafür, dass mindestens zwei am gleichen Tag Geburtstag haben, größer als 50 %. Diese verblüffende Aussage ist als das Geburtstagsparadoxon bekannt und zeigt, dass bei der Statistik und Wahrscheinlichkeitsrechnung die Intuition oft versagt. Man erhält das Resultat übrigens leicht, wenn man sich andersherum fragt, wie groß die Wahrscheinlichkeit dafür ist, dass eine bestimmte Zahl k an Personen nicht am gleichen Tag Geburtstag haben. Die Wahrscheinlichkeit dafür ist einfach: $(365/365) \times (364/365) \times (363/365) \times \ldots \times (365-(k-1)/365)$, weil jedesmal ein Tag pro Person besetzt wird. Da alle Geburtstagsereignisse unabhängig voneinander sind, können die Wahrscheinlichkeiten einfach multipliziert werden. Für $k = 23$ wird das Produkt und damit die Wahrscheinlichkeit dafür, dass alle *nicht* am gleichen Tag Geburtstag haben, erstmals kleiner als 0,5. Deswegen muss das gegenteilige Ereignis, dass mindestens zwei Personen am gleichen Tag Geburtstag haben, eine Wahrscheinlichkeit von über 50 % haben. So einfach ist das!

Im nächsten Kapitel werden wir aber mithilfe der Wahrscheinlichkeitsrechung und Statistik etwas andere Resultate über den Fußball gewinnen. Recht einfach ist die Frage zu beantworten, wie groß die Wahrscheinlichkeit dafür ist, dass eine Mannschaft ein Spiel nach einer 1:0- oder 2:0-Führung noch verliert. Schwieriger wird es, wenn wir uns fragen, was es bedeutet, dass die Zahl der Unentschieden in der Bundesliga immer dann besonders gering ist, wenn an einem Spieltag viele Tore fallen. Ist die Zahl der Unentschieden etwa mit der Zahl der Tore korreliert?

Noch verblüffender ist allerdings die Tatsache, dass man die Verteilung der Tore, die pro Spiel in der Fußball-Bundesliga fallen, nicht nur aus einer Datenbank entnehmen, sondern auch mit einer Formel beschreiben kann. Wieso klappt das und was bedeutet dies für die Teams der Bundesliga? Mit dieser Formel wiederum können dann weitere Berechnungen bis hin zur Simulation ganzer Bundesliga-Tabellen durchgeführt werden. Dabei werden wir an der einen oder anderen Stelle auch etwas kompliziertere Formeln sehen. Wer hätte gedacht, dass Fußball sogar etwas mit Bessel-Funktionen zu tun haben könnte? Doch keine Angst: Für diejenigen, denen diese Formeln und Funktionen nichts sagen, werden die wesentlichen Aussagen eines jeden Abschnitts immer auch in Worten genau erläutert und zusammengefasst. Es ist interessant, dass die Verteilung der Bundesliga-Ergebnisse sehr gut mit einer Formel beschrieben werden kann. Umgekehrt kann man sich fragen, was es bedeutet, wenn dies nicht klappt. Dann könnte dieser Umstand auf eine großflächige

Manipulation innerhalb der Liga hinweisen. Wir werden allerdings sehen, dass es in den Spitzenligen Europas keinen mathematischen Grund gibt, der auf solche Manipulationen hinweist.

Bei den Betrachtungen im folgenden Kapitel werden wir uns immer nur auf Tore konzentrieren, die geschossen werden. Das Abwehrverhalten einer Mannschaft interessiert uns hier nicht, vielmehr betrachten wir nur reine Offensivmodelle. Dies ist natürlich eine grobe Vereinfachung und könnte im Rahmen viel komplizierterer mathematischer Analysen weiter verfeinert werden, etwa durch die Berücksichtigung der Abwehrreihen. Das würde aber den Rahmen des Buches bei Weitem sprengen. Der Physikprofessor Andreas Heuer von der Universität Münster hat hier in den letzten Jahren intensive Forschungen betrieben. Das wesentliche Resultat seiner Arbeiten lautet, dass man die Spielstärke einer Mannschaft nicht besonders gut durch die erreichte Punktzahl, sondern viel besser durch die Tordifferenz eines Teams darstellen kann. Eine Punktzahl kann durch viele knappe Resultate besser aussehen, als sie in Wirklichkeit ist, eine Tordifferenz sagt da viel mehr aus. Nehmen wir an, dass eine Mannschaft fünfmal hintereinander mit 1:0 gewinnt, eine andere gewinnt viermal mit 6:0 und spielt einmal Unentschieden. Welche Mannschaft würde man als stärker einschätzen? Die zweite selbstverständlich, obwohl sie weniger Punkte geholt hat. In der Fußball-Bundesliga war es in der Saison 1993/94 so, dass der MSV Duisburg die Tabelle nach 22 Spieltagen anführte. Das Einmalige daran war aber, dass die Duisburger die Tabelle mit einer negativen Tordifferenz anführten. Am Ende fiel die Mannschaft dann noch auf den 9. Rang zurück. Die negative Tordifferenz deutete schon darauf hin, dass es sich eigentlich um kein so starkes Team handelte, obwohl es nach immerhin 64 % der Saison mehr Punkte als die Konkurrenz gesammelt hatte. Tore sagen also viel mehr aus als Punkte. Andreas Heuer definiert in seiner Arbeit die Fitness eines Teams daher über die Tordifferenz und untersucht deren zeitliche Entwicklung für Bundesliga-Mannschaften. Beispielsweise lässt sich so zeigen, dass es keine besonders heimstarken Mannschaften gibt und zwar Verlustserien mit korrelierter negativer Fitness vorkommen, aber keine Siegesserien mit durchweg positiver Fitness. Das ist so ähnlich wie an der Börse: In einer Boomphase steigen Aktien unkorreliert, d. h. einige steigen stark, andere weniger stark, und manche fallen sogar, während alle gemeinsam korreliert in einer Depression abstürzen.[1]

Im Vergleich dazu sind statistische Fragen wie die nach dem Rekordmeister geradezu trivial. Die bisherigen 48 beendeten Bundesliga-Spielzeiten hat der FC Bayern München immerhin 21 Mal als Tabellenführer und somit Meister nach 34 Spieltagen abgeschlossen. Das ist eine stolze Quote von fast 44 %. Kann das Zufall sein? Wie vergleichen sich die Bayern mit dem Überraschungs-Herbstmeister der Saison 2008/09, der TSG 1899 Hoffenheim? Warum erleben wir es immer wieder, dass eine Mannschaft in einer Saison den 6. Platz belegt und Pokalsieger wird, wie der 1. FC Nürnberg in der Saison 2006/07, und dann dieselbe Mannschaft mit demselben Trainer in der darauffolgenden Spielzeit sang- und klanglos absteigt? Der 1. FC Nürn-

1 Genaueres zur Fitness von Bundesliga-Mannschaften und wie man damit Bundesliga-Mythen untersuchen kann, ist zu finden in dem Aufsatz von A. Heuer und O. Rubner; »Fitness, chance, and myths: an objective view on soccer results«, *The European Physical Journal* B, Vol. 67, 2009, S. 445–458.

berg ist diesbezüglich sogar einzigartig. Er hat es
als bisher einziges Team fertiggebracht, als amtierender deutscher Meister im folgenden Jahr abzustei-
gen. Dies geschah in der Saison 1968/69. Ist so etwas
möglicherweise erklärbar? Auch dies werden wir im
folgenden Kapitel untersuchen und berechnen, warum
der Fußball unberechenbar ist – ein fast schon philoso-
phisches Resultat!

Wer 1:0 führt, der stets verliert?

Wir wollten in Bremen kein Gegentor kassieren.
Das hat auch bis zum Gegentor ganz gut geklappt.

(Thomas Häßler über die ausgeklügelte Taktik
seiner Mannschaft)

Im Fußball gibt es die Weisheit »Wer 1:0 führt, der
stets verliert!«, mit der sich insbesondere in Rückstand
geratene Mannschaften motivieren. Der Hamburger SV
hat in der Saison 2008/09 in den ersten drei von vier
Bundesliga-Spielen jeweils einen 2:0-Rückstand aufge-
holt und ihn dabei zweimal gegen Bielefeld und Leverkusen in einen Sieg verwandelt. Die deutsche Nationalmannschaft hat bei ihren drei bisherigen WM-Triumphen
zweimal einen Rückstand im Finale wettgemacht.
1954 lag man gegen den haushohen Favoriten Ungarn
schnell mit 0:2 in Rückstand, um dann am Ende noch
mit einem 3:2 das »Wunder von Bern« zu schaffen.
Auch 1974 lagen die Holländer bereits nach zwei Spielminuten mit 1:0 gegen Deutschland im WM-Finale
in München in Führung. Am Ende gewannen unsere
Jungs aber noch mit 2:1 und holten den Titel. Nun

wollen wir uns dieser Frage genauer widmen, d.h. wir wollen untersuchen, wie wahrscheinlich es ist, dass eine in Führung liegende Mannschaft das Spiel noch verliert. Hierzu rufen wir aus einer Datenbank[2] die entsprechenden Zahlen ab und versuchen sie dann im Rahmen eines äußerst simplen Modells zu verstehen.

Wir wollen erst einmal Spiele diskutieren, bei denen eine Mannschaft 1:0 in Führung gegangen ist, aber trotzdem noch verloren hat. Bisher führte eine Heimmannschaft in 7918 Spielen der 1. Fußball-Bundesliga mit 1:0. Am Ende verlor sie dann aber nur in 515 Fällen. Daraus folgt, dass eine Heimmannschaft, die bereits 1:0 führt, nur noch eine Verlustwahrscheinlichkeit für das jeweilige Spiel von 6,5 % hat. Interessanterweise sieht dies deutlich anders aus für Mannschaften, die auswärts 1:0 in Führung gehen. Dies kam bisher 4746 mal vor. Allerdings wurden davon immerhin noch 1051 Spiele am Ende verloren, was einen deutlich höheren Prozentsatz von 22 % als Verlustwahrscheinlichkeit ergibt. Wie kann man das verstehen?

Der Datenbank entnehmen wir, dass Heimmannschaften etwa doppelt so viele Tore schießen wie Auswärtsmannschaften. Die Wahrscheinlichkeit für eine Heimmannschaft, ein Tor zu erzielen, liegt daher bei $p_{Heim} = 2/3$. Für eine Auswärtsmannschaft gilt dann $p_{Auswärts} = 1/3$. Natürlich muss gelten $p_{Heim} + p_{Auswärts} = 1$.

Gehen wir einmal davon aus, dass die Heimmannschaft mit 1:0 führt. Sie hat also mit der Wahrscheinlichkeit von $p_{Heim} = 2/3$ ein Tor geschossen. Dann kann diese Mannschaft noch verlieren, wenn das Auswärtsteam beispielsweise zwei Tore hintereinander jeweils mit der

2 Hier: die öffentlich zugängliche Online-Datenbank www.dasfussballstudio.de (Stand Saison 2007/08).

Wahrscheinlichkeit $p_{Auswärts} = 1/3$ erzielt. Der Endstand wäre dann also 1:2. Wir nehmen nun vereinfachend an, dass alle Tore unabhängig voneinander fallen, und können damit für die Gesamtwahrscheinlichkeit $w_{1:2}$ des Endstands 1:2 bei einer 1:0-Führung der Heimmannschaft schreiben: $w_{1:2} = p_{Heim} \times p_{Auswärts} \times p_{Auswärts}$. Wir setzen jetzt einfach $p_{Heim} = p$ und nutzen aus, dass gilt: $p_{Auswärts} = 1 - p_{Heim}$. Dann ergibt sich für die Wahrscheinlichkeit, dass eine Mannschaft, wenn sie 1:0 führt, das Spiel noch 1:2 verliert, einfach der Ausdruck $w_{1:2}(p) = p \times (1-p)^2$.

Dabei ist p die Wahrscheinlichkeit, mit der die in Führung gehende Mannschaft das nächste Tor schießt. Die Grafik auf der rechten Seite zeigt nun diese Funktion $w_{1:2}(p)$.

Die Kurve hat ein Maximum bei $p = 1/3$ und fällt nach beiden Seiten recht stark ab. Für $p = 1/3$ ist es also am wahrscheinlichsten, dass eine Mannschaft eine 1:0-Führung noch abgibt und 1:2 verliert. Bevor wir dies mit den Daten der Bundesliga vergleichen, machen wir uns erst einmal klar, warum diese Kurve ein Maximum haben muss, d. h. warum es so etwas wie eine optimale Spielstärke einer Mannschaft gibt, für die der Spruch »Wer 1:0 führt, der stets verliert!« am häufigsten zutrifft. Hierfür diskutieren wir am besten die zwei Extremfälle. Hat eine Mannschaft eine äußerst geringe Wahrscheinlichkeit, ein Tor zu erzielen, also $p \approx 0$, dann bedeutet dies, dass die andere Mannschaft zwar sehr torfreudig wäre und einen Rückstand leicht aufholen könnte, aber der Fall der 1:0-Führung selbst tritt insgesamt nur sehr selten ein. Deswegen wird es auch nur wenige Spiele geben, in denen sich nach einer 1:0-Führung der schwächeren Mannschaft der Endstand 1:2 einstellt. Unsere Gesamtwahrscheinlichkeit $w_{1:2}(p)$

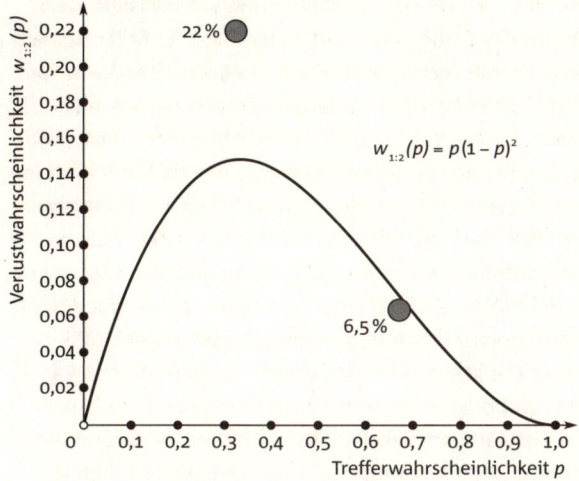

ist daher recht klein. Falls aber im anderen Extremfall
die Mannschaft, die 1:0 in Führung geht, eine sehr
große Torwahrscheinlichkeit hat, also $p \approx 1$, dann geht
diese Mannschaft zwar häufig 1:0 in Führung, aber
die Wahrscheinlichkeit $1 - p$ der gegnerischen Mannschaft für einen Torerfolg ist so gering, dass es fast
nie zu einem 1:2 kommen wird. Insgesamt ist also auch
in diesem Fall $w_{1:2}(p)$ wieder recht klein. Es ist daher
klar, dass es eine bestimmte Wahrscheinlichkeit p geben
muss, für die die Wahrscheinlichkeit $w_{1:2}(p)$ eines
1:2-Ergebnisses nach einer 1:0 Führung maximal werden muss. Genau dies zeigt die Abbildung oben.

Nun wollen wir die Zahlen noch etwas quantitativer
diskutieren. Wir hatten gesehen, dass $p \approx 2/3$ für Heimmannschaften gilt und dass diese Mannschaften nur

in 6,5 % aller Spiele eine 1:0-Führung noch aus der Hand geben und am Ende verlieren. Dies wird durch den rechten Punkt in der vorigen Abbildung symbolisiert, der sich an der Stelle $p = 2/3 = 0,66$ befindet. Es fällt auf, dass dieser Punkt recht gut mit dem theoretischen Wert für $w_{1:2}(p)$ übereinstimmt. Hierbei ist noch zu bedenken, dass 2:1 zwar das häufigste Ergebnis in der Bundesliga ist, Spiele nach einer 1:0-Führung aber auch mit anderen Ergebnissen als 1:2 enden können. Dies ist allerdings in dem Fall, dass die stärkere Mannschaft 1:0 in Führung geht, weniger wahrscheinlich als im anderen Fall, wenn die schwächere Mannschaft 1:0 führt. Das ist auch deutlich zu erkennen an dem oberen Punkt in der Grafik. Dieser Punkt befindet sich an der Stelle $p = 1/3 = 0,33$ und symbolisiert hiermit die Trefferwahrscheinlichkeit von auswärts spielenden Mannschaften. Während die Kurve $w_{1:2}(p)$ hier einen Wert von knapp 15 % liefert, beläuft sich der tatsächliche Wert auf 22 %. Diese Abweichung ist damit zu erklären, dass es nun auch leichter höhere Ergebnisse als 2:1 geben kann, da die Mannschaft, die ursprünglich zurückgelegen hat, eigentlich die deutlich höhere Trefferwahrscheinlichkeit hat. Deswegen gibt es nun auch in größerer Zahl Ergebnisse wie 3:1 oder 4:1 nach einem 0:1-Rückstand. Unsere Formel für $w_{1:2}(p)$ zählt aber nur die 2:1-Resultate. Wir können somit auch erklären, warum die Formel die Verlustwahrscheinlichkeit für Heimspiele nach einer 1:0-Führung deutlich genauer wiedergibt als für Auswärtsspiele.

Das Gleiche wollen wir jetzt nochmals für eine 2:0-Führung untersuchen. Wir fragen uns also, wie wahrscheinlich es ist, dass eine 2:0 führende Mannschaft das Spiel noch verliert. Die erwähnte Datenbank liefert wieder die Fakten. Eine Heimmannschaft führte in 4232 Spielen der 1. Fußball-Bundesliga mit 2:0. Am

Ende verlor sie aber nur in 50 Fällen, was einer Wahrscheinlichkeit von 1,2 % entspricht. Das sieht deutlich anders aus für Mannschaften, die auswärts 2:0 in Führung gehen. Es kam bisher 1678-mal vor. Davon wurden 75 Spiele am Ende verloren, was einem fast viermal so hohen Prozentsatz von 4,5 % entspricht. Wieder gibt es bei einem Rückstand also einen deutlichen Unterschied zwischen Heim- und Auswärtsmannschaften.

Eine ähnliche Argumentation wie vorher liefert nun als Wahrscheinlichkeit dafür, dass ein Spiel nach einer 2:0-Führung noch 2:3 ausgeht, den folgenden Ausdruck: $w_{2:3}(p) = p \times p \times (1-p) \times (1-p) \times (1-p) = p^2 \times (1-p)^3$.

Dabei ist p wie vorher die Wahrscheinlichkeit, mit der die in Führung gehende Mannschaft das nächste Tor schießt. Diese Formel spiegelt einfach nur die Torreihenfolge von 2:3 mit den entsprechenden Trefferwahrscheinlichkeiten wider.

Genau wie vorher liegt der Wert von 1,2 % für die Heimspiele aus der Datenbank nahe bei dem berechneten Wert, den unsere einfache Theorie für $w_{2:3}(p)$ vorhersagt, während der Wert für die Auswärtsspiele von 4,5 % wieder deutlich oberhalb des berechneten Wertes von 3,3 % liegt. Allerdings liegt der Wert nun nicht mehr so weit von der Theorie entfernt wie zuvor im Fall der 1:0-Führungen. Dies liegt daran, dass Ergebnisse von 2:4 und höher nach einer 2:0-Führung immer unwahrscheinlicher werden und Resultate wie 1:3 und höher nach einer 1:0-Führung viel wahrscheinlicher sind.

Da bisher insgesamt nur sechs Spiele in der Fußball-Bundesliga nach einer 3:0-Führung noch verloren gingen, ist die Statistik zu schlecht, um hier einen Vergleich mit der Wahrscheinlichkeitsrechnung anzustellen. Wir wollen daher zum Abschluss unsere Überlegungen nochmals mit einer anderen Frage überprüfen, nämlich wie wahrscheinlich es ist, dass ein Spiel nach einer 1:0-Führung noch unentschieden ausgeht. Die Datenbank sagt uns hier, dass in 17,6% aller Heimspiele nach einer 1:0-Führung am Ende ein Unentschieden herauskommt und in 26,1% aller Auswärtsspiele. Unsere Berechnung würde hier $w_{1:1}(p) = p \times (1-p)$ ergeben, wenn wir wieder nur die 1:1-Resultate mitzählen. Mit $p = 2/3$ ergibt sich als theoretischer Wert diesmal 22,2%, wobei sich die Theorie nun für Heim- und Auswärtsspiele nicht unterscheidet, wie ein Einsetzen des Wertes $p = 1/3$ zeigt. 22,2% ist aber wieder ein recht guter Wert, der außerdem genau in der Mitte zwischen den beiden empirischen Werten 17,6% und 26,1% liegt. Auch hier liefern diese recht einfachen theoretischen Ergebnisse wieder eine sehr gute Beschreibung der Realität.

Natürlich hätten wir auch mit zusätzlicher Kombinatorik und etwas mehr Wahrscheinlichkeitstheorie noch genauere Formeln für die entsprechenden Verlustwahrscheinlichkeiten nach 1:0- und 2:0-Führungen aufstellen können. Hier hätten wir Überlegungen anstellen müssen wie im Abschnitt über die Gerechtigkeit im Fußball. Allerdings wäre dies schnell sehr unübersichtlich geworden, sodass wir darauf verzichten. Die einfachen Formeln reichen aus und erklären die Verhältnisse zumindest qualitativ. Weiterhin ist anzumerken, dass wir bei unseren Betrachtungen nicht gefragt haben, wann das 1:0 im Spiel fällt. Natürlich ist es ein großer Unterschied, ob das erste Tor nach einer Minute oder erst in der 89. Spielminute fällt. Im letzteren Fall ist der Sieg der 1:0 in Führung gegangenen Mannschaft fast sicher, da es äußerst unwahrscheinlich ist, dass das andere Team noch zwei Tore in einer Minute schießen wird. Allerdings kommt selbst dies vor, wie die Spieler von Bayern München im Champions-League-Finale 1999 gegen Manchester United leidvoll erfahren mussten. Unsere Betrachtungen beziehen sich auf die Mittelwerte über alle Spiele und sind damit unabhängig von den Spielminuten, in denen Tore fallen.

Übrigens gab es bisher nur eine einzige Partie in der Fußball-Bundesliga, in der eine mit 4:0 in Führung liegende Mannschaft, am Ende noch verloren hat. Dies war am 18. September 1976 der VfL Bochum im Heimspiel gegen den FC Bayern München. Nach 53 Minuten führte man mit 4:0, um dann am Ende noch mit sage und schreibe 5:6 zu verlieren. Einen 5:0-Rückstand hat in der Bundesliga bisher noch keine Mannschaft in einen Sieg umgebogen. Unsere obigen Überlegungen würden ergeben, dass dies auch nur mit einer Wahrscheinlichkeit von etwa 0,4 Promille zu erwarten wäre. Werder Bremen konnte sich also in der Saison 2008/09 nach der 5:0-Führung in der Münchner Allianz-Arena sehr sicher sein, dass da nichts mehr anbrennt…

Wir müssen also feststellen , dass der Spruch »Wer 1:0 führt, der stets verliert!« statistisch nicht zu halten ist – das genaue Gegenteil ist der Fall. Eine Heimmannschaft, die mit 1:0 in Führung gegangen ist, verliert mit einer Wahrscheinlichkeit von 93,5 % dieses Spiel nicht mehr. Bei einer Auswärtsmannschaft ist dieser Wert zwar mit 78 % deutlich geringer, aber immer noch sehr groß. Wenn eine Heimmannschaft mit 2:0 in Führung liegt, können die Fans dieser Mannschaft den Sekt schon kalt stellen. Dieses Team verliert mit einer Wahrscheinlichkeit von 98,8 % das Spiel nicht mehr! Den Ungarn war im Finale der WM 1954 allerdings am Ende genauso wenig zum Feiern zumute wie den Holländern im Finale der WM 1974. Ein Spiel dauert eben doch immer 90 Minuten…

Viele Tore = wenige Unentschieden

Ja gut, ich sag mal so: Woran hat's gelegen?
Das ist natürlich die Frage, und ich sag einfach mal:
Das fragt man sich nachher natürlich immer!

(Olaf Thon erklärt den Grund für eine Niederlage)

Bei einem Blick auf die Spielpaarungen (siehe rechts oben) des 14. Bundesliga-Spieltags der Saison 2007/08 fällt auf, dass in jedem Spiel relativ viele Tore gefallen sind. Gleichzeitig gab es bei neun Spielen kein einziges Unentschieden, obwohl 25 % der Spiele in der Fußball-Bundesliga im Durchschnitt remis enden. Hängen diese beiden Beobachtungen vielleicht irgendwie zusammen?

Zunächst zu den Fakten: Wenn 25 % aller Spiele mit einem Unentschieden enden, dann ist die Wahrscheinlichkeit dafür, dass ein Spiel nicht unentschieden endet $1 - 0{,}25 = 0{,}75$. Die Wahrscheinlichkeit dafür, dass neun Spiele hintereinander nicht mit einer Punkteteilung ausgehen, ist dann einfach $0{,}75 \times 0{,}75 \times 0{,}75 \times 0{,}75 \times 0{,}75 \times 0{,}75 \times 0{,}75 \times 0{,}75 \times 0{,}75 = 0{,}75^9 = 0{,}07508$, also in der Tat nur etwa 7,5 %. Von daher war dieser 14. Spieltag der Saison 2007/08 durchaus etwas Besonderes. Durchschnittlich wurden in den letzten Jahren in der Bundesliga etwa 2,8 Tore pro Spiel erzielt. In den Spielen des 14. Spieltags der Saison 2007/08 wurden 30 Tore erzielt, also 3,3 pro Spiel, was somit deutlich überdurchschnittlich ist. Daher noch mal die Frage: Hängen diese beiden Beobachtungen miteinander zusammen, oder – vornehmer ausgedrückt – sind diese beiden Tatsachen miteinander korreliert?

Um dies zu entscheiden, muss man sich erst einmal klarmachen, was »korreliert« genau bedeutet. Da

14. Spieltag der Bundesliga-Saison 2007/08

Karlsruher SC	Hertha BSC	2:1
Bayern München	VfL Wolfsburg	2:1
Bayer Leverkusen	MSV Duisburg	4:1
VfL Bochum	Arminia Bielfeld	3:0
Hannover 96	FC Schalke 04	2:3
Energie Cottbus	Werder Bremen	0:2
Eintracht Frankfurt	VfB Stuttgart	1:4
1. FC Nürnberg	Borussia Dortmund	2:0
Hamburger SV	FC Hansa Rostock	2:0

gibt es zunächst ganz direkte Korrelationen wie etwa
die Temperaturerhöhung von Wasser auf einer heißen Herdplatte. Die Energiezufuhr durch die Herdplatte
korreliert direkt mit der Temperaturzunahme des
Wassers. Diese Korrelation ist sehr einfach zu erkennen
und kann in der Physik sogar mit einer Formel ausgedrückt werden. Schwieriger ist es mit nicht eindeutigen Korrelationen wie etwa der Tatsache, dass bei
einer Belebung der Konjunktur die Arbeitslosigkeit
zurückgeht. Dies ist zwar auch prinzipiell klar, aber nicht
immer so deutlich an Zahlen abzulesen bzw. manchmal
gilt dieser Zusammenhang gar nicht so direkt. Mit einer
Formel kann dieser Zusammenhang auch nicht erfasst
werden, obwohl beide Größen sicher irgendwie zusammenhängen. Schließlich gibt es noch scheinbare Korrelationen, die zwar einen eindeutigen Trend zeigen,
wobei die beiden in Zusammenhang gesetzten Größen
aber definitiv nichts miteinander zu tun haben. Ein
gutes Beispiel dafür ist, dass die in den letzten Jahr-
zehnten zurückgegangene Geburtenrate in Deutschland
sehr gut mit dem Rückgang der Population der Weiß-
störche in unserem Land korreliert: (Fast) niemand wird

allerdings ernsthaft einen direkten oder indirekten Zusammenhang zwischen diesen beiden Größen konstruieren wollen.

Wir interessieren uns nun also für eine Korrelation der Torrate, also der pro Spiel erzielten Tore, und der Häufigkeit von Unentschieden im Fußball. Zunächst wieder einmal zu den Fakten. Schon in den Achtzigerjahren wies der Engländer Jack Dowie auf einen solchen Zusammenhang hin, den er durch einen Vergleich der Zahl der Unentschieden mit der Zahl der gefallenen Tore in der englischen Premier League über mehrere Jahrzehnte bemerkte. Für die Fußball-Bundesliga in Deutschland gilt dies ebenfalls, wie man der Grafik auf Seite 79 (untere Kurve: Prozentsatz der unentschieden ausgegangenen Spiele; obere Kurve: durchschnittliche Toranzahl pro Spiel) entnehmen kann.

Je höher die durchschnittliche Zahl der pro Spiel erzielten Tore in einer Saison war, desto weniger Unentschieden treten offensichtlich auf. Es scheint also eine Korrelation dieser beiden Größen zu geben, die auch durch die Einführung der Drei-Punkte-Regel 1995 nicht tangiert wurde. Sie könnte aber – wie bei den Störchen – rein zufällig sein, sie könnte – wie bei der Arbeitslosigkeit – zwar offensichtlich, aber doch nicht mathematisch fassbar sein, oder man könnte sie sogar mathematisch exakt erklären wie bei der Herdplatte. Welcher Fall liegt hier vor?

Es ist wohl für viele Leser verblüffend, wenn wir feststellen, dass der letzte Fall vorliegt! Man kann diesen Zusammenhang zwischen Torrate und Häufigkeit von Unentschieden tatsächlich mathematisch exakt mit einer Formel beschreiben. Wir geben hier allerdings zunächst nur eine qualitative Erklärung. Die genauere Beschreibung folgt in einem späteren Abschnitt.

**Korrelation der Tore und der Unentschieden
in der 1. Fußball-Bundesliga**

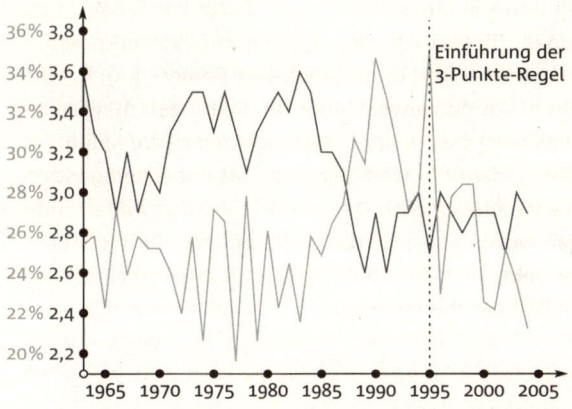

Einführung der
3-Punkte-Regel

Wir nehmen an, dass in einem Fußballspiel eine gerade Zahl an Toren fällt, denn bei einer ungeraden Anzahl kann es natürlich kein Unentschieden geben. Im Fall von zwei Toren sind die möglichen Ausgänge 2:0, 1:1, 0:2. Die Wahrscheinlichkeit für ein Unentschieden ist unter der Annahme einer Gleichverteilung der möglichen Ergebnisse somit 1/3. Bei vier Toren sind die folgenden Endergebnisse möglich: 4:0, 3:1, 2:2, 1:3, 0:4. Die Wahrscheinlichkeit für ein Unentschieden ist hier 1/5. Dies lässt sich fortsetzen, und es ist sofort zu sehen, wie die Wahrscheinlichkeit für ein Unentschieden mit steigender Toranzahl abnimmt. Damit kann die Korrelation dieser beiden Tatbestände auf einen konkreten Grund zurückgeführt werden, nämlich dass bei vielen erzielten Toren die Zahl der möglichen Spielausgänge mit dem Sieg eines der beiden Teams stärker ansteigt als die Zahl der Unentschieden. So einfach ist das!

Wenn man es genauer und insbesondere die exakte Formel haben will, wird etwas mehr Mathematik benötigt und sogar etwas so Kompliziertes wie Bessel-Funktionen. Dies wird in einem späteren Abschnitt noch weiter vertieft. Hier nur noch eine Bemerkung: Es wäre falsch, aus den angestellten Überlegungen den Schluss zu ziehen, dass in der Bundesliga mehr Tore fallen sollten, damit es weniger dieser oft unbefriedigenden Unentschieden gibt. Dieser Effekt würde zwar eintreten, man würde sich aber dafür ein größeres Problem einhandeln, wie wir im Abschnitt über die Gerechtigkeit im Fußball gesehen haben.

Radioaktivität im Fußball

Ich bin Optimist. Sogar meine Blutgruppe ist positiv!

(Der österreichische Nationalspieler Toni Polster in Diensten von Borussia Mönchengladbach)

In der Saison 2007/08 hat Werder Bremen 6:3 beim amtierenden deutschen Meister VfB Stuttgart verloren. Ein Jahr später hat Bremen zu Hause gegen die Emporkömmlinge von der TSG 1899 Hoffenheim in einem tollen Spiel mit 5:4 gewonnen. Die Zuschauer haben dabei sehr abwechslungsreiche Spiele gesehen.
Neun Tore kommen aber in einem Spiel der Fußball-Bundesliga recht selten vor. Doch wie ungewöhnlich sind sie nun wirklich?

Zunächst einmal muss man einen Blick auf die Verteilung der Tore in der Bundesliga werfen. Die Grafik auf Seite 82 zeigt die Zahl der Spiele, bei denen insgesamt k Tore gefallen sind.

Die Abbildung[3] ist folgendermaßen zu interpretieren: Bisher gab es etwa 2 550 Spiele mit k = 3 Toren in der Bundesliga. Das sind alle Spiele mit den Endergebnissen 3:0, 2:1, 1:2 und 0:3. Es gibt auch Spiele mit keinem Tor, nämlich die 0:0-Ergebnisse. Aus der Grafik kann hier für k = 0 eine Zahl von etwa 820 torlosen Spielen abgelesen werden. Offensichtlich gibt es am meisten Spiele mit k = 2 Toren, da Endergebnisse wie 2:0, 0:2 und 1:1 relativ häufig vorkommen. Auch vier Tore sind noch recht häufig, während die Zahl der Spiele dann für größere Toranzahlen recht schnell abfällt. Dortmunder wissen allerdings, dass auch 12 Tore manchmal vorkommen können... Zwar gibt es viele Möglichkeiten für unterschiedliche Endergebnisse, wenn neun Tore fallen, nämlich 9:0, 8:1, 7:2, 6:3, 5:4 und die entsprechend ungekehrten Resultate, doch die Wahrscheinlichkeit für eine so hohe Trefferanzahl ist beim Fußball sehr gering. Mit neun Toren sind bisher 43 Spiele ausgegangen, was etwa 3 Promille aller Bundesligaspiele entspricht. Wir werden jetzt sehen, dass man diesen Wert auch mit einer Formel ausrechnen kann.

Als Physiker erinnert einen die Verteilung der Anzahl der Spiele mit jeweils k Toren, wie sie in der Abbildung zu sehen ist, sofort an eine sogenannte Poisson-Verteilung, die beispielsweise auch den radioaktiven Zerfall bestimmt. Ein Atomkern zerfällt mit einer Wahrscheinlichkeit, die ebenfalls durch die Poisson-Verteilung gegeben ist. Eine solche Verteilung beginnt immer bei einem bestimmten Wert, läuft dann durch ein Maximum und fällt für große Werte stark ab. Dabei liegt das Maximum ungefähr bei der mittleren Anzahl a der Tore. Für die Poisson-Verteilung gilt: $p_a(k) = a^k \times e^{-a}/k!$.

3 Zahlen wieder unter www.dasfussballstudio.de (Stand: Saison 2007/08).

Torverteilung für die Bundesliga

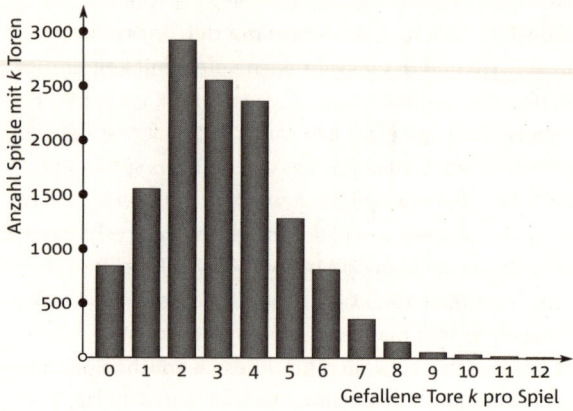

Diese Formel gibt an, wie groß die Wahrscheinlichkeit $p_a(k)$ ist, dass ein Spiel mit einer Gesamtzahl von k Toren endet, wenn im Durchschnitt a Tore pro Spiel fallen. In der Fußball-Bundesliga fallen im Durchschnitt drei Tore, also ist $a = 3$. Weiterhin ist $e = 2{,}7182818\ldots$ die sogenannte Euler'sche Zahl und $k!$ (sprich »k Fakultät«) ist die Kurzschreibweise für $1 \times 2 \times \ldots \times (k-1) \times k$.

Wenn diese Wahrscheinlichkeit $p_a(k)$ mit der Gesamtzahl aller bisherigen Spiele in der Fußball-Bundesliga multipliziert wird, ergibt sich ebenfalls eine Verteilung der Ergebnisse nach den gefallenen Toren k pro Spiel. Vergleicht man diese anhand der Poisson-Verteilung theoretisch berechnete Anzahl der Spiele für die mittlere Toranzahl $a = 3$ mit den tatsächlichen Ergebnissen, erkennt man eine recht gute Übereinstimmung mit nur kleinen Abweichungen (Grafik rechts oben).

So gibt es offensichtlich mehr 0:0-Ergebnisse in der Bundesliga, als es die Poisson-Kurve prognostizieren

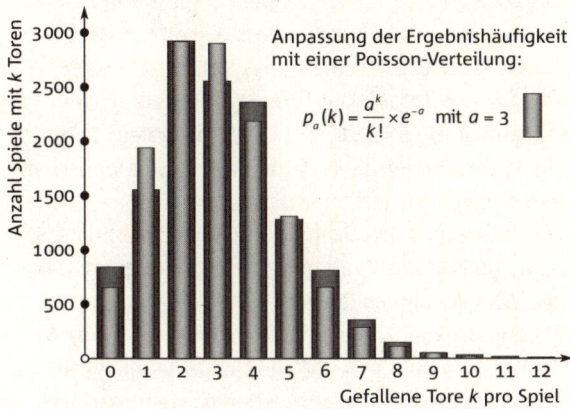

Torverteilung und Berechnung für die Bundesliga

Anpassung der Ergebnishäufigkeit mit einer Poisson-Verteilung:

$$p_a(k) = \frac{a^k}{k!} \times e^{-a} \quad \text{mit } a = 3$$

Anzahl Spiele mit k Toren (y-Achse)

Gefallene Tore k pro Spiel (x-Achse)

würde. Dafür gibt es in der Theorie deutlich mehr Ergebnisse mit einem Tor, also 1:0- und 0:1-Resultate, als bisher in der Realität. Da über 12 000 Spiele zu der Statistik beitragen, sind diese Abweichungen durchaus signifikant. Aber dennoch gilt: Die Poisson-Verteilung erklärt überraschend gut die Zahl der Spiele, die mit einer bestimmten Anzahl geschossener Tore enden. Eine Fußballmannschaft in der Bundesliga schießt also mit derselben Wahrscheinlichkeit Tore, nach der ein radioaktiver Atomkern zerfällt – wer hätte das gedacht! Während allerdings eine radioaktive Quelle Strahlung emittiert, »emittiert« eine Fußballmannschaft sozusagen Tore. Es ist wichtig zu bemerken, dass in der Theorie diese »Emission« von Toren unkorreliert ist, d. h. ein Tor beeinflusst das Fallen des nächsten Tores nicht. Das ist in der Realität nicht unbedingt gewährleistet.

Wie man mit der Poisson-Verteilung der Tore rechnet, soll das folgende Beispiel verdeutlichen. Deutschland hat in der Qualifikation für die Europameister-schaft 2008 $a = 2{,}92$ Tore pro Spiel erzielt. Dann ist die Wahrscheinlichkeit dafür, dass diese Mannschaft in einem Spiel 3 Tore schießt: $p_{2{,}92}(3) = 2{,}92^3 \times e^{-2{,}92}/3! = 0{,}224$, also 22,4 %. Die Türkei hat in der gleichen EM-Qualifikation $a = 2{,}08$ Tore pro Spiel erzielt. Dann ist die Wahrscheinlichkeit dafür, dass diese Mannschaft in einem Spiel 2 Tore schießt: $p_{2{,}08}(2) = 2{,}08^2 \times e^{-2{,}08}/2! = 0{,}270$, also 27,0 %. Wenn nun wie im Halbfinale der EM 2008 Deutschland gegen die Türkei spielt, dann ist die Wahrscheinlichkeit für ein Endergebnis 3:2 gegeben durch: $p_{2{,}92}(3) \times p_{2{,}08}(2) = 0{,}224 \times 0{,}270 = 0{,}061 = 6{,}1$ %. Rechnet man sich nun die Wahrscheinlichkeit für alle möglichen Endergebnisse aus, stellt man fest, dass nur ein 2:2 nach 90 Minuten mit 6,2 % eine leicht höhere Wahrscheinlichkeit hatte. Beide Teams haben also das aufgrund der Qualifikation statistisch wahrscheinlichste Ergebnis für das Halbfinale bei der EM 2008 abgeliefert.

Nun kann auch theoretisch berechnet werden, wie groß die Wahrscheinlichkeit dafür ist, dass in einem Spiel der Fußball-Bundesliga neun Tore fallen. Mit dem Mittelwert $a = 3$ ergibt sich: $p_3(9) = 3^9 \times e^{-3}/9! = 0{,}0027 = 2{,}7$ Promille. Dieser Wert ist gar nicht so schlecht, denn er stimmt mit den vorher angegebenen 3 Promille, die sich durch Auszählen der tatsächlichen Ergebnisse ergeben, recht gut überein. 3 Promille aller Spiele heißt, dass in etwa einem Spiel aus 330 die Zahl von neun Toren fallen sollte. Da eine Bundes-liga-Saison genau 306 Spiele umfasst, sollte also ein solches Spiel pro Saison zu erwarten sein.

Es kann nun auch berechnet werden, wann das nächste Mal wieder genau ein 6:3 zu erwarten ist. In der Bundesliga gab es bisher zehn Mal das Ergebnis 6:3, was 0,74 Promille aller Spiele entspricht. Auch das können wir mit unserer Poisson-Verteilung berechnen.[4]

Hierbei ist zu beachten, dass diesmal die Wahrscheinlichkeit für jede Mannschaft einzeln ausgerechnet werden muss, die dann im Durchschnitt nur 1,5 Tore schießt. Dieses Ergebnis ist auch noch mit 2 zu multiplizieren, da sowohl ein 6:3 als auch ein 3:6 in der Statistik mitgezählt wurde. In der Theorie ergibt sich dann der Wert 0,88 Promille für das Auftreten eines 6:3-Ergebnisses in der Fußball-Bundesliga, was wieder recht gut mit dem tatsächlichen Wert von 0,74 Promille übereinstimmt. Dies bedeutet, dass in einem Spiel aus ungefähr 1 300 ein 6:3 zu erwarten ist. Bei 306 Spielen pro Saison können wir also ein solches Ergebnis im Durchschnitt nur alle vier Jahre erwarten! Dies ist jedoch nur ein statistischer Mittelwert. So gab es in den Spielzeiten 2004/05 und 2005/06 jeweils ein 6:3-Ergebnis. Allerdings gab es davor nur in der Saison 1994/95 und noch 1977/78 ein solches Resultat. In der Realität gibt es somit eine größere Streuung, was am Mittelwert aber nichts ändert.

Zu unserer Überraschung lässt sich also behaupten, dass die Mannschaften der Fußball-Bundesliga etwas Ähnliches sind wie radioaktive Quellen. Sie »emittieren« Tore mit der gleichen Wahrscheinlichkeit, mit der Atomkerne zerfallen. Diese Beobachtung erlaubt es, Ergebnishäufigkeiten beim Fußball nicht nur durch Auszählen in Datenbanken zu bestimmen, sondern auch mit relativ einfachen Formeln zu berechnen. Dies setzt allerdings

4 Diese Wahrscheinlichkeit ergibt sich einfach zu: $p_{1,5}(6) \times p_{1,5}(3) = (1,5^6 \times e^{-1,5}/6!) \times (1,5^3 \times e^{-1,5}/3!) = 0,00044 = 0,44$ Promille.

voraus, dass die Mannschaften innerhalb einer Liga nicht zu stark in ihrem Leistungsvermögen schwanken. Es ist klar, dass eine Kreisligamannschaft in der Fußball-Bundesliga, die immer 20:0 verliert, die Statistik stark verändern und eine Poisson-Verteilung dann nicht mehr so gut stimmen würde. Im Prinzip könnte man also das Schießen der Tore aller Mannschaften durch Poisson-Verteilungen simulieren und damit dann ganze Bundesliga-Tabellen berechnen. Hierauf kommen wir später noch genauer zurück.

Alle schießen Tore

Zwei Chancen, ein Tor – das nenne ich hundertprozentige Chancenauswertung.

(Roland Wohlfahrt, ehemaliger Mittelstürmer des FC Bayern München)

Was das Besondere am 25. Spieltag der Bundesliga-Saison 2007/08 war: jede Mannschaft hat in jedem Spiel mindestens ein Tor geschossen. Die Tabelle auf Seite 87 zeigt, dass ganze fünf von neun Spielen dabei 1:1 ausgingen, drei Spiele endeten mit 2:1 und nur in der Partie VfB Stuttgart gegen Hansa Rostock kam es zu einem 4:1. Wie wahrscheinlich sind diese Ereignisse nun? Auch diese Frage kann mit dem Wissen, dass Fußballmannschaften gemäß der Poisson-Verteilung genauso Tore schießen, wie eine radioaktive Quelle Strahlung emittiert, leicht gelöst werden.

Die Poisson-Verteilung gibt an, wie groß die Wahrscheinlichkeit ist, dass ein Spiel mit einer Gesamtzahl von k Toren endet, wenn im Durchschnitt a Tore pro

25. Spieltag der Bundesliga-Saison 2007/08		
Eintracht Frankfurt	Energie Cottbus	2:1
Bayern München	Bayer Leverkusen	2:1
VfL Wolfsburg	Hamburger SV	1:1
1. FC Nürnberg	VfL Bochum	1:1
MSV Duisburg	Hannover 96	1:1
Borussia Dortmund	Karlsruher SC	1:1
VfB Stuttgart	FC Hansa Rostock	4:1
Hertha BSC	FC Schalke 04	1:2
Arminia Bielfeld	Werder Bremen	1:1

Spiel geschossen werden.[5] In der Fußball-Bundesliga fallen im Durchschnitt drei Tore, also ist $a = 1{,}5$ für jede Mannschaft, wenn wir alle Teams als gleich stark ansetzen. Damit ergibt sich für die Wahrscheinlichkeit, dass eine Mannschaft k Treffer erzielt: $p_{1{,}5}(k) = 0{,}223 \times 1{,}5^k / k!$.

Bevor wir die oben gestellte Frage beantworten wollen, soll anhand aller mehr als 27 000 Ergebnisse der 1. und 2. Bundesliga gezeigt werden, dass sich mit dieser Verteilung die richtigen Wahrscheinlichkeiten für Unentschieden ergeben. Wenn man die Wahrscheinlichkeit $p_{unent.}(k)$ eines Unentschiedens mit k Toren berechnen will, muss offensichtlich die Wahrscheinlichkeit $p_{1{,}5}(k)$ für $k = 0, 1, 2, 3, \ldots$ jeweils mit sich selbst multipliziert werden.[6]

Hier geht wieder die Näherung ein, dass wir alle Tore in der Fußball-Bundesliga als unabhängige Ereignisse betrachten und somit die Wahrscheinlichkeiten

5 Zur Wiederholung sei sie hier nochmals kurz dargestellt: $p_a(k) = a^k \times e^{-a} / k!$.
6 Das führt also zu der Formel $p_{unent.}(k) = p_{1{,}5}(k) \times p_{1{,}5}(k)$.

einfach multiplizieren dürfen. Es ergeben sich die Werte: $p_{unent.}(0) = 0,05$, $p_{unent.}(1) = 0,11$, $p_{unent.}(2) = 0,06$ und $p_{unent.}(3) = 0,016$.[7] Unentschieden mit mehr als drei Toren haben eine verschwindend kleine Wahrscheinlichkeit von unter 2,5 Promille. Diese Werte sind in der Grafik auf der gegenüberliegenden Seite als dünne Säulen eingezeichnet.

Wenn nun die wirkliche Zahl der Unentschieden mit jeweils k Toren in der 1. und 2. Bundesliga ausgezählt und durch die Gesamtzahl der Spiele geteilt wird, ergeben sich die tatsächlichen Häufigkeiten. Diese sind in der Grafik rechts als dicke Säulen eingezeichnet.

Es ist zu erkennen, dass die Zahl der Unentschieden mit jeweils k Toren sehr genau mit der Poisson-Verteilung berechnet werden kann. Nur die Ergebnisse für 0 Tore, also alle 0:0-Ergebnisse, werden etwas unterschätzt. Hier liefert die Formel den Wert von 5 %, während tatsächlich etwa 6,5 % aller Spiele in der 1. und 2. Bundesliga torlos enden. Insgesamt ist die Abbildung aber wieder eine eindrucksvolle Bestätigung, dass eine einfache Poisson-Verteilung sehr gut geeignet ist, um die Zahl der erzielten Tore einer Bundesliga-Mannschaft zu beschreiben.

Nun kann das ursprüngliche Problem gelöst werden. Wie groß ist die Wahrscheinlichkeit dafür, dass alle 18 Mannschaften an einem Spieltag jeweils mindestens einen Treffer erzielen? Dass eine Mannschaft kein Tor schießt, hat nach dem vorher Gesagten eine Wahrscheinlichkeit von $p_{1,5}(0) = 0,223$. Damit ist die Wahrscheinlichkeit dafür, dass eine Mannschaft mindestens ein Tor erzielt, gegeben durch: $1 - p_{1,5}(0) = 1 - 0,223 = 0,777 = 77,7 \%$.

7 Dabei ist zu beachten, dass definitionsgemäß gilt: $0! = 1$.

Unentschieden mit k Toren: Daten und Theorie

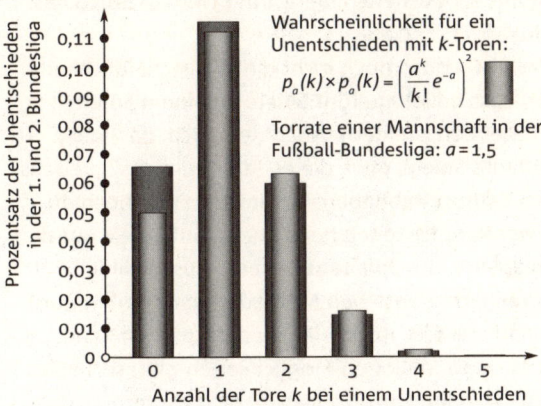

Prozentsatz der Unentschieden in der 1. und 2. Bundesliga

Wahrscheinlichkeit für ein Unentschieden mit k-Toren:

$$p_a(k) \times p_a(k) = \left(\frac{a^k}{k!}e^{-a}\right)^2$$

Torrate einer Mannschaft in der Fußball-Bundesliga: $a = 1{,}5$

Anzahl der Tore k bei einem Unentschieden

Wenn nun alle 18 Mannschaften mindestens ein Tor erzielen sollen, ist die Wahrscheinlichkeit dafür: $0{,}777 \times 0{,}777 \times \dots \times 0{,}777 = 0{,}777^{18} = 0{,}01$. Dass an einem Spieltag alle Mannschaften mindestens einen Treffer erzielen, kommt mit nur 1 % Wahrscheinlichkeit vor, also im Durchschnitt nur an einem von hundert Spieltagen – oder etwa alle drei Spielzeiten einmal.

Auch die Wahrscheinlichkeit für den Fall, dass genau fünf Spiele an einem Spieltag mit 1:1 enden, kann nun auf ähnliche Weise berechnet werden. Die Wahrscheinlichkeit dafür, dass eine Mannschaft genau ein Tor schießt, liegt bei $p_{1{,}5}(1) = 0{,}223 \times 1{,}5 = 0{,}3345$. Die Wahrscheinlichkeit für ein 1:1 ist dann also: $p_{1{,}5}(1) \times p_{1{,}5}(1) = 0{,}3345^2 = 0{,}112$. Umgekehrt ist die Wahrscheinlichkeit dafür, dass ein Spiel nicht 1:1 ausgeht, dann einfach: $1 - 0{,}112 = 0{,}888$. Somit kann die Wahrscheinlichkeit dafür, dass fünf ganz bestimmte

Spiele mit 1:1 ausgehen und die restlichen vier Spiele nicht mit 1:1 ausgehen, berechnet werden durch das Produkt $0{,}112^5 \times 0{,}888^4$.

Dies ist jedoch noch nicht die Wahrscheinlichkeit dafür, dass beliebige fünf Spiele an einem Spieltag mit 1:1 enden, sondern besagt lediglich, dass ganz bestimmte Spiele, etwa die ersten fünf eines Spieltags, dieses Endresultat haben. Wir müssen nun noch die Zahl der Möglichkeiten berechnen, fünf Spiele aus den neun Spielen des Spieltags beliebig auszuwählen. Dies kann mit denselben Methoden der Kombinatorik gemacht werden, mit denen man berechnen kann, dass es ca. 14 Millionen Möglichkeiten gibt, sechs Zahlen aus 49 beim Lotto zu ziehen. Bei unserem »5 aus 9-Lotto« gibt es jetzt aber nur 126 Möglichkeiten, fünf Spiele aus neun möglichen auszuwählen. Für unsere Wahrscheinlichkeit, dass genau fünf Spiele an einem Bundesliga-Spieltag 1:1 ausgehen, bedeutet dies nun, dass die folgende Zahl berechnet werden muss: $126 \times 0{,}112^5 \times 0{,}888^4 = 0{,}0014$. Die Wahrscheinlichkeit, dass fünf Spiele an einem Spieltag mit 1:1 enden, liegt also nur bei 1,4 Promille und ist damit noch siebenmal kleiner als die Wahrscheinlichkeit dafür, dass alle Mannschaften an einem Spieltag mindestens ein Tor erzielen!

Mit den gleichen Überlegungen ergibt sich als Wahrscheinlichkeit dafür, dass an einem Spieltag genau drei Spiele mit 2:1 enden, der Ausdruck $84 \times 0{,}168^3 \times 0{,}832^6 = 0{,}132$. Versuchen Sie einmal, dies nachzurechnen. Dabei müssen Sie allerdings beachten, dass ein 2:1 jeweils für die Heim- oder Auswärtsmannschaft zustande kommen kann. Die Wahrscheinlichkeit dafür, dass drei Spiele an einem Spieltag 2:1 enden, ist mit 13,2 % recht hoch. Dies sollte also im Durchschnitt etwa vier- bis fünfmal pro Saison vorkommen. In der Saison 2007/08 gab es drei Spieltage mit jeweils drei 2:1-Ergebnissen. Noch höher ist die Wahrscheinlichkeit dafür, dass genau ein Spiel an einem Spieltag mit 4:1 endet. Hier ergibt eine ähnliche Überlegung den Wert von 21,9 %. Es sollte daher etwa sieben- bis achtmal pro Saison vorkommen. In der Saison 2007/08 gab es acht Spieltage, bei denen genau ein Endergebnis 4:1 lautete. Das stimmt sehr gut mit der Theorie überein.

Wir sehen also, dass der 25. Spieltag der Saison 2007/08 tatsächlich ein extrem seltenes Ereignis darstellte. Sowohl die Tatsache, dass alle Mannschaften mindestens einen Treffer erzielten, als auch die Kuriosität, dass fünf von neun Spielen mit 1:1 enden, sind sehr unwahrscheinliche Ereignisse. Es soll allerdings nochmals deutlich darauf hingewiesen werden, dass es hier um Wahrscheinlichkeitsaussagen und somit um langjährige Durchschnittswerte geht. Das heißt, dass im Prinzip auch am nächsten Spieltag wieder alle Mannschaften Tore erzielen oder gar sechs Spiele mit 1:1 enden könnten. Tatsächlich gab es am 5. Spieltag der Saison 2006/07 ebenfalls fünfmal das Ergebnis 1:1, obwohl unsere Wahrscheinlichkeit von 1,4 Promille diese Ergebnishäufigkeit als äußerst unwahrscheinlich erscheinen lässt. Auch haben am 19. Spieltag der Saison 2007/08 alle Mannschaften Tore erzielt, obwohl die Wahrscheinlichkeit eines solchen Ereignisses doch nur, wie oben berechnet, 1 % beträgt. Im letzten Abschnitt wurde ermittelt, dass neun Tore in einem Spiel im Durchschnitt einmal pro Saison zu erwarten sind. 2007/08 war das erwähnte 6:3 des VfB Stuttgart gegen Werder Bremen dabei. Werder Bremen hat aber gegen Arminia Bielefeld in der Hinrunde der gleichen Saison mit 8:1 gewonnen. Es ist durchaus möglich, dass bei zwei Spielen in einer Saison neun Tore erzielt werden, obwohl statistisch im Durchschnitt nur ein solches Spiel auftreten sollte.

Pokalwahrscheinlichkeiten

Die Stimmung ist eigentlich wie vor dem Spiel mit dem kleinen Unterschied, dass wir aus dieser äußerst großen Minimalchance, minimaler geht's gar nicht mehr, eine etwas kleinere gemacht haben, die größer geworden ist.

(Eine präzise Analyse des Trainers Peter Neururer nach einem entscheidenden Spiel seiner Offenbacher Kickers im Jahr 2000)

Das Pokalendspiel der Saison 2007/08 ging in Berlin mit dem erwarteten Triumph des FC Bayern München gegen Borussia Dortmund zu Ende, der allerdings erst nach Verlängerung 2:1 gewann. Im Vorfeld der Partie wurde bemerkt, dass Borussia Dortmund großes Glück bei der Auslosung gehabt habe und nur deshalb ins Finale eingezogen sei. In der ersten Runde musste man auswärts spielen, da es gegen einen Regionalligisten ging. Aber danach hatte die Borussia in der Tat viermal hintereinander ein Heimspiel zugelost bekommen und in den letzten beiden Runden auch noch das Glück, gegen einen Zweitligisten spielen zu dürfen. Wie wahrscheinlich war diese Konstellation?

Da genauso viele Teams in jeder Pokalrunde zu Hause wie auswärts spielen, beträgt die Wahrscheinlichkeit, ein Heimspiel zugelost zu bekommen, 1/2. Genau genommen wurden in der ersten Runde noch nicht alle unterklassigen Mannschaften eliminiert. Es waren daher in der zweiten Runde auch noch einige Regionalligisten im Lostopf, die in jedem Fall Heimrecht genossen hätten, sodass die Wahrscheinlichkeit für ein Heimspiel von Borussia Dortmund hier ein klein wenig unterhalb von 1/2 gelegen hat. Dies wollen wir aber aus Gründen der Übersichtlichkeit vernachlässigen. Nun ist es klar, dass die Auslosungen jeder Pokalrunde unabhängig voneinander sind. Also ist die Wahrscheinlichkeit dafür, dass Borussia Dortmund viermal hintereinander dieses Glück hat, einfach: $1/2 \times 1/2 \times 1/2 \times 1/2 = 1/16$. So etwas passiert daher im Durchschnitt einmal in 16 Jahren.

Nun kommt aber noch das Glück dazu, die Zweitligisten im Viertel- und Halbfinale zugelost zu bekommen. Von den acht Mannschaften des Viertelfinales in der Pokalsaison 2007/08 waren drei Zweitligisten. Borussia Dortmund haben wir als Heimspielmannschaft schon berücksichtigt, also bleiben noch sieben, von denen drei Zweitligisten sind. Die Wahrscheinlichkeit dafür, dass die Borussia im Viertelfinale ein Heimspiel gegen eine Mannschaft aus der zweiten Liga bekommt, lautet daher: $1/2 \times 3/7 = 3/14$

Ähnlich können wir im Halbfinale vorgehen. Die Borussia hat wieder ein Heimspiel mit einer Wahrscheinlichkeit von 1/2. Von den verbleibenden drei Mannschaften war nur noch eine, nämlich Carl Zeiss Jena, ein Zweitligist. Die Wahrscheinlichkeit dafür, dass die Dortmunder im Halbfinale ein Heimspiel gegen eine Mannschaft aus der zweiten Liga haben, lautet daher: $1/2 \times 1/3 = 1/6$

Wenn wir nun alle Wahrscheinlichkeiten zusammenrechnen und insbesondere auch die ersten beiden Runden mitnehmen, ergibt sich als Gesamtwahrscheinlichkeit für vier Heimspiele plus zweimal Spiele gegen einen Zweitligisten in den letzten beiden Runden: $1/2 \times 1/2 \times 1/2 \times 3/7 \times 1/2 \times 1/3 = 1/112$

 Eine solche Konstellation passiert also im Durchschnitt nur einmal in 112 Jahren. Man kann daher sagen, dass Borussia Dortmund durchaus ein wenig Glück hatte, um am 19. April 2008 ins Endspiel des DFB-Pokals einzuziehen. Eine Wahrscheinlichkeit von $1/112$ ist in Zahlen: $1/112 = 0{,}00893 \approx 9$ Promille – eine Zahl, mit der der eine oder andere Fußballfan sicher mehr anfangen kann als mit $1/112$ …

Eine Woche vor dem Finale wurde die Borussia von den Münchnern noch mit 5:0 weggeputzt. Deswegen war man in Dortmund so bescheiden geworden, dass bereits Freude darüber ausbrach, als man im Pokalfinale mit den Bayern einigermaßen mithalten konnte, aber trotzdem verlor. Nun wollen wir uns überlegen, ob es wirklich so überraschend war, dass Borussia Dortmund vom FC Bayern München nicht überrollt wurde. Wir haben bereits in den vorigen Abschnitten gesehen, dass Fußballmannschaften und radioaktive Quellen etwas gemeinsam haben: Bei beiden liefert die Poisson-Verteilung die Wahrscheinlichkeit dafür, dass einerseits Atomkernzerfälle stattfinden und andererseits eine Mannschaft eine bestimmte Anzahl von Toren schießt. Mit dieser Poisson-Verteilung wollen wir jetzt berechnen, wie wahrscheinlich bestimmte Ergebnisse und ein Triumph von Bayern München im Pokalfinale wirklich waren.

Bayern München hatte in den 29 Bundesliga-Spielen vor dem Pokalfinale 55 Tore erzielt, was eine Quote von 1,89 Toren pro Spiel ergibt. Borussia Dortmund hatte hingegen nur 42 Treffer erzielt, was 1,45 Tore im Durchschnitt ausmacht. Die Wahrscheinlichkeit dafür, dass Bayern München also genau ein Tor in einem Spiel erzielt, ist somit: $p_{1,89}(1) = 1,89^1 \times e^{-1,89}/1! = 0,28 = 28\%$

Für Borussia Dortmund ergibt sich sogar: $p_{1,45}(1) = 1,45^1 \times e^{-1,45}/1! = 0,34 = 34\%$

Ein Endergebnis von 1:1 nach 90 Minuten ergibt sich dann mit der Wahrscheinlichkeit von: $p_{1,89}(1) \times p_{1,45}(1) = 0,28 \times 0,34 = 0,095 = 9,5\%$.

Dies ist eine recht hohe Wahrscheinlichkeit für ein spezielles Endergebnis. Der Spielstand 1:1 nach 90 Minuten war also gar nicht so unwahrscheinlich, wenn man alle in der Saison 2007/08 bis zum Pokalfinale gezeigten Leistungen zugrunde legt und nicht nur den 5:0-Kantersieg der Bayern vom Bundesliga-Spieltag direkt vor dem Finale. Dieses 1:1-Ergebnis hat sogar die höchste Wahrscheinlichkeit von allen möglichen Ergebnissen, die man mit der Poisson-Verteilung ausrechnen kann! Ein 2:1 nach 90 Minuten für Bayern München hätte eine Wahrscheinlichkeit von 9,2% gehabt, ein 1:0 eine Wahrscheinlichkeit von 6,7%. Ein Ergebnis von 5:0 wie in der Vorwoche war allerdings nur mit einer Wahrscheinlichkeit von 7 Promille nochmals zu erwarten. Wir sehen also, dass der Spielstand 1:1 nach 90 Minuten des Pokalfinales 2007/08 zwischen Borussia Dortmund und Bayern München keinesfalls überraschend war, sondern dass das statistisch wahrscheinlichste Endergebnis eingetroffen ist – und dies, obwohl der FC Bayern die Borussia noch eine Woche vorher mit sage und schreibe 5:0 vernichtet hat.

Mit etwas Mathematik und den Poisson-Verteilungen kann die Gesamtwahrscheinlichkeit dafür ausgerechnet werden, dass Bayern München gegen Borussia Dortmund gewinnt, unentschieden spielt oder verliert. Die dazu notwendigen Formeln sind etwas komplizierter und werden in den folgenden beiden Abschnitten kurz erläutert. Es ergibt sich dann eine Siegwahrscheinlichkeit der Bayern von 48 %, die Wahrscheinlichkeit für ein Unentschieden nach 90 Minuten beträgt 22,3 %, und die Wahrscheinlichkeit für einen Triumph der Borussia liegt bei 29,7 %.

Wenn wir die Unentschieden gleichmäßig auf beide Teams aufteilen, ist zu sehen, dass Bayern München mit 59:41 entgegen allen Unkenrufen gar kein soooo großer Favorit im Pokalfinale war. Jedenfalls gilt dies, wenn man den Fußball von seiner statistischen bzw. mathematischen Seite her betrachtet. Von Karl-Heinz Rummenigge, dem Vorstandsvorsitzenden des FC Bayern München, kennen wir aber die Weisheit: »Fußball ist keine Mathematik, das man berechnen kann!« So gesagt nach dem überzeugenden Auftritt seiner Bayern beim 2:2 im UEFA-Cup 2007/08 gegen die weltberühmten Bolton Wanderers. Der Mathematiklehrer Ottmar Hitzfeld wusste danach, was er zu tun hatte...

»Sichere Siege« oder wie man großflächige Manipulationen im Fußball erkennen könnte

Wenn der Schnee geschmolzen ist, siehst du,
wo die Kacke liegt.

(Der Schalker Manager Rudi Assauer über den im Januar 2005 aufgedeckten Wettskandal um den Schiedsrichter Robert Hoyzer)

Wenn Deutschland gegen Liechtenstein Fußball spielt, ist dies im Vorfeld bereits als sicherer Sieg zu werten, und kein Wettbüro würde größere Geldbeträge für einen solchen Sieg ausschütten. Daher ist das 6:0-Ergebnis des WM-Qualifikationsspiels zwischen Deutschland und Liechtenstein vom 6. September 2008 sicher nichts Besonderes. Anders verhält es sich aber mit der Art von »sicheren Siegen«, die der kanadische Journalist Declan Hill in seinem gleichnamigen Buch beschreibt, welches im September 2008 große Schlagzeilen gemacht hat. Declan Hill behauptet, dass der asiatische Fußball, insbesondere der in China, Malaysia und Singapur, vollständig korrupt sei und sich in den Händen der Wettmafia befinde. Er erklärt aber auch, dass sich dies langsam auf den europäischen und sogar den Weltfußball auszudehnen beginne, und gibt konkrete Spiele an, bei denen inzwischen ein recht großer Verdacht bestehen soll, dass sie verschoben worden seien. Auch Ende 2009 erschütterte ein großer Wettskandal mehrere europäische Ligen, darunter auch die 2. und 3. Liga in Deutschland. Deswegen wollen wir uns nun fragen, woran man erkennen könnte, ob in einer Liga großflächig manipuliert wird.

Es ist klar, dass Manipulationen einzelner Spiele extrem schwer zu beweisen sind. Zwar behauptet Declan Hill, dass es im WM-Spiel Brasilien gegen Ghana oder auch im Bundesliga-Spiel Hannover 96 gegen Kaiserslautern in der Saison 2005/06 nicht mit rechten Dingen zugegangen sei, aber er gibt keinerlei Beweise dafür an, außer dass jemand die Endergebnisse vorher gewusst und es auffällig hohe Wettquoten gegeben habe. Zwar ist es in der Tat zutiefst merkwürdig, dass asiatische Wetter ausgerechnet auf das Spiel Hannover 96 gegen den 1. FC Kaiserslautern viel Geld gewettet haben, aber dies allein könnte niemals als gerichtsfester Beweis für eine Manipulation angesehen werden.

Declan Hill behauptet in seinem Buch *Sichere Siege* nicht, dass es bei manipulierten Fußballspielen signifikant mehr Rote Karten, Elfmeter oder Eigentore für die eine oder andere Mannschaft gibt als im Liga-Durchschnitt. Dies wäre eine zu offensichtliche Form der Manipulation, auch wenn sie durchaus vorkommt, wenn der Schiedsrichter der Bestochene ist und nicht etwa die Mannschaft, wie wir seit dem Fall Hoyzer und dem verschobenen Pokalspiel vom 21. August 2004 des Hamburger SV in Paderborn wissen. Ein charakteristisches Merkmal manipulierter Spiele soll hingegen sein, dass übermäßig viele Tore am Anfang des Spiels fallen und gegen Ende nicht mehr viel passiert. Declan Hill spricht hier davon, dass bei manipulierten Spielen in den ersten zehn Minuten mehr Tore fallen als sonst üblich und weniger in den letzten zehn Minuten. Der Grund dafür ist, dass die manipulierenden Spieler das gewünschte Ergebnis möglichst schnell herstellen wollen, um dann zum Ende hin nichts mehr zu riskieren. Hierzu muss man allerdings kritisch anmerken, dass keine quantitative Abweichung vom Mittelwert angegeben wird und dass beim Fußball ohnehin nicht so viele Tore fallen. Es ist auch nicht einfach – wenn nicht sogar unmöglich –, die Torrate bei manipulierten Spielen genau zu messen, da man nie sicher weiß, ob und wie ein Spiel wirklich manipuliert wurde. Hills Angaben erscheinen daher nicht unbedingt glaubwürdig und auch nur sehr schwer objektiv messbar. Wir können aber trotzdem einmal in die Torstatistik der 1. Fußball-Bundesliga schauen und feststellen, ob auffällig viele Tore am Anfang der Spiele und auffällig wenige am Ende fallen.[8]

8 Eine entsprechende Grafik für alle Spiele, die es bisher in der 1. Bundesliga gegeben hat, lässt sich leicht mit der Online-

Es stellt sich heraus, dass die Torrate über die Spielzeit von 90 Minuten nicht konstant ist. Mit zunehmender Spieldauer fallen mehr Tore pro Minute. Dafür kann es viele naheliegende Gründe geben. Beispielsweise werden die Spieler mit zunehmender Spieldauer unkonzentrierter, was tendenziell das Toreschießen begünstigt, da die Abwehrreihen nicht mehr so geordnet stehen. Am Ende der ersten und zweiten Halbzeit zeigen sich Ausreißer, die aber einfach dadurch erklärt werden können, dass die letzte Spielminute in Wirklichkeit wegen der Nachspielzeit deutlich länger als eine Minute dauert. Eine deutliche Überhöhung der Torrate in den ersten zehn Minuten des Spiels und eine entsprechende Verringerung zum Ende hin sind aber nicht zu erkennen. Im Gegenteil – es zeigt sich sogar ein gegenläufiger Trend. Wenn dies aber Indikatoren für manipulierte Spiele sind, dann können wir zumindest festhalten, dass die Summe der Spiele diese Indikatoren für Manipulation nicht enthält. Nach diesem Kriterium könnte man also sagen, dass in der 1. Bundesliga bisher nicht großflächig manipuliert wurde. Einzelne Spiele gehen hier natürlich in der Statistik unter.

Ein ähnliches Resultat ergibt sich auch für die zweite Liga. Hier sind die pro Spielminute erzielten Torraten ebenfalls wieder normal und steigen leicht mit zunehmender Spieldauer an. Dies bedeutet aber trotzdem, dass einzelne Spiele, wie etwa die Partie Karlsruher SC gegen die Sportfreunde Siegen aus der Saison 2005/06, die ebenfalls in Declan Hills Buch genannt wird, durchaus manipuliert worden sein könnten. Eine großflächige Manipulation ist hingegen äußerst unwahrscheinlich,

Datenbank www.dasfussballstudio.de erstellen.

sofern die oben genannten Veränderungen der Torraten am Anfang und Ende des Spiels tatsächlich taugliche Indikatoren für verschobene Spiele wären.

Wenn wir etwas tiefer in die Materie einsteigen, können wir ein subtileres Kriterium für großflächige Manipulationen entwickeln, das aber etwas höhere Mathematik erfordert. Wir haben bereits mehrfach festgestellt, dass sich eine Profimannschaft in etwa wie eine radioaktive Quelle verhält. Damit ist gemeint, dass man die Wahrscheinlichkeit für eine bestimmte Trefferanzahl eines Teams recht gut mit der Poisson-Verteilung berechnen kann, wenn man die mittlere Torrate des Teams kennt. Auf dieser Erkenntnis basierten schon einige Ergebnisse in den vorigen Abschnitten dieses Buches. Wenn wir nun annehmen, dass zwei Teams mit gleicher mittlerer Torrate gegeneinander spielen, können wir nach einer längeren Rechnung eine Formel für die Wahrscheinlichkeit p(A) angeben, dass ein Spiel, in dem insgesamt A Tore fallen, mit einer Tordifferenz von z ausgeht.[9] Für die erste italienische Profiliga, die Serie A, gilt z. B. A = 2,6 nach 90 Minuten, da dies dort die durchschnittliche Zahl von Toren pro Spiel ist.

Um diese Formel mit Daten einer Liga zu überprüfen, muss allerdings anders vorgegangen werden, als nur die Spielstände nach 90 Minuten zu vergleichen. Die durchschnittliche Toranzahl A kann dann variiert werden, wenn alle Spielstände nach einer bestimmten

9 Diese Formel lautet: $p(A) = (2 - \delta_{z,0}) \times e^{-A} \times I_z(A)$. Die Funktion $\delta_{z,0}$ ist eins für $z = 0$ und null für z ungleich 0, damit Unentschieden nicht doppelt gezählt werden. Wenn in der obigen Formel beispielsweise $z = 2$ gesetzt wird, dann sind damit alle Spiele gemeint, die 2:0, 0:2, 3:1, 1:3, 4:2, 2:4 etc. ausgehen. Das Symbol $I_z(A)$ in der Formel ist eine sogenannte Bessel-Funktion.

Spieldauer betrachtet werden. Dadurch kann man die Größe A beispielsweise in der italienischen Liga zwischen $A=0$ (zu Beginn des Spiels) und $A=2{,}6$ (nach 90 Minuten) stetig verändern und jeweils die Größe $p(A)$ berechnen.[10] Für die italienische Serie A ergibt sich dann das Ergebnis, das in der Grafik auf Seite 102 zu sehen ist.

Die offenen Kreise stellen die Daten für $z=0$ dar, geben also alle Unentschieden wieder. Wir lesen z. B. aus der Abbildung ab, dass nach 15 Minuten etwa 74 % aller Spiele unentschieden stehen. Nach 30 Minuten ist die Quote der unentschieden stehenden Spiele auf etwa 56 % zurückgegangen, wie der entsprechende offene Kreis angibt. Diese Quote der Unentschieden sinkt dann mit zunehmender Spieldauer und erreicht nach 90 Minuten etwa 30 %. Es ist zu beachten, dass die obere Skala die Spielminute angibt und unten die dazugehörende mittlere Torzahl A steht, die nach dieser Zeit bei allen Spielen gefallen ist. Da die Torrate mit zunehmender Spieldauer leicht ansteigt, ist diese Skala nicht ganz linear. Weil die Grafik recht kompliziert ist, sollten wir uns noch ein Beispiel ansehen. Wir betrachten nun alle Resultate mit $z=1$, also alle Ergebnisse mit einem Tor Unterschied. Die Daten aus der Datenbank werden nun durch die ausgefüllten Kreise in der Grafik symbolisiert. Am Anfang bei Spielminute null stehen

---

10 Mit der Online-Datenbank www.dasfussballstudio.de lässt sich genau dies erreichen. Dort liegen für etwa 2000 Spiele der italienischen 1. Liga aus den acht Spielzeiten vor der Saison 2005/06 nicht nur die Endstände vor, sondern auch alle Tore inklusive der Spielminuten, in denen sie gefallen sind. Damit kann dann die Größe $p(A)$ durch Auszählen der einzelnen Spielstände nach einer bestimmen Spieldauer, zu der ein bestimmtes A gehört, experimentell ermittelt werden.

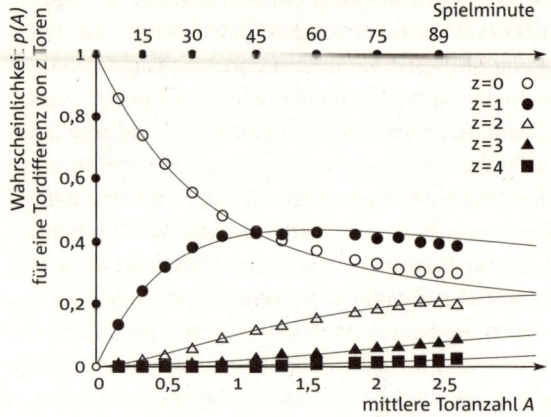

Analyse von 2000 Spielen der Italienischen Serie A

Interessant ist nun, dass die Linien in der Grafik mit
der entsprechenden Formel aus der Fußnote 9 berechnet worden sind. Die Linien, also die Ergebnisse der
Theorie, geben erstaunlich gut die aus der Datenbank
gewonnenen Werte wieder, zumal es keine freien
Parameter gibt, die man anpassen könnte. Wir erkennen hier also ein Muster in der Verteilung der Endergebnisse einer Profiliga, welches charakteristisch für
diese zu sein scheint. Offensichtlich folgt die Verteilung
der tatsächlichen Endergebnisse den Voraussagen

alle Spiele unentschieden, und deswegen muss diese
Kurve bei null Prozent beginnen. Nach 15 Minuten
haben wir aber schon bei 24 % aller Spiele einen Spielstand mit einem Tor Unterschied, wie man leicht aus
der Grafik abliest. Nach 45 Minuten ist dieser Anteil auf
43 % gestiegen, um am Ende nach 90 Minuten auf 39 %
abzufallen. Die Daten für die Tordifferenzen $z = 2$, 3
und 4 werden durch die anderen Symbole angegeben.

unserer komplizierten Formel. Dies ist bemerkenswert und kann nun andersherum zur Untersuchung von Manipulationen in einer Liga verwendet werden.

Es ist hochgradig unwahrscheinlich, dass in einer Liga, in der die Mehrzahl der Spiele manipuliert wird, die Manipulatoren ausgerechnet darauf achten, dass sich die Verteilung der Endergebnisse einer bestimmten Formel annähert. Abgesehen davon, dass Kriminelle in der Regel eher keine hochkomplizierten Formeln kennen, ist es in der Praxis sogar häufig so, dass manipulierte Zufallsfolgen »zu zufällig« sind. Statt dass man beispielsweise eine ideale Münze 1 000 Mal hochwirft und jeweils notiert, ob »Kopf« oder »Zahl« gefallen ist, könnte man sich die Sache auch einfacher machen und direkt eine Zufallsfolge notieren, ohne das Experiment wirklich durchzuführen. Wenn solche manipulierten Zufallsfolgen untersucht werden, stellt man jedoch häufig fest, dass sie »zu zufällig« sind, d. h. man wird beispielsweise niemals viermal hintereinander »Zahl« notiert finden. Führt man das Experiment aber tatsächlich durch, ist zu sehen, dass die Wahrscheinlichkeit extrem hoch ist, in einer solchen langen Zufallsfolge viermal hintereinander das Ereignis »Zahl« zu finden. Die erste Folge ist also »zu zufällig« und damit mit hoher Wahrscheinlichkeit als Manipulation zu entlarven.

Dieselbe Argumentation gilt nun auch für den Fußball: Wenn wir, wie in der vorigen Grafik für die italienische Serie A, zeigen können, dass die Verteilung der Endergebnisse exakt mit der berechneten Formel übereinstimmt, dann erscheint eine Manipulation von sehr vielen Spielen in der italienischen Liga als sehr unwahrscheinlich. Dies schließt allerdings nicht aus, dass es trotzdem eine geringe Zahl an manipulierten

Spielen gegeben haben könnte. In der Statistik der 2 000 untersuchten Spiele fallen diese Einzelereignisse dann aber nicht weiter auf. Weiterhin muss klar festgehalten werden, dass der Umkehrschluss nicht so einfach zu ziehen ist. Wenn also in einer Liga die obige Analyse ergäbe, dass die Verteilung der Endergebnisse nicht der Theorie entspricht, dann bedeutet dies nicht automatisch, dass in dieser Liga großflächig manipuliert wurde. Man müsste in einem solchen Fall genauer nach den Gründen für diese Abweichung forschen. Beispielsweise würde eine Liga, in der alle Mannschaften immer unentschieden gegeneinander spielen, natürlich zu einer völlig anderen Verteilung der Ergebnisse führen. Allerdings wäre dann sofort zu fragen, warum in dieser Liga immer nur unentschieden gespielt wird ...

Es ist äußerst schwierig – wenn nicht sogar unmöglich –, im Fußball Manipulationen einzelner Spiele aufzudecken. Großflächige Manipulationen in einer Profiliga könnten aber durch statistische Abweichungen der Ergebnishäufigkeiten von den mathematisch erwarteten aufgedeckt werden. Im Einzelfall wären hier jedoch sehr aufwendige Analysen notwendig, die auch mathematisch recht anspruchsvoll sind, wie die obige Diskussion bereits angedeutet hat. Es sei übrigens angemerkt, dass die Verteilung der Endergebnisse in der englischen Premier League ebenso gut mit einer Formel erklärt werden kann wie die italienische Serie A. Bei der Bundesliga klappt es etwas schlechter, aber doch immer noch so gut, dass großflächige Manipulationen ausgeschlossen werden können. Wir wollen dies im nächsten Abschnitt noch etwas genauer unter die Lupe nehmen.

Was haben Fußballprofis mit Bessel-Funktionen zu tun?

Die fußballerische Intelligenz ist die Grundlage, um einen sportartspezifischen Intellekt aufzubauen.

(Der Bundesliga-Trainer Peter Neururer doziert über Intelligenz im Fußball)

Fußballprofis brauchen keine höhere Mathematik, um ihrem Beruf nachzugehen. Im Prinzip reicht es für sie aus, fehlerfrei bis elf zählen zu können. Dies ist die größte Zahl, die ein Spieler beherrschen muss, damit er selbstständig feststellen kann, ob genügend Spieler der eigenen Mannschaft auf dem Platz sind. Da elf Tore nur äußerst selten fallen, reicht dies auch aus, um dem Spiel im Großen und Ganzen zu folgen – weitere Mathematikkenntnisse benötigt ein Fußballprofi also nicht. Umso erstaunlicher ist es, dass wir im vorigen Abschnitt bereits über so etwas Kompliziertes wie Bessel-Funktionen gestolpert sind. Dabei handelt es sich um spezielle Funktionen, die in der höheren Mathematik zur Lösung spezieller Differenzialgleichungen von Friedrich Wilhelm Bessel, einem Königsberger Mathematiker und Astronomen, im 19. Jahrhundert entdeckt wurden. Wie kommt es nun dazu, dass in einem Sport, in dem die Akteure gerade einmal bis elf zählen können müssen, so etwas Erstaunliches wie Bessel-Funktionen überhaupt eine Rolle spielen?

Wie in den Abschnitten zuvor ausführlich erklärt, können wir davon ausgehen, dass sich Fußballmannschaften wie radioaktive Quellen verhalten und Tore nach der Poisson-Verteilung schießen.[11]

---

11 Für die Wahrscheinlichkeit $p_a(k)$, dass eine Mannschaft

Wenn man nun die Wahrscheinlichkeit eines Unentschiedens $p_{unent.}(k)$ mit k Toren berechnen will, muss
offensichtlich die Wahrscheinlichkeit $p_a(k)$ mit sich
selbst multipliziert werden.[12] Hierbei sind wir von gleich
starken Mannschaften ausgegangen, welche die gleiche
mittlere Torrate a aufweisen. Die Wahrscheinlichkeit
für ein 0:0 ergibt sich dann im Fall $k = 0$, für ein 1:1 im
Fall $k = 1$ usw. Die Gesamtwahrscheinlichkeit p dafür,
dass ein Spiel unentschieden endet, egal mit welcher
Trefferanzahl k, erhält man schlicht durch Addition aller
Einzelwahrscheinlichkeiten:

$$p = p_{unent.}(0) + p_{unent.}(1) + p_{unent.}(2) + \ldots$$

Als Endergebnis der Berechnung ergibt sich dann die
komplizierte Formel:[13] $p(A) = e^{-A} \times I_0(A)$. Dabei ist $I_0(A)$
die modifizierte Bessel-Funktion der Ordnung Null und
A ist die Gesamtzahl der Tore.

Wir hatten schon im Abschnitt über viele Tore und
wenige Unentschieden (Seite 76 ff.) angekündigt, dass
man in der Tat eine Formel für die Zahl der Unentschieden als Funktion der Tore pro Spiel angeben kann.
Voilà – hier ist sie! Diese Funktion soll nun mit Daten
aus der Realität überprüft werden. Da A die Gesamtzahl

genau k Tore schießt, wenn sie im Durchschnitt a Treffer pro Spiel
erreicht, gilt dann $p_a(k) = a^k \times e^{-a}/k!$.

12 Also gilt $p_{unent.}(k) = p_a(k) \times p_a(k)$.

13 Die Detailrechnung ergibt nach Einsetzen der Poisson-
Verteilung: $p = (a^0 \times e^{-a}/0!)^2 + (a^1 \times e^{-a}/1!)^2 + (a^2 \times e^{-a}/2!)^2 + \ldots$ Wenn
wir auf der rechten Seite den Term $e^{-2 \times a}$ ausklammern, ergeben
die Summanden nichts anderes als die Funktion $I_0(2 \times a)$. Dies ist
die sogenannte modifizierte Bessel-Funktion der Ordnung Null
mit dem Argument $2 \times a$. Sie ist also eine Art Kurzschreibweise für
die (unendliche!) Summe. Wenn wir bedenken, dass $A = 2 \times a$ die
Gesamtzahl der im Durchschnitt pro Spiel fallenden Tore ist, dann
erhalten wir eine Formel für die Wahrscheinlichkeit $p(A)$, dass
ein Spiel unentschieden ausgeht, falls insgesamt A Tore fallen:
$p(A) = e^{-A} \times I_0(A)$.

von Toren ist, die im Durchschnitt in einem Spiel fallen, müssen wir Sportarten auswählen, bei denen insgesamt eine unterschiedliche Zahl von Toren fällt. In der Fußball-Bundesliga ist beispielsweise A = 3. Wir könnten deswegen die Funktion p(A) nur für diesen einen Zahlenwert prüfen, wenn wir uns auf Endergebnisse der Fußball-Bundesliga beschränken würden. Nach der ersten Halbzeit sind A = 1,3 Tore pro Spiel gefallen. Bei Fußball-Weltmeisterschaften fallen A = 2,5 Tore im Schnitt, in der Bezirksliga Westfalen A = 3,7, in der Eishockey-Bundesliga A = 6,0 und in der Rollhockey-Bundesliga A = 9,7. Mit 13,6 Toren pro Spiel ist die Inline-Skater Hockey-Liga der Spitzenreiter. Wir können so also mehr A-Werte erhalten und den Prozentsatz der Unentschieden in den einzelnen Ligen zusammen mit der Theoriekurve in einer Abbildung darstellen, wie sie auf Seite 108 zu sehen ist.

Jeder einzelne Punkt ist der entsprechende Prozentsatz für eine Sportart. Sie liegen recht dicht an der durchgezogenen Linie, die mit der Formel berechnet wurde. Wir sehen hier, dass nicht nur der generelle Trend durch die Theorie sehr gut wiedergegeben wird, sondern dass auch die absoluten Zahlen für die verschiedenen Sportarten mit unterschiedlichen durchschnittlichen Torraten A recht gut stimmen.

Auch für Sportarten, bei denen sehr viele Tore fallen, wie beispielsweise Handball, liefert die Formel überraschenderweise noch recht gute Ergebnisse. Hier fallen pro Spiel etwa A = 50 Tore. Unsere Formel würde dann für den Prozentsatz der zu erwartenden Unentschieden im Handball das folgende Resultat liefern: $p(50) = e^{-50} \times I_0(50) = 0,057 \approx 6\%$.

In der Handball-Bundesliga enden tatsächlich etwa 7 % aller Spiele mit einem Unentschieden. Wir sehen

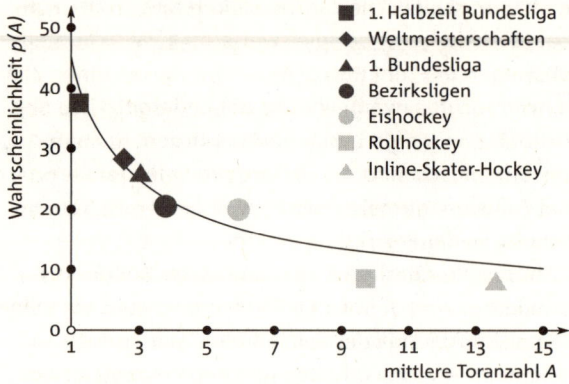

Abhängigkeit des Unentschiedens von der Toranzahl: Daten und Theorie

Legend:
- 1. Halbzeit Bundesliga
- Weltmeisterschaften
- 1. Bundesliga
- Bezirksligen
- Eishockey
- Rollhockey
- Inline-Skater-Hockey

Wahrscheinlichkeit $p(A)$ — mittlere Toranzahl A

also, dass auch hier die Formel eine gute Vorhersage liefert, obwohl eine grundlegende Voraussetzung nicht erfüllt ist. Die Formel für die Unentschieden basierte auf der Poisson-Verteilung und der Annahme, dass alle Tore unabhängig voneinander fallen. Dies ist bei der Vielzahl der Tore im Handball nicht mehr gewährleistet. Der Ballbesitz allein bedeutet hier schon, dass die Mannschaft mit relativ großer Wahrscheinlichkeit auch das nächste Tor erzielt. Man sagt, dass die Tore dann korreliert fallen, weil nach jedem Torerfolg der Ballbesitz wechselt. Deswegen kommen in der Realität etwas mehr Unentschieden zustande, als es unsere Formel vorhersagt. Aufgrund der wenigen Tore, die aber im Fußball fallen, kann hier in sehr guter Näherung davon ausgegangen werden, dass die Tore unkorreliert erzielt werden. Dies werden wir noch sehen.

Wir wollen nun noch etwas weiter gehen. Mit der Poisson-Verteilung erhalten wir wieder eine Formel für die Wahrscheinlichkeit p(A), dass ein Spiel mit einem Tor Unterschied ausgeht, wenn insgesamt A Tore fallen[14]: $p(A) = 2 \times e^{-A} \times I_1(A)$.

Die Funktion $I_1(A)$ ist diesmal die modifizierte Bessel-Funktion der Ordnung Eins mit dem Argument A. Der Faktor 2 taucht auf, weil entweder die Heim- oder die Auswärtsmannschaft mit jeweils einem Tor Unterschied gewinnen kann.

Auf die gleiche Art kann ganz allgemein die Wahrscheinlichkeit dafür hergeleitet werden, dass ein Spiel mit der Tordifferenz $z = 0, 1, 2, 3, 4, \ldots$ endet.[15]

Um die vorigen und in der Fußnote dargestellten Formeln wieder mit Daten einer Liga zu überprüfen, muss wie im letzten Abschnitt vorgegangen werden, indem die durchschnittliche Toranzahl A dadurch variiert wird, dass alle Spielstände nach einer bestimmten Spieldauer betrachtet werden. Damit kann man die Größe A in der Premier League genauso

14 Genauso wie vorher ergibt sich diese Wahrscheinlichkeit nun durch Addition aller Einzelwahrscheinlichkeiten $p_a(k) \times p_a(k+1)$: $p = p_a(0) \times p_a(1) + p_a(1) \times p_a(2) + p_a(2) \times p_a(3) + \ldots$

15 Es ergibt sich dann die schon im vorigen Abschnitt erwähnte recht komplizierte Formel: $p(A) = (2 - \delta_{z,0}) \times e^{-A} \times I_z(A)$. Dabei ist die Funktion $\delta_{z,0}$ eins für $z = 0$; also für Unentschieden, und null für z ungleich 0, da Unentschieden sonst doppelt gezählt werden. Mit $z = 1$ sind alle Spiele gemeint, die 1:0, 0:1, 2:1, 1:2, 3:2, 2:3 etc. ausgehen, mit $z = 2$ alle Spiele, die 2:0, 0:2, 3:1, 1:3, 4:2, 2:4 etc. ausgehen, und so weiter. A ist dabei die in einer Liga durchschnittlich erzielte Zahl der Tore pro Spiel. Für die englische Premier League gilt beispielsweise $A = 2,6$ nach 90 Minuten. Die Funktion $I_z(A)$ ist wieder die modifizierte Bessel-Funktion mit dem Argument A, wobei allerdings die Ordnung nun durch z gegeben ist. Genaueres zu dieser Funktion findet man beispielsweise in Büchern über höhere Mathematik.

wie bei der Serie A in Italien zwischen $A = 0$ (zu Beginn des Spiels) und $A = 2,6$ (nach 90 Minuten) stetig verändern und jeweils die Wahrscheinlichkeit $p(A)$ berechnen. So kann wieder die Größe $p(A)$ durch Auszählen der einzelnen Spielstände nach einer bestimmen Spieldauer, zu der ein bestimmtes A gehört, experimentell ermittelt und mit der obigen Formel für verschiedene Tordifferenzen z verglichen werden. Für die Premier League ergibt sich dann eine ähnlich gute Übereinstimmung zwischen den Daten und der Theorie wie bei der italienischen Serie A.[16]

Bemerkt werden sollte nochmals, dass es hierbei keine freien Parameter gibt, die man anpassen könnte. Dieses Muster in der Verteilung der Endergebnisse einer Profiliga scheint also wirklich universell zu sein. Offensichtlich stellt sich in einer solchen Liga immer eine Verteilung der Endergebnisse ein, die durch die komplizierte Formel mit der modifizierten Bessel-Funktion sehr gut beschrieben werden kann. Obwohl Fußballprofis höchstwahrscheinlich nichts von Bessel-Funktionen wissen, zeigen uns diese Ausführungen deutlich, dass sie offensichtlich nicht um diese speziellen Funktionen herumkommen!

Für die Fußball-Bundesliga gelten ähnliche Aussagen. Die Grafik rechts zeigt die gleiche Analyse, bei der mehr als 27 000 Ergebnisse der 1. und 2. Bundesliga zugrunde gelegt wurden.

16 Auch hier kann wieder www.dasfussballstudio.de zum Einsatz kommen, um dies im Detail zu analysieren. Dort findet man für die 5 300 Spiele der Premier League aus den zwölf Spielzeiten vor der Saison 2005/06 nicht nur die Endstände vor, sondern auch alle Tore inklusive der Spielminuten, in denen sie gefallen sind.

1. und 2. Bundesliga: Analyse von 27 000 Spielen

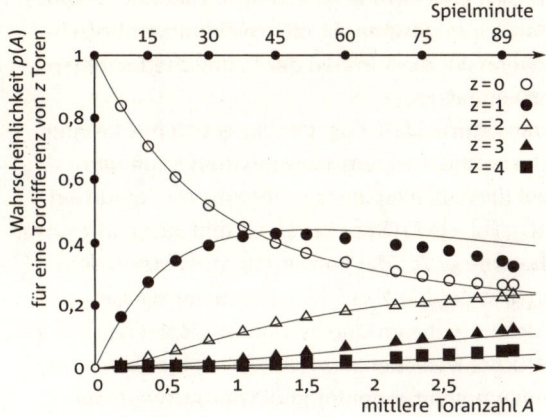

Wieder beschreiben die mit der Bessel-Funktion-Formel berechneten Linien die durch die Symbole gegebenen Bundesliga-Daten sehr gut. Auch hier ist also das vorher diskutierte Muster in der Verteilung der Ergebnisse deutlich zu erkennen.

Allerdings sieht man diesmal, dass die Kurven für $z=1$ und $z=3$ doch ein wenig von der Theorie abweichen. Hierfür kann es viele Gründe geben. Beispielsweise haben wir zwei recht grobe Annahmen gemacht, die wir jetzt noch etwas genauer überprüfen wollen. Wir haben bei der Berechnung der Kurven angenommen, dass alle Mannschaften im Durchschnitt die gleiche Toranzahl a pro Spiel erzielen. Dies ist sicher nicht gerechtfertigt, da es zumindest so etwas wie einen ausgeprägten Heimvorteil gibt. Zu Hause schießen die Mannschaften der Bundesliga im Schnitt fast doppelt so viele Tore wie auswärts. Als Zweites haben wir angenommen, dass die Tore völlig unkorreliert fallen, sich also nicht gegenseitig beeinflussen. Beides können wir in unserem Modell leicht mit einberechnen, wenn wir die Torraten der Mannschaften entsprechend verändern.

Wir nehmen daher jetzt an, dass sich die Torraten der Heim- und Auswärtsmannschaften folgendermaßen darstellen lassen: $a_{Heim} = (A/2) \times (1+h) \times (1-c)$ und $a_{Auswärts} = (A/2) \times (1-h) \times (1-c)$ und $a_{Korreliert} = c \times A/2$. Hierbei ist $a_{Korreliert}$ der korrelierte Anteil der Tore und $A = a_{Heim} + a_{Auswärts} + 2 \times a_{Korreliert}$ ist wieder die Gesamtzahl der Tore, die im Durchschnitt pro Spiel fallen, h ist der Bruchteil, um den der Heimvorteil die Torrate der Heimmannschaft erhöht und die der Auswärtsmannschaft verringert, und c ist der Anteil an der Torrate, der korreliert zwischen beiden Mannschaften ist. Für h dürfen Werte zwischen −1 und +1 eingesetzt werden, wobei −1 der maximale Heimmalus und +1 der maximale Heimvorteil ist. Der Parameter c variiert zwischen 0 und 1, wobei 0 für völlig unkorrelierte Tore steht und 1 vollständig korrelierte Tore anzeigt. Letzteres bedeutet, dass jedes Tor automatisch ein Gegentor provozieren würde. Unkorreliert heißt, dass ein Tor das Fallen des nächsten nicht weiter beeinflusst. Die Wahrheit wird sich sicher zwischen diesen beiden Extremen abspielen.[17]

17 Eine ähnliche, aber deutlich längere Rechung ergibt dann für die Wahrscheinlichkeit p(A), dass sich ein Ergebnis mit einer Tordifferenz z einstellt, wenn A Tore pro Spiel im Durchschnitt fallen, die nochmals kompliziertere Formel, die hier für Experten und Genießer ohne weitere Erklärung angegeben werden soll:

$$p(A) = \left[\left(\frac{1+h}{1-h}\right)^{z/2} + \left(\frac{1+h}{1-h}\right)^{-z/2} - \delta_{z,0}\right] e^{-(1-c)A} I_z\left(A\left((1-c)\sqrt{1-h^2}\right)\right)$$

1. und 2. Bundesliga:
Analyse mit Heimvorteil und Torkorrelation

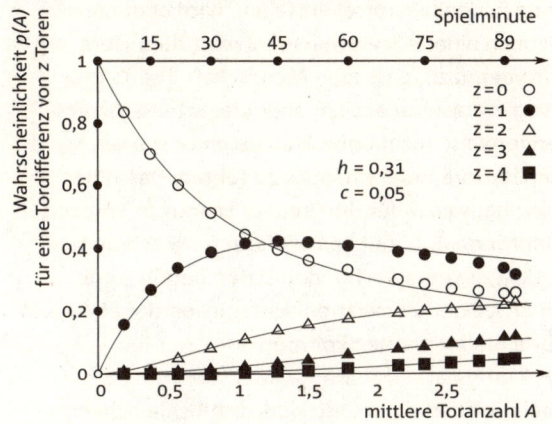

Die beiden Parameter h und c verändern die Form der berechneten Kurven für p(A). Wir können nun die Werte für h und c suchen, mit denen die Daten aus der 1. und 2. Bundesliga am besten zu erklären sind. Das Ergebnis sehen wir in der Grafik oben.

Wir erkennen, dass die Daten (Symbole) nun deutlich besser erklärt werden können. Insbesondere sind die Abweichungen der Kurven für $z = 1$ und $z = 3$ von den Symbolen nun nicht mehr so groß wie zuvor. Die Kurven wurden erzeugt mit den beiden Parametern $h = 0,31$ und $c = 0,05$. Der Heimspielparameter h hat einen realistischen Wert und führt zu $(1 + h)/(1 - h) = 1,85$, also der ungefähr doppelten Torrate der Heimmannschaft im Vergleich zum Auswärtsteam. Der kleine Wert von $c = 0,05$ bedeutet, dass in der Bundesliga die Tore maximal zu 5 % korreliert sind. Dies bedeutet, dass ein Tor lediglich zu 5 % den nächsten Torerfolg beeinflusst.

Gäbe es eine größere Korrelation, würde man dies deutlich erkennen. Unsere bisherige Annahme, dass Tore im Fußball unkorreliert fallen, wird dadurch also auch noch einmal untermauert. Zwar führen Tore fast immer dazu, dass eine Mannschaft ihre Taktik z. T. sogar drastisch ändert, aber dies scheint überraschenderweise nicht unbedingt zu einer starken Korrelation der Tore untereinander zu führen. Dasselbe gilt übrigens auch für die Premier League in England und die Serie A in Italien. Hier hatten wir schon gesehen, dass die entsprechenden Daten bereits ohne Heimvorteil und Korrelation sehr gut von der einfachen Theorie erklärt werden konnten.

Fußballprofis scheinen also offensichtlich machen zu können, was sie wollen, am Ende kommen immer Bessel-Funktionen dabei heraus! Würde dies auch für den Amateurfußball gelten? Wahrscheinlich nicht, denn dort sind die Leistungsunterschiede innerhalb einer Liga häufig zu groß. In einer Kreisliga kommt es schon einmal vor, dass eine Mannschaft an einem Wochenende 0:5 verliert und am kommenden Spieltag mit 5:2 leicht und locker gewinnt. Die gefallenen Tore sind dann sicher nicht mehr poissonverteilt, und unsere Grundannahme, dass sich Fußballmannschaften wie radioaktive Quellen verhalten, stimmt somit nicht mehr. Dafür ist allerdings die Wahrscheinlichkeit höher, dass sich in Amateurmannschaften Spieler finden lassen, die wenigstens wissen, was Bessel-Funktionen überhaupt sind …

Alles Zufall, oder was? (Teil 1)

Die Breite an der Spitze ist dichter geworden.

(Der Ex-Bundestrainer Berti Vogts über die Ausgeglichenheit der Bundesliga)

Wir wollen nun etwas genauer Tabellen analysieren,
um herauszufinden, inwiefern die Punkteverteilung von
einer Zufallsverteilung abweicht. Am Ende der Hinrunde der Saison 2007/08 führte Bayern München die
Tabelle als Herbstmeister mit 36 Punkten vor Werder
Bremen mit der gleichen Punktzahl, aber dem schlechteren Torverhältnis an. Am Ende befanden sich der
MSV Duisburg mit nur 13 Punkten und Energie Cottbus
mit 15 Zählern (siehe Seite 126). Kein Wunder, würde
man sagen, schließlich ist es jedem Fußballlaien klar,
dass diese beiden Mannschaften sicher viel schlechter
sind als die beiden Teams, die hier die Tabellenspitze
zieren. Nun ist es allerdings so, dass der Faktor Glück
nicht zu unterschätzen ist und eine (triviale) Formel
für den Fußball aufgestellt werden kann: »Erfolg =
Glück + Können«. Aber wie groß ist der jeweilige Einfluss dieser beiden Faktoren? Wie kann man Glück
im Fußball messen?

Die Antwort ergibt sich durch ein Gedankenexperi-
ment. Wir fragen uns, welche Bundesliga-Hinrunden-
Tabelle sich 2007/08 ergeben hätte, wenn alle Mannschaften gleich stark gewesen wären. Damit ist der
Faktor »Können« ausgeschaltet, und die Auswirkungen
des Faktors »Glück« können genau studiert werden.
Was bedeutet es, wenn alle Mannschaften gleich
stark sind? Damit ist gemeint, dass sie mit gleicher
Wahrscheinlichkeit gewinnen und verlieren. Wenn

zwei Mannschaften häufig gegeneinander spielen und beide Mannschaften jeweils gleich viele Spiele gewonnen haben, würde man diese Mannschaften als gleich stark bezeichnen. Daher ist die auf den ersten Blick durchaus plausible Annahme, dass gleich starke Mannschaften auch häufiger unentschieden spielen sollten, nicht korrekt, schon gar nicht bei einem Spiel wie Fußball, bei dem nur wenige Tore fallen. Da wir aber nur über Wahrscheinlichkeiten reden, ist die Definition, dass alle Mannschaften dann gleich stark sind, wenn alle jedes Spiel mit der gleichen Wahrscheinlichkeit gewinnen oder verlieren, sicher plausibel.

In der Bundesliga geht im langjährigen Mittel ungefähr jedes vierte Spiel unentschieden aus, d. h. die Wahrscheinlichkeit für ein Remis liegt bei $1/4 = 25\%$. Wenn nun mit gleicher Wahrscheinlichkeit gewonnen und verloren werden soll, heißt das genauer, dass alle Teams mit einer Wahrscheinlichkeit von $3/8 = 37,5\%$ ihre Spiele gewinnen und mit derselben Wahrscheinlichkeit von $3/8 = 37,5\%$ ihre Spiele verlieren. Für einen Sieg gibt es bekanntlich drei Punkte, für ein Unentschieden einen Punkt und für eine Niederlage null Punkte.

In einer Liga mit 18 Teams mit diesen Sieg-, Unentschieden- und Niederlagenwahrscheinlichkeiten gibt es keine Leistungsunterschiede. Hier regiert das pure Glück oder Pech! Das heißt aber nicht, dass nach 17 Spieltagen auch alle Mannschaften die gleiche Punktzahl haben werden, denn es gibt statistische Fluktuationen. Dies sollte man sich besser durch den Wurf einer perfekten Münze veranschaulichen: Wird diese Münze 100-mal geworfen, dann ergeben sich nicht unbedingt exakt 50-mal Kopf und 50-mal Zahl, sondern beispielsweise 53-mal Kopf und 47-mal Zahl. Trotzdem ist diese Münze nicht etwa manipuliert, denn eine solche Abweichung vom Mittelwert ist durchaus sehr wahrscheinlich. Genau das Gleiche gilt nun auch für unsere 18 gleich starken Mannschaften, die 17 Spiele gegeneinander ausführen. Am Ende wird sich eine Tabelle ergeben, die eine gewisse Fluktuation an Punkten um den Mittelwert und damit einen Spitzenreiter und einen Verein auf dem letzten Platz aufweist. Es ist sogar höchst unwahrscheinlich, dass alle Mannschaften am Ende gleich viele Punkte haben.

Dieser Mittelwert lässt sich für die 18 gleich starken Mannschaften einfach berechnen. Der Mittel- oder Erwartungswert einer Größe ist die Summe aus den jeweiligen Wahrscheinlichkeiten multipliziert mit den Werten, die diese Größe annehmen kann. Für den Mittelwert P an Punkten, den eine Mannschaft, die nach den vorher genannten Wahrscheinlichkeiten spielt, in jedem Spiel erzielt, gilt dann also: $P = 3 \times 3/8 + 1 \times 1/4 + 0 \times 3/8 = 11/8 = 1{,}375$. Jede Mannschaft erzielt also im Durchschnitt 1,375 Punkte pro Spiel. Bei 17 Spieltagen ergibt das $1{,}375 \times 17 = 23{,}4$ Punkte, die von jeder Mannschaft im Durchschnitt erzielt werden. Was bedeutet diese Zahl nun genau? Wenn diese 18 gleich starken Mannschaften sehr viele (genau genommen unendlich viele) Male eine Herbstmeisterschaft ausspielen würden, dann würde jede von ihnen dabei im Durchschnitt 23,4 Punkte erzielen, wobei die Fluktuationen innerhalb einer Spielzeit sehr groß sein können, wie wir gleich sehen werden. Aber zunächst sollen diese 23,4 Punkte mit der Hinrunden-Tabelle der Saison 2007/08 verglichen werden. Eintracht Frankfurt hatte als 9. in der Tabelle 23 Punkte erzielt. Diese Bundesliga-Tabelle ist also nicht grob verzerrt. Wenn dem 9. Platz beispielsweise nur 15 Punkte entsprechen würden, gäbe es nur wenige Mannschaften, die alles gewonnen hätten, oder wenn dem 9. Platz 27 Punkte entsprechen würden, gäbe es eine sehr dichte Spitzengruppe und nur wenige sehr schlechte Teams. Das ist nicht der Fall: Die Hinrunden-Tabelle der Saison 2007/08 ist also um den »richtigen« Punktewert zentriert.

Als Nächstes muss die zu erwartende »Aufspreizung« der Tabelle der Liga aus lauter gleich starken Mannschaften berechnet werden. Wie bereits erwähnt: Nach 17 Spieltagen haben alle Mannschaften sicher nicht die gleiche Punktzahl. Aber wie groß ist dann wohl der zu erwartende Unterschied zwischen der Mannschaft mit den meisten und der mit den wenigsten Punkten? Statistisch wird dies durch die sogenannte Standardabweichung σ beschrieben. Ihr Quadrat ist definiert als die mittlere quadratische Abweichung der Punkte von ihrem Mittelwert (hier also 1,375), multipliziert mit der Zahl N der Ereignisse (Spieltage N = 17). Also gilt: $\sigma^2 = ((3-1{,}375)^2 \times 3/8 + (1-1{,}375)^2 \times 1/4 + (0-1{,}375)^2 \times 3/8)) \times N = 1{,}74 \times 17 = 29{,}6.$

Die Quadratwurzel aus dieser Zahl ist dann die Standardabweichung $\sigma = 5{,}44$ Punkte. Was bedeutet diese Zahl? Aus der Wahrscheinlichkeitstheorie ist bekannt, dass die genaue Aussage nun lautet: Die 18 gleich starken Mannschaften erzielen am Ende der Hinrunde nach 17 Spieltagen mit einer Wahrscheinlichkeit von 68 % eine Punktzahl aus dem Intervall $P \pm \sigma = 23{,}4 \pm 5{,}4$ Punkte. Eine Zahl von 29 Punkten ist also recht wahrscheinlich, genauso wie 18 Punkte, obwohl der Mittelwert bei 23 Punkten liegt. 29 Punkten entspricht in der Hinrunden-Tabelle der Saison 2007/08 der 5. Platz von Schalke 04, und 18 Punkten entspricht der 14. Tabellenplatz von Arminia Bielefeld. Rein prinzipiell bedeutet dies, dass der Unterschied zwischen Schalke 04 und Arminia Bielefeld in der

Hinrunde der Saison 2007/08 auch auf reines Glück bzw. Pech zurückgeführt werden kann, da sich ein solcher Punkteabstand in einer Liga aus lauter gleich starken Mannschaften mit großer Sicherheit auch eingestellt hätte. Die Fans von Arminia Bielefeld haben das natürlich schon immer gewusst...

Nun ist es so, dass die Wahrscheinlichkeitstheorie ebenfalls besagt, dass die gleich starken Mannschaften am Ende der Hinrunde nach 17 Spieltagen mit einer Wahrscheinlichkeit von 95 % eine Punktzahl aus dem Intervall $P \pm 2 \times \sigma = 23,4 \pm 10,8$ erzielen werden. Es verbleibt also eine Wahrscheinlichkeit von immerhin 5 % dafür, dass eine oder mehrere Mannschaften auch mehr als 34 oder aber weniger als 12 Punkte erzielen werden. Bei 18 Mannschaften kann dies aber mit recht hoher Wahrscheinlichkeit für mindestens eine Mannschaft vorkommen, weil $1/18 = 0,055 = 5,5$ %. Wir erwarten daher, dass eine typische Hinrundentabelle aus 18 gleich starken Mannschaften eine Punkteverteilung von maximal etwa 34 bis hinab zu 12 Punkten zeigen sollte. Verglichen mit der tatsächlichen Hinrunden-Tabelle 2007/08 entspricht dies den Plätzen 3 des Hamburger SV und dem letzten, also 18. Platz von Energie Cottbus. Daher kann man anhand der Tabelle nicht zweifelsfrei sagen, dass der Hamburger SV wirklich stärker war als Energie Cottbus – der Unterschied zwischen beiden Mannschaften wäre auch gerade noch mit reinem Glück oder Pech zu erklären. Sie hätten somit ihre Tabellenplätze auch tauschen können! Wenn sich die Fans des Hamburger SV an den Tabellenstand ihrer Mannschaft nach der Hinrunde der vorherigen Saison 2006/07 erinnern (den sie mental sicher schon verdrängt haben!), dürfte ihnen all das wohlbekannt vorkommen.

Zum Abschluss soll noch die »Aufspreizung« der tatsächlichen Hinrunden-Tabelle berechnet werden, indem der Mittelwert P_{real} der Punkte und ihre Standardabweichung σ_{real} direkt bestimmt werden. Es ergibt sich: $P_{real} = 23,5$ Punkte als Summe aller Punkte geteilt durch die Zahl der Mannschaften, was extrem dicht bei dem Mittelwert $P = 23,4$ Punkten der Liga aus gleich starken Mannschafen liegt. Der Grund für diese Koinzidenz ist nicht zufällig. Die Zahl der Unentschieden, die mit 35 bei insgesamt 153 Spielen einer Quote von etwa 23 % entspricht, ist nahe bei dem langjährigen Mittelwert von 25 %, der der Liga gleich starker Mannschaften zugrunde liegt. Die Standardabweichung für die reale Hinrunden-Tabelle wird durch Berechnen der Quadratwurzel aus den quadratischen Differenzen der einzelnen Punktzahlen und dem berechneten Mittelwert geteilt durch die Zahl der Mannschaften (minus 1) berechnet. Es ergibt sich: $\sigma_{real} = 7,1$ Punkte. Von dieser tatsächlichen »Aufspreizung« der Hinrunden-Tabelle können 5,4 Punkte auf reinen Zufall zurückgeführt werden, da sie sich zwanglos auch bei einer Tabelle aus gleich starken Mannschaften ergeben hätten. Die verbleibende Differenz ist dann also dem Können der Mannschaften zuzurechnen. So lässt sich das Können der Mannschaften exakt von ihrem Glück abtrennen. Die gleiche Analyse kann jeder für andere Tabellen leicht einmal selbst versuchen. Beispielsweise ist die englische Premier League weitaus stärker auseinandergezogen als die Bundesliga, d. h. sie hat eine größere Standardabweichung vom Mittelwert der Punktzahl, als es die entsprechende Zufallstabelle aus 20 Mannschaften erwarten lässt. Die Premier League ist damit weiter von einer Zufallstabelle entfernt. Dies ist sicher ein Anlass zur Sorge, was die Spannung in dieser (Abramowitsch-)Liga betrifft.

Die Ausführungen zeigen, dass allein die simple Tatsache, 18 Mannschaften gegeneinander in einer Liga spielen zu lassen, eine riesige Zufallskomponente für das Spiel zur Folge hat. Genau diese Zufallskomponente macht das Spiel aber interessant und schreibt die spannenden Geschichten der Fußball-Bundesliga. Sollte sich die »Aufspreizung« σ_{real} der Bundesliga-Hinrunden-Tabelle irgendwann einmal zu stark vom Wert von 5,4 Punkten, der sich für eine Liga aus gleich starken Mannschaften ergeben würde, entfernen, dann hätte dies sicher negative Auswirkungen. Es würde bedeuten, dass sich eine Gruppe von Mannschaften dauerhaft absetzen kann, mit der negativen Konsequenz, dass die Bundesliga uninteressanter würde und es weniger Überraschungen gäbe. Im nächsten Abschnitt wird das Thema nochmals mittels Computersimulationen weiter beleuchtet. Es werden dann Hinrunden-Tabellen per Zufallszahlengenerator für 18 gleich starke Mannschaften simuliert.

Wichtig ist hier allerdings: Diese Überlegungen bedeuten lediglich, dass 18 gleich starke Mannschaften in etwa die gleiche Tabelle nach 17 Spieltagen produziert hätten wie die 18 Bundesliga-Teams in der Hinrunde der Saison 2007/08. Um es laut und deutlich zu sagen: Die umgekehrte Aussage, aus der Gleichheit der Zufalls- und der Bundesliga-Tabelle lasse sich schließen, dass alle Mannschaften auch gleich stark sein müssen, gilt selbstverständlich NICHT! Dies zeigt allein schon die Tatsache, dass es gewisse Mannschaften aus dem Süden der Republik gibt, die doch recht häufig eher oben in der Tabelle zu finden sind. Es ist natürlich auch nicht möglich, einzelne Platzierungen von Mannschaften mit solchen Rechnungen direkt vorauszusagen, wir sind vielmehr nur in der Lage, allgemeine Aussagen über die Tabelle zu treffen.

Alles Zufall, oder was? (Teil 2)

*Es hängt alles irgendwo zusammen. Sie können sich
am Hintern ein Haar ausreißen, dann tränt das Auge.*

(Die ganzheitliche Betrachtung der Welt von Christoph
Daum, der im Jahr 2000 um ein Haar Bundestrainer
geworden wäre)

Im letzten Abschnitt haben wir die Hinrunden-Tabelle
der Saison 2007/08 der Fußball-Bundesliga mit einer
Tabelle verglichen, wie sie sich in einer Liga gleich starker Mannschaften ergeben hätte. Dabei folgte aus einer
einfachen statistischen Analyse, dass sich eine Verteilung von 36 Punkten für den Spitzenreiter bis hinab zu
13 Punkten für den Tabellenletzten mit relativ hoher
Wahrscheinlichkeit auch in einer Liga gleich starker
Mannschaften ergeben hätte. »Gleich stark« bedeutet
dabei, dass die Wahrscheinlichkeit für einen Sieg und
eine Niederlage jeder Mannschaft mit 37,5 % als
gleich groß für jedes Spiel angenommen wird, wobei
die Wahrscheinlichkeit für ein Unentschieden mit
25 % dem langjährigen Bundesliga-Durchschnittswert
angepasst ist.

Nun sollen die im letzten Abschnitt gemachten Ausführungen weiter präzisiert und insbesondere auch
mit Computersimulationen verglichen werden. Zunächst
muss das Modell der gleich starken Mannschaften noch
weiter ausgebaut werden. Hierzu soll jetzt auch die
Anzahl der von jeder Mannschaft geschossenen Tore
mitberücksichtigt werden. Die Definition von gleich
starken Teams, die bisher über die Wahrscheinlichkeit
des Spielausgangs erfolgte, kann so direkt auf die
geschossenen Tore zurückgeführt werden. Zwei Teams

werden jetzt als gleich stark bezeichnet, wenn sie im Durchschnitt gleich viele Tore pro Spiel erzielen. Dies bedeutet wieder nicht, dass alle Mannschaften remis gegeneinander spielen, sondern sie gewinnen und verlieren mit gleicher Wahrscheinlichkeit und spielen auch manchmal unentschieden gegeneinander, je nachdem wie viele Tore im Mittel erzielt werden. Der Zusammenhang zwischen der Zahl der Unentschieden und der Zahl der erzielten Tore wurde bereits in einem vorherigen Abschnitt thematisiert.

Was bedeutet es genau, wenn alle Teams im Durchschnitt gleich viele Tore schießen sollen? Als Beispiel verwenden wir die Zahlen der Bundesliga. Dort sind in den letzten zehn Jahren im Mittel etwa 2,8 Tore pro Spiel erzielt worden. Im Durchschnitt schießt also jede Mannschaft in der Bundesliga 1,4 Tore pro Spiel. Das bedeutet, dass eine solche Mannschaft durchaus auch einmal null Tore oder etwa vier Tore schießen wird, beides passiert mit einer bestimmten Wahrscheinlichkeit. Diese Wahrscheinlichkeit als Funktion der Toranzahl wird für unsere Simulation, wie bereits mehrfach erläutert, mit einer Poisson-Verteilung beschrieben.[18] Dass diese tatsächlich sehr gut zur Simulation von Fußballergebnissen geeignet ist, haben wir bereits gezeigt.

Wenn wir also annehmen, dass jedes Team in jedem Spiel eine bestimmte Anzahl von Toren erzielt, die mit der Poisson-Verteilung berechnet werden können, dann ist es möglich, 17 Spieltage der Fußball-Bundesliga im Computer Spiel für Spiel zu simulieren und am Ende eine Tabelle mit Punkten und Toren aufzu-

18 Zur Erinnerung: Die Wahrscheinlichkeit p(k) dafür, dass eine Fußballmannschaft, die im Durchschnitt 1,4 Tore pro Spiel erzielt, genau k Tore schießt, ist dann $p(k) = 1{,}4^k \times e^{-1{,}4}/k!$ mit der Euler-Zahl $e = 2{,}71828\ldots$ und dem Fakultätssymbol $k! = 1 \times 2 \times \ldots \times k$.

stellen. Nehmen wir weiterhin an, dass jede Mannschaft im Durchschnitt gleich viele Tore erzielt, haben wir eine Liga gleich starker Mannschaften zusammengestellt, in der die Auswirkungen des puren Zufalls studiert werden können.

Das Modell kann leicht einem ersten Test unterzogen werden, indem als Durchschnittswert der tatsächliche Wert von 1,4 Toren pro Spiel und Team angenommen wird und man sich fragt, wie viele Unentschieden daraus folgen. Viele Simulationen zeigen, dass dann etwa 25 % aller Spiele mit einem Remis enden, wie es auch tatsächlich in der Bundesliga der Fall ist. Als gleich große Wahrscheinlichkeit für einen Sieg bzw. eine Niederlage ergibt sich jetzt wieder der Wert von 37,5 %. Dies sind genau dieselben Werte, die wir im letzten Abschnitt bei unserer Analyse verwendet haben. Das Computermodell ist also äquivalent zu unserem vorherigen Modell, wobei wir jetzt aber die Möglichkeit haben, noch weitere Details wie etwa das Torverhältnis zu analysieren. Die rechten Spalten der Tabelle auf Seite 127 zeigen das Resultat einer typischen Simulation im direkten Vergleich mit der Hinrunden-Tabelle der Saison 2007/08 auf Seite 126.

Hierzu sind nun einige Anmerkungen notwendig. Zunächst einmal ist festzustellen, dass es sich bei dieser Tabelle lediglich um das Ergebnis einer einzigen Simulation handelt. Jede weitere Simulation sieht natürlich im Detail etwas anders aus. Allerdings stellt sich heraus, dass viele Simulationen in etwa das gleiche Ergebnis liefern wie die Tabelle auf Seite 127. Deswegen kann durchaus gesagt werden, dass es sich um eine repräsentative Simulation handelt. Im Prinzip gibt es auch simulierte Tabellen, bei denen der Erste mehr als 36 Punkte aufweist. Dies kommt aber nur mit einer geringen Wahrscheinlichkeit vor – genauso wie Tabellen, in denen der Erste nicht einmal 30 Punkte erreicht. Weiterhin sind in der Hinserie nur 1,3 Tore pro Mannschaft und Spiel gefallen, die Simulation basiert aber auf dem zehnjährigen Durchschnittswert von 1,4 Toren pro Mannschaft und Spiel. Dies führt beispielsweise dazu, dass es an den 17 Spieltagen mehr Unentschieden gab, als die Simulation es ausgerechnet hat, und dass auch die Torverhältnisse leicht verzerrt werden.

Trotzdem zeigt die Computersimulation wieder einige bemerkenswerte Resultate. Die schon im letzten Abschnitt theoretisch erwartete Aufspreizung der Liga aus gleich starken Mannschaften zeigt sich auch in der Simulation. Während die tatsächliche Hinrunden-Tabelle von 36 Punkten bis hinab zu 13 Punkten reicht, weist die Simulation die gleiche Variation, allerdings um einen Punkt nach unten verschoben – also von 35 Punkten bis hinab zu 12 Punkten –, auf. Dies zeigt, dass sich die anhand von abstrakten statistischen Überlegungen gewonnenen Ergebnisse auch mit der Computersimulation bestätigen lassen. Eine zumindest ähnliche Verteilung der Punkte, wie wir sie in der Hinrunden-Tabelle 2007/08 vorfinden, hätte es also mit hoher Wahrscheinlichkeit auch in einer Liga aus gleich starken Mannschaften gegeben. Lediglich relativ kleine Unterschiede sind zu erkennen. So scheint bei allen simulierten Tabellen die Spitzengruppe etwas kleiner und das Mittelfeld bei 23 Punkten dafür etwas stärker ausgeprägt zu sein als bei der tatsächlichen Tabelle. Deutlichere Unterschiede scheinen sich in der Tordifferenz widerzuspiegeln. Während in der realen Hinrunden-Tabelle nur die ersten fünf Teams eine positive

Hinrunden-Tabelle der Saison 2007/08

		G	U	N	Tore	TD	Punkte
1	Bayern München	10	6	1	31:8	23	36
2	Werder Bremen	11	3	3	42:24	18	36
3	Hamburger SV	9	5	3	24:13	11	32
4	Bayer Leverkusen	9	3	5	32:16	16	30
5	Schalke 04	7	8	2	26:17	9	29
6	Karlsruher SC	8	4	5	19:21	−2	28
7	Hannover 96	8	3	6	27:28	−1	27
8	VfB Stuttgart	8	1	8	24:25	−1	25
9	Eintracht Frankfurt	5	8	4	19:23	−4	23
10	Borussia Dortmund	6	3	8	26:30	−4	21
11	VfL Wolfsburg	5	5	7	30:30	0	20
12	Hertha BSC	6	2	9	19:24	−5	20
13	VfL Bochum	5	4	8	25:27	−2	19
14	Arminia Bielefeld	5	3	9	19:38	−19	18
15	Hansa Rostock	5	2	10	16:26	−10	17
16	1. FC Nürnberg	4	3	10	21:28	−7	15
17	Energie Cottbus	3	6	8	17:27	−10	15
18	MSV Duisburg	4	1	12	14:26	−12	13

Tordifferenz haben, sind bei den Simulationen häufig auch noch mehrere Mannschaften aus dem Mittelfeld mit positiver Tordifferenz zu finden.

Selbstverständlich beinhalten diese und die Ausführungen des letzten Abschnitts viele Vereinfachungen in den Berechnungen und Simulationen. Beispielsweise wurden bei den Simulationen die Abwehrreihen komplett vernachlässigt, was natürlich eine eher grobe Annahme ist. So sind zwei Mannschaften als gleich stark definiert worden, wenn sie im Mittel über viele Spiele gleich viele Tore erzielen. Über die Abwehrreihen werden dabei keine Aussagen gemacht, was möglicher-

Simulation gleich starker Teams

		G	U	N	Tore	TD	Punkte
1	Bayern München	11	2	4	38:20	18	35
2	Werder Bremen	9	3	5	25:21	4	30
3	Hamburger SV	9	3	5	20:18	2	30
4	Bayer Leverkusen	9	2	6	28:21	7	29
5	Schalke 04	9	1	7	28:24	4	28
6	Karlsruher SC	7	6	4	19:17	2	27
7	Hannover 96	7	5	5	25:16	9	26
8	VfB Stuttgart	8	2	7	23:21	2	26
9	Eintracht Frankfurt	8	2	7	24:30	−6	26
10	Borussia Dortmund	6	5	6	25:21	4	23
11	VfL Wolfsburg	6	5	6	22:18	4	23
12	Hertha BSC	7	2	8	22:26	−4	23
13	VfL Bochum	7	2	8	22:28	−6	23
14	Arminia Bielefeld	5	4	8	21:27	−6	19
15	Hansa Rostock	5	3	9	17:21	−4	18
16	1. FC Nürnberg	5	3	9	23:29	−6	18
17	Energie Cottbus	3	4	10	20:32	−12	13
18	MSV Duisburg	2	6	9	20:31	−11	12

weise in Italien zu großen Fehlern führen würde.
Hier könnte man das Modell natürlich noch beliebig
verfeinern. Eine Anmerkung sei noch einmal zum
Begriff »gleich stark« wiederholt, weil es hier immer
wieder Unklarheiten gibt: Es ist nicht so, dass gleich
starke Teams häufiger unentschieden spielen müssen
als unterschiedlich starke. Die Stärke eines Teams sollte
direkt mit der Wahrscheinlichkeit des nächsten Tor-
erfolgs verknüpft sein. Wenn nun aber zwei gleich
starke Teams gegeneinander spielen, die beide recht
offensiv agieren und damit im Mittel viele Tore erzielen,
dann werden diese Teams sogar recht selten unent-

schieden spielen. Dies wurde schon in einem vorherigen Abschnitt ausführlich diskutiert, als es um den Zusammenhang zwischen der Toranzahl und der Zahl von Unentschieden ging. Als weitere Vereinfachung werden in der Simulation alle Tore als unabhängige Ereignisse behandelt, d. h. ein Tor beeinflusst weder die Spielstärke noch die Wahrscheinlichkeit dafür, dass das nächste Tor fällt. In der Realität ist es sicher so, dass gefallene Tore zu Änderungen der Taktik einer Mannschaft führen und somit möglicherweise auch zur Änderung der Spielstärke. Trotzdem haben wir mit anderen mathematischen Methoden zuvor bereits gezeigt, dass die Korrelation der Tore in der Bundesliga kleiner als 5 % ist.

Wir können also die im vorigen Abschnitt angestellten statistischen Überlegungen im Großen und Ganzen als korrekt anerkennen. Sie werden durch Computersimulationen, die auf einer Berechnung aller Spieltage beruhen, vollständig gestützt. Die Hinrunden-Tabelle 2007/08 ist damit nur wenig mehr auseinandergezogen, als es eine Tabelle aus lauter gleich starken Teams gewesen wäre. Glück und Pech in der Bundesliga sind eben – im Gegensatz zum täglichen Leben – tatsächlich vollständig berechenbar![19]

19 Das Programm zur Simulation von Bundesliga-Tabellen hat Dr. Robert Fendt aus Dortmund geschrieben. Diese Simulation kann unter http://e1.physik.tu-dortmund.de/bundesligatabelle.zip heruntergeladen werden. Beispielsweise kann man mit diesem Programm auch stärkere Teams einfügen, indem ihnen einfach eine höhere mittlere Torrate gegeben wird. Auf diese Weise lassen sich die Auswirkungen des Zufalls auf stärkere Teams studieren. So ließe sich etwa genau ergründen, warum der FC Bayern München immer so weit oben steht. Dies sei aber dem Leser als Übung empfohlen.

Der Meister der Herzen

*Zeige mir einen zufriedenen Zweiten, und ich zeige dir
den ewigen Verlierer.*

(Der legendäre Gladbacher Trainer Hennes Weisweiler
über den Stellenwert der Vizemeisterschaft)

In der Saison 2000/01 ist Schalke 04 im spannendsten
Titelkampf der Bundesliga-Geschichte zum »Meister
der Herzen« geworden. Am letzten Spieltag haben die
Bayern das erst in der 90. Minute von Sergej Barbarez
erzielte Führungstor des Hamburger SV, das den Schalkern den Titelgewinn gebracht hätte, noch in der Nachspielzeit ausgleichen können und blieben so einen Punkt
vor den Gelsenkirchener Unglücksraben. Am Ende ergab
sich die auf der folgenden Seite abgedruckte Tabelle.
 Wir haben also eine Differenz zwischen dem ersten
und letzten Platz von 36 Punkten. Ist das viel? Bayern
München ist immerhin trotz neun Niederlagen Deutscher Meister geworden. Neun Mal hatte auch der
SC Freiburg an sechster Stelle verloren. Eintracht Frankfurt hatte mit zehn Spielen genauso häufig gewonnen
wie der Hamburger SV und ist trotzdem abgestiegen.
Wenn man bedenkt, wie klein der Unterschied zwischen
einem Sieg und einem Unentschieden oder einer Niederlage und einem Unentschieden in einem Fußballspiel tatsächlich ist, leuchtet es unmittelbar ein, dass
in dieser Tabelle das Glück eine große Rolle für die
Platzierung der Mannschaften gespielt hat.
 Wir können auch das wieder anhand von Zahlen
genauer belegen. Aus der Tabelle lässt sich eine mittlere Punktzahl von $P_{real} = 47,17$ Punkten bei einer Standardabweichung von $\sigma_{real} = 9,90$ Punkten ermitteln.

Abschlusstabelle der Bundesliga-Saison 2000/01

		S	G	U	V	Tore	TD	Punkte
1	Bayern München	34	19	6	9	62:37	25	63
2	FC Schalke 04	34	18	8	8	65:35	30	62
3	Borussia Dortmund	34	16	10	8	62:42	20	58
4	Bayer Leverkusen	34	17	6	11	54:40	14	57
5	Hertha BSC	34	18	2	14	58:52	6	56
6	SC Freiburg	34	15	10	9	54:37	17	55
7	Werder Bremen	34	15	8	11	53:48	5	53
8	1. FC Kaiserslautern	34	15	5	14	49:54	−5	50
9	VfL Wolfsburg	34	12	11	11	60:45	15	47
10	1. FC Köln	34	12	10	12	59:52	7	46
11	1860 München	34	12	8	14	43:55	−12	44
12	FC Hansa Rostock	34	12	7	15	34:47	−13	43
13	Hamburger SV	34	10	11	13	58:58	0	41
14	Energie Cottbus	34	12	3	19	38:52	−14	39
15	VfB Stuttgart	34	9	11	14	42:49	−7	38
16	SpVgg Unterhaching	34	8	11	15	35:59	−24	35
17	Eintracht Frankfurt	34	10	5	19	41:68	−27	35
18	VfL Bochum	34	7	6	21	30:67	−37	27

Theoretisch ergeben sich für eine Zufallstabelle aus gleich starken Mannschaften, wie in den vorigen Abschnitten beschrieben, die Werte $P = 1,375 \times 34 = 46,75$ Punkte bei einer Aufspreizung der Liga von $\sigma = 1,32 \times \sqrt{34} = 7,70$ Punkten. Man erkennt schon an diesen Zahlen, dass sich die Tabelle der Saison 2000/01 nur unwesentlich von einer Zufallstabelle unterscheidet. Die tatsächliche Aufspreizung der Liga ist lediglich 2,2 Punkte größer, als es in einer Liga aus lauter gleich starken Mannschaften der Fall wäre. Weiterhin hatten wir in den beiden letzten Abschnitten gesehen, dass die Differenz der Punktzahlen des ersten und letzten

Platzes in einer Liga gleich starker Mannschaften durch $P \pm 2 \times \sigma = 46{,}75 \pm 15{,}40$ Punkte gegeben ist. Wir erwarten also für den Ersten in der Tabelle etwa 62 bis 63 Punkte und für den Letzten etwa 30 bis 31 Punkte. Genau dies zeigt die Tabelle der Saison 2000/01 auch, wenn man einmal davon absieht, dass der VfL Bochum mit nur 27 Punkten doch etwas nach unten abfällt.

Wenn man Tabellen gleich starker Mannschaften nach 34 Spieltagen wie im vorigen Abschnitt per Computer simuliert, ergibt sich beispielsweise die Tabelle auf Seite 132.

Ein Vergleich dieser Tabelle mit derjenigen der Saison 2000/01 ergibt wieder fast keinen Unterschied. Nur die Mannschaften in der Abstiegszone haben bei der Simulation tendenziell etwas mehr Punkte. Es sollte auch klar sein, dass die simulierte Tabelle lediglich *eine* mögliche Tabelle von vielen ist. Jede neue Simulation würde eine andere Tabelle erzeugen, da ein Zufallszahlengenerator zur Berechnung der einzelnen Spiele und Spieltage verwendet wurde. Diese hier ist aber eine typische Tabelle – alle anderen sehen meist ähnlich aus, sind im Detail aber immer verschieden. Fast immer ergeben sich bei einer direkten Simulation Tabellen, bei denen der Erste sogar mehr als die 63 Punkte erzielt hat, die Bayern München in der Saison 2000/01 zur Meisterschaft genügten.

Rudi Assauer, der langjährige Manager von Schalke 04, hat nach der so knapp verpassten Meisterschaft gesagt, dass er ab jetzt nicht mehr an den Fußballgott glaube. Das muss er auch nicht. Unsere Analyse zeigt ganz deutlich, dass am Ende der Saison 2000/01 tatsächlich nicht die beste Mannschaft Meister geworden ist. Es gab keine beste Mannschaft, wie die enge Spitzengruppe in der Tabelle belegt. Eine Liga gleich

Eine simulierte »Zufallstabelle« für eine Bundesliga-Saison

Platz	S	G	U	V	Punkte
1	34	18	10	6	64
2	34	14	13	7	55
3	34	16	5	13	53
4	34	14	10	10	52
5	34	15	7	12	52
6	34	14	8	12	50
7	34	13	11	10	50
8	34	12	11	11	47
9	34	12	10	12	46
10	34	12	10	12	46
11	34	12	8	14	44
12	34	11	10	13	43
13	34	11	8	15	41
14	34	11	8	15	41
15	34	10	8	16	38
16	34	7	17	10	38
17	34	9	11	14	38
18	34	9	7	18	34

starker Mannschaften hätte ein ähnliches Resultat produziert. Schalke 04 hat in der Mitte der Saison kein Glück gehabt, um sich vom Rest des Feldes weiter abzusetzen, und am Ende kam dann auch noch Pech am letzten Spieltag hinzu.

Ganz anders sieht es in der Saison 2004/05 aus. Die Bayern wurden souverän Meister.

Auf Seite 134 ist die Tabelle der Saison 2004/05 zu sehen und auf Seite 135 zum Vergleich die am Computer simulierte Tabelle mit gleich starken Mannschaften. Es wird deutlich, dass die 77 Punkte, mit denen Bayern München Deutscher Meister geworden ist, außerhalb jeder Fluktuation des Zufalls sind. Genau genommen ist dies nicht ganz korrekt. Ungefähr eine von 10 000 simulierten Tabellen zeigt auch mal einen Meister mit 77 Punkten. So etwas kommt also in einer Liga gleich starker Mannschaften mit einer Wahrscheinlichkeit von 0,1 Promille vor. Umgekehrt kann man dann argumentieren, dass in der Saison 2004/05 Bayern München mit 99,99 %iger Wahrscheinlichkeit wirklich die beste Mannschaft war. Am anderen Ende der Tabelle kann man ähnlich argumentieren. Nur 18 Punkte zu erzielen kommt in einer Liga gleich starker Teams äußerst selten vor. Freiburg war daher in der Saison 2004/05 mit fast 100 %iger Sicherheit auch die schlechteste Mannschaft.

Das Mittelfeld der Tabelle der Saison 2004/05 ähnelt aber wieder ganz stark dem der Zufallstabelle auf Seite 135, deren Aufspreizung von den Champions-League-Plätzen bis in die Abstiegszone reicht. Offensichtlich ist der größte Teil der Tabelle der Bundesliga trotz unterschiedlich starker Mannschaften nicht von einer Zufallstabelle unterscheidbar. Das heißt wieder nicht, dass alle Mannschaften gleich stark sind, aber es bedeutet doch, dass der Zufall eine recht große Rolle spielt. Insbesondere gibt es nicht so etwas wie ein fest gefügtes Mittelfeld in der Bundesliga, in dem man sich sicher fühlen kann, wie der 1. FC Nürnberg in der Saison 2007/08 schmerzhaft erfahren musste. Im Vorjahr noch Sechster und Pokalsieger und dann im nächsten Jahr der Abstieg. So etwas ist in einer solchen Tabelle völlig normal, da man allein durch Glück oder Pech recht weit nach oben und unten gespült werden kann. Die Tabelle der Saison 2004/05 zeigt auf dem Abstiegsplatz 16 den VfL Bochum – eine Mannschaft die sich im Vorjahr noch für den UEFA Cup qualifiziert hatte. Auch dies ist ein typisches Beispiel für eine völlig nor-

Abschlusstabelle der Bundesliga-Saison 2004/05

		S	G	U	V	Punkte
1	Bayern München	34	24	5	5	77
2	FC Schalke 04	34	20	3	11	63
3	Werder Bremen	34	18	5	11	59
4	Hertha BSC	34	15	13	6	58
5	VfB Stuttgart	34	17	7	10	58
6	Bayer Leverkusen	34	16	9	9	57
7	Borussia Dortmund	34	15	10	9	55
8	Hamburger SV	34	16	3	15	51
9	VfL Wolfsburg	34	15	3	16	48
10	Hannover 96	34	13	6	15	45
11	FSV Mainz 05	34	12	7	15	43
12	1. FC Kaiserslautern	34	12	6	16	42
13	Arminia Bielefeld	34	11	7	16	40
14	1. FC Nürnberg	34	10	8	16	38
15	Borussia Mönchengladbach	34	8	12	14	36
16	VfL Bochum	34	9	8	17	35
17	Hansa Rostock	34	7	9	18	30
18	SC Freiburg	34	3	9	22	18

male Fluktuation in einer Liga mit annähernd gleich starken Mannschaften. Bochum hatte übrigens in dieser Saison die meisten Pfosten- und Lattenschüsse. Mit Recht hätte der Trainer Peter Neururer also den Abstieg des VfL Bochum als reines Pech entlarven können. Das tat er aber nicht, und sein Präsident hat das getan, was Präsidenten von Bundesliga-Klubs in einer solchen Situation immer tun …

 Was lehrt uns das alles? Rudi Assauer hat einmal im »Aktuellen Sportstudio« gesagt: »Der Fußball ist nicht zu berechnen – er ist unberechenbar!« Genau dies haben wir gerade bewiesen. Wir haben berechnet, dass

Simulation gleich starker Teams

		S	G	U	V	Punkte
1	Bayern München	34	18	10	6	64
2	FC Schalke 04	34	14	13	7	55
3	Werder Bremen	34	16	5	13	53
4	Hertha BSC	34	14	10	10	52
5	VfB Stuttgart	34	15	7	12	52
6	Bayer Leverkusen	34	14	8	12	50
7	Borussia Dortmund	34	13	11	10	50
8	Hamburger SV	34	12	11	11	47
9	VfL Wolfsburg	34	12	10	12	46
10	Hannover 96	34	12	10	12	46
11	FSV Mainz 05	34	12	8	14	44
12	1. FC Kaiserslautern	34	11	10	13	43
13	Arminia Bielefeld	34	11	8	15	41
14	1. FC Nürnberg	34	11	8	15	41
15	Borussia Mönchengladbach	34	10	8	16	38
16	VfL Bochum	34	7	17	10	38
17	Hansa Rostock	34	9	11	14	38
18	SC Freiburg	34	9	7	18	34

der Fußball unberechenbar ist! Diese Tabellenbetrachtungen zeigen, dass der Faktor Zufall in einer Bundesliga-Tabelle eine sehr große Rolle spielt und häufig unterschätzt wird. In einer Profiliga mit vielen etwa gleich starken Mannschaften macht es keinen Sinn, eine Mannschaft behutsam aufbauen zu wollen. Man hört immer wieder von Trainern und Managern, dass man sich erst einmal im Mittelfeld der Liga etablieren wolle, um dann irgendwann einmal nach Höherem zu streben. Wenn die Fluktuationen des Glücks und des Pechs aber so groß sind, wie wir das in den letzten Abschnitten festgestellt haben, kann das nie funktionieren. Entweder hat man schneller Erfolg, als man glaubt, oder aber ein unglücklicher Abstieg macht den ganzen Plan sofort zunichte. Ein planvolles Aufbauen einer Mannschaft und des Erfolgs ist in der Bundesliga ja auch ein eher seltenes Phänomen. Andersherum bedeutet dies aber auch, dass man, um aus diesem riesigen »Sumpf des Glücks« herauszukommen, wie es Bayern München seit Jahren schafft, nicht nur ein wenig besser sein muss als alle anderen. Nein, man muss viel viel besser sein als alle anderen! Auch Nicht-Bayern-Fans müssen dieses Resultat theoretischer Überlegungen und Simulationen von vielen Bundesliga-Tabellen objektiv und völlig emotionslos hinnehmen.

Die Ausgeglichenheit der Fußball-Bundesliga kommt auch dadurch zustande, dass die schwächsten drei Teams jedes Jahr absteigen müssen und dafür die stärksten drei der 2. Liga mitspielen dürfen. Dabei scheint die Zahl von drei Absteigern recht gut bemessen zu sein. Diese Zahl der Absteiger sollte aber von der Gesamtzahl der Teams in einer Liga abhängen. In einer Liga aus 36 Mannschaften wären drei Absteiger sicher etwas wenig; wenn die Liga nur aus neun Teams bestünde, wären drei Absteiger wiederum etwas viel. Kann man die Zahl der Absteiger mit der Zahl der Teams in einer Liga in einen Zusammenhang bringen? Dies wollen wir nun noch zum Abschluss unserer Betrachtungen über Bundesliga-Tabellen kurz diskutieren.

Da wir gesehen hatten, dass die »Aufspreizung« einer Liga durch die Standardabweichung σ gegeben ist und diese Standardabweichung von der Quadratwurzel der Zahl N der Teams in einer Liga abhängt, ist es sicher sinnvoll, die Zahl der Absteiger an der Quadratwurzel aus der Zahl der Teams in einer Liga und nicht an der Gesamtzahl selbst zu orientieren. Allerdings wäre einfach nur die Quadratwurzel aus N zu groß. Dies würde vier Absteiger in einer Liga aus 16 Mannschaften bedeuten, was wohl etwas happig wäre. Wenn man aber als Formel für die Zahl A der Absteiger in einer Liga aus N Mannschaften den Ausdruck $A = \sqrt{N} - 1$ wählt, ergeben sich vernünftige Werte. Für die Bundesliga ergibt sich mit N =18 der Wert A = 3,2 also drei Absteiger. Da A sogar etwas größer als 3 ist, ist der gegenwärtige Trend mit zwei sicheren Absteigern und einem Relegationsplatz mathematisch allerdings nicht nachvollziehbar. Dadurch wird die Liga insgesamt weder ausgeglichener noch besser. Man sollte daher schnellstmöglich den dritten sicheren Absteiger wieder einführen. Für die Premier League in England und die Serie A in Italien ist N = 20 und somit A = 3,47. In England und Italien gibt es drei sichere Absteiger. Der Wert von 3,47 zeigt aber an, dass auch vier Absteiger mathematisch begründbar und drei Absteiger plus ein Relegationsplatz deutlich besser wären. Die Frauenfußball-Bundesliga besteht aus N = 12 Teams. Theoretisch würde man deswegen A = 2,46, also zwei Absteiger, vorschlagen, was auch tatsächlich der Fall ist. Auch hier wären aber drei Absteiger noch vertretbar bzw. der Wert A = 2,46 würde eher auf eine Regel mit zwei Absteigern und einem Relegationsplatz hindeuten. In Österreich und der Schweiz gibt es jeweils N = 10 Mannschaften in der höchsten Spielklasse. Das ergibt einen Wert von A = 2,16. Es sollte also zwei Absteiger geben. Dies ist jedoch nicht der Fall. In Österreich steigt nur das letzte Team ab, während in der Schweiz das letzte Team direkt absteigt und das vorletzte eine Relegation gegen den Zweiten der 2. Liga bestreitet. Nicht immer hält man sich hier also an die strengen und objektiven Regeln der Mathematik!

Wird die Bundesliga immer spannender?

Die Momente, in denen es sich wirklich lohnt,
Fußballprofi zu sein, sind, wenn man Olli Kahn
beim Einseifen zusieht.

(Mehmet Scholl schwärmt von den spannendsten
Momenten eines Fußballprofis)

Nach der ersten Hälfte der Bundesliga-Saison 2008/09
ist die TSG 1899 Hoffenheim sensationell Herbstmeister
geworden. Mit Hoffenheim und Hertha BSC Berlin
waren zwei Mannschaften unter den ersten vier,
mit denen man nicht unbedingt rechnen konnte.
Werder Bremen war die fünf Jahre zuvor unter den
ersten Drei und somit in der Champions League.
Nach der ersten Hälfte der Saison 2008/09 lag Bremen
aber nur auf dem 7. Platz, schon sieben Punkte hinter
den begehrten Plätzen zurück. Dies konnten die
Bremer bis zum Ende der Saison nicht mehr aufholen
und versanken im grauen Mittelfeld der Liga. Auch
Hoffenheim ist dann noch ins Mittelfeld zurückgefallen.
Dafür kam der Underdog aus Wolfsburg mächtig
auf und wurde sensationell Meister. Dass neue Mannschaften ins obere Tabellendrittel eindringen und
etablierte nach unten fallen, könnte auf eine zuneh-
mende Ausgeglichenheit und damit auch Spannung
in der Liga hindeuten. Stimmt diese oberflächliche
Wahrnehmung wirklich? Wird die Bundesliga also
immer spannender?

Um dies zu untersuchen, unterteilen wir die jeweiligen Bundesliga-Tabellen am Ende einer Saison in
drei Gruppen. Die Spitzengruppe umfasst die Plätze 1
bis 6. Das Mittelfeld besteht aus den Teams auf den

Plätzen 7 bis 12, und die Schlussgruppe setzt sich aus den Mannschaften auf den Plätzen 13 bis 18 zusammen. Für diese Gruppen wurden dann jeweils die Punkte P der Mannschaften zusammengezählt. Um das Ergebnis zu normieren, wurde die Zahl P durch die Zahl der Mannschaften und Spieltage geteilt und davon dann die durchschnittlich zu erwartende Punktzahl pro Spiel abgezogen. Als Ergebnis bekommen wir die Zahl der Punkte, die diese Gruppen von Mannschaften über oder unter dem Durchschnitt liegen. Daraus folgt dann die Erhöhung oder Verringerung der mittleren Punktzahl pro Spiel für die Mannschaften in der jeweiligen Gruppe. Die Resultate für die drei betrachteten Gruppen der Bundesliga-Tabellen zeigt die Grafik auf Seite 140.

Diese Abbildung soll nun weiter erklärt werden. Während unten auf der x-Achse das jeweilige Jahr der Spielsaison aufgetragen ist, steht die normierte Abweichung Δp der Punkte vom Durchschnittswert $<p>$ auf der y-Achse. Diese berechnet sich für eine Saison von 34 Spieltagen und die sechs Mannschaften einer Gruppe, über die gemittelt wird, folgendermaßen: $\Delta p = P/(34 \times 6) - <p>$.

Dabei ist P die Gesamtzahl der Punkte, die die sechs betrachteten Mannschaften insgesamt erzielt haben, und $<p> = 1{,}375$ ist die durchschnittlich erzielte Zahl an Punkten pro Spiel, wenn alle Mannschaften gleich stark wären. Diese Zahl wurde unter der Annahme berechnet, dass 1/4 aller Spiele Unentschieden enden und dementsprechend die Wahrscheinlichkeit für einen Sieg und eine Niederlage einer Mannschaft jeweils 3/8 sein muss, wie wir es schon in den vorigen Abschnitten erklärt haben. Diese normierte Abweichung Δp gibt nun an, um wie viele Punkte pro Spiel die tatsächlich in einer Saison erzielten Punkte vom Mittelwert abweichen.

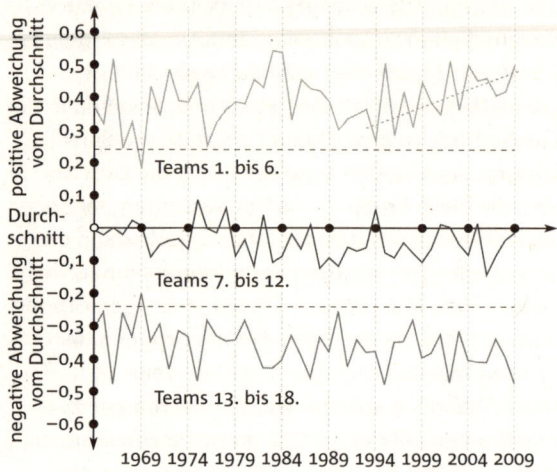

Gemittelte Punktzahl der Spitzengruppe, des Mittelfeldes und der Schlussgruppe in der Fußball-Bundesliga

Teams 1. bis 6.

Teams 7. bis 12.

Teams 13. bis 18.

positive Abweichung vom Durchschnitt

negative Abweichung vom Durchschnitt

Durch-schnitt

0,6 0,5 0,4 0,3 0,2 0,1 0 −0,1 −0,2 −0,3 −0,4 −0,5 −0,6

1969 1974 1979 1984 1989 1994 1999 2004 2009

Die Normierung pro Spiel ist deswegen wichtig, weil in den ersten beiden Jahren die Liga nur aus 16 Teams bestand und in der Saison 1991/92 aus 20 Mannschaften. Hier mussten dann die Gruppen in der Tabelle etwas anders zusammengefasst werden (manchmal fünf oder sieben Mannschaften), und es ergibt sich auch eine andere Anzahl von Spieltagen (30 bzw. 38). Dies kann in der obigen Formel leicht durch Verändern der entsprechenden Zahlen berücksichtigt werden. Die Größe Δp kann daher auf alle Arten von Ligen normiert und somit über die Jahre verglichen werden.

Diese Grafik zeigt nun: Die sechs Mannschaften auf den Plätzen 7 bis 12, also das Mittelfeld der Liga (mittlere Kurve), erzielen ungefähr auch genau diesen Durchschnitt <p> = 1,375 an Punkten pro Spiel, den es in einer Liga gleich starker Mannschaften geben würde. Dies erkennt man daran, dass diese Kurve um die Null- linie herum pendelt. Vom Mittelfeld einer Liga würde man auch genau das erwarten.

Die Mannschaften der Spitzengruppe der Bundes- liga, also die Teams auf den Plätzen 1 bis 6, erzielen im Durchschnitt etwa 0,4 Punkte pro Spiel mehr als die im Mittel zu erwartenden 1,375 Zähler. Dies zeigt die obere Linie in der Grafik, die allerdings stark schwankt. 1968/69 hatten diese Teams im Schnitt weniger als 0,2 Punkte pro Spiel mehr erzielt als der Durchschnitt, in der Saison 1982/83 sind es aber mit mehr als 0,5 Punk- ten pro Spiel mehr als doppelt so viele. Die Spitzen- gruppe hatte sich hier also vom Rest deutlich stärker abgesetzt, als es etwa in der Saison 1968/69 der Fall war. In einer Liga völlig gleich starker Teams würde man ein $\Delta p = 0,223$ erwarten können (gestrichelte waage- rechte Linie). Solche Ligen hatten wir in den vorigen beiden Abschnitten genauer analysiert. Nochmals zur Erinnerung: In einer solchen Liga gibt es nicht nur Un- entschieden, wie man vielleicht meinen könnte, sondern hier sind lediglich die Sieg- und Verlustwahr- scheinlichkeiten aller Teams gleich groß. Da wir aber im Durchschnitt $\Delta p \approx 0,4$ haben, bedeutet dies, dass die Spitzengruppe der Bundesliga doch deutlich besser zu sein scheint, als es in einer Liga gleich starker Mannschaften der Fall wäre. Trotzdem ist der Wert $\Delta p \approx 0,4$ noch weit vom theoretischen Maximum $\Delta p = 1,037$ Punkte entfernt. Dieser Wert berechnet sich unter der Annahme, dass die ersten sechs Teams untereinander unentschieden spielen und ansonsten alle ihre Spiele gewinnen. In diesem Fall erzielt jede der ersten sechs Mannschaften 82 Punkte, also $82/34 = 2,412$ Punkte pro Spiel bzw. $\Delta p = 2,412 - 1,375 = 1,037$

als Abweichung vom Mittelwert. Je größer also Δp ist, desto mehr hat sich die Spitzengruppe vom Rest der Liga entfernt, und desto uninteressanter werden eine Tabelle und eine Spielsaison.

Entsprechendes gilt auch für die Schlussgruppe der Bundesliga, also für die Teams auf den Plätzen 13 bis 18, wie die untere Kurve zeigt. Im Durchschnitt erzielen die letzten sechs Teams also $\Delta p \approx -0,4$ Punkte pro Spiel weniger als die Teams des Mittelfelds, wobei $\Delta p = -0,223$ wieder der Wert ist, der sich auch in einer Liga gleich starker Mannschaften ergeben würde. Auch hier ist der Wert von $\Delta p \approx -0,4$ recht weit vom theoretischen Minimum von $\Delta p = -1,081$ Punkten entfernt, welches sich ergibt, wenn man annimmt, dass die letzten sechs Teams alle Spiele untereinander unentschieden spielen und sonst alles verlieren.

Die Entwicklung einer Liga wäre »ungesund«, wenn die obere Kurve mit der Zeit immer weiter ansteigen und die untere Kurve immer weiter abfallen würde. Dies würde bedeuten, dass die Mannschaften der Spitzengruppe immer stärker und die Teams der Schlussgruppe immer schwächer werden, was sicher der Spannung innerhalb einer Liga nicht gut bekäme. Ist die Bundesliga nun auf einem solchen Weg? Auf den ersten Blick deuten die Kurven in der vorherigen Abbildung an, dass sich die Spitzen- und die Schlussgruppe recht konstant entwickelt haben. Allerdings sieht das etwas anders aus, wenn man nur den Trend der letzten 20 Jahre für die Spitzengruppe genauer betrachtet, wie es in der Abbildung auf Seite 140 zu sehen ist. Hier scheint sich anzudeuten, dass in den letzten 20 Jahren die ersten sechs Teams mehr und mehr Punkte gesammelt haben. Zwar schwankt auch diese Kurve recht stark, jedoch zeigt der Trend (gestrichelte ansteigende

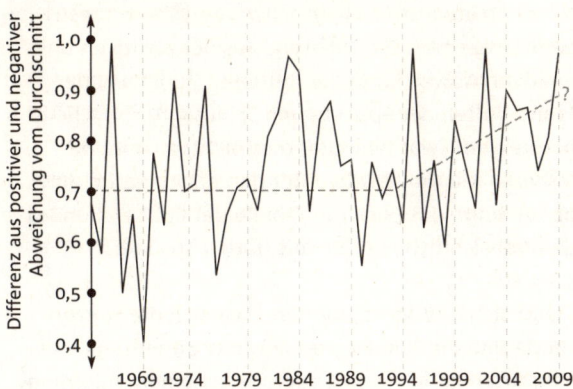

Differenz der gemittelten Punktzahl der Spitzengruppe und der Schlussgruppe in der Fußball-Bundesliga

Linie) deutlich, dass es hier einen leichten Anstieg gibt. Die untere Kurve in der Abbildung zeigt übrigens auch, dass dies ebenfalls für das Ende der Tabelle gilt. Hier ist ein ganz leichter Abwärtstrend erkennbar.

Wir können nun den Effekt des Absetzens der Spitzengruppe der sechs Top-Klubs und der Schlussgruppe der letzten sechs Mannschaften auch noch dadurch verdeutlichen, indem die Differenz der beiden Kurven aus der ersten Grafik aufgezeichnet wird. Das Absetzen einer Spitzengruppe und das Bilden einer Schlussgruppe sind sicherlich stark korreliert. Dies ist in der Grafik oben dargestellt.

Eine Differenz der Größe 2×0,223=0,446 würde sich in einer Liga gleich starker Teams ergeben. Wir sehen, dass der Wert von 0,7 für die Bundesliga über die Jahre gesehen fast doppelt so groß ist. Dies zeigt, dass die Spitzenteams immer häufiger gewonnen haben, als es der reine Zufall vorausgesagt hätte, und entsprechend die Teams der Schlussgruppe auch häufiger verloren haben. Man könnte aus der obigen Grafik nun ablesen, dass es ab etwa 1994 einen schwachen Trend (gestrichelte Linie) gibt: Die Differenz aus der positiven und negativen Abweichung der mittleren Punktzahl der Mannschaften der Spitzen- und Schlussgruppe scheint anzusteigen. Zwar bedeutet dies nicht, dass immer dieselben Mannschaften unter den ersten Sechs sind, aber es zeigt, dass sich die Tabelle der Fußball-Bundesliga offensichtlich mit der Zeit stärker strukturiert.

Es lässt sich also nicht leugnen, dass sich die Spitzengruppe und die Schlussgruppe in der Bundesliga vom Mittelfeld leicht zu entfernen scheinen. Allerdings bleibt zu hoffen, dass der schwache Trend, den man den Grafiken entnehmen kann, nicht wirklich anhält. Eine Liga, in der die Differenz zwischen den Top-Teams und den Mannschaften der Schlussgruppe zu groß wird, verliert natürlich an Spannung. Für den möglichen Trend (gestrichelte Linien) gibt es sicher verschiedene Gründe. Die Einführung der Champions League im Jahr 1992 und das Bosman-Urteil aus dem Jahr 1995 haben dazu geführt, dass stärkere Mannschaften noch stärker werden, da wirtschaftlich starke Teams durch diese Maßnahmen weiter gestärkt wurden. Auch die Drei-Punkte-Regel aus dem Jahr 1995 kommt stärkeren Mannschaften entgegen und vergrößert somit den Abstand zwischen den Top-Teams und der Schlussgruppe. Man sollte aber nicht aus dem Auge verlieren, dass die durch die gestrichelten Linien angedeuteten Trends in den beiden vorigen Grafiken bislang recht schwach sind und es immer noch recht große Fluktuationen in den Kurven gibt, sodass kein Grund zu der Befürchtung bestehen dürfte, dass die Liga wirklich langweilig wird.

Was haben die TSG Hoffenheim und Bayern München gemeinsam?

Es ist egal, ob ein Spieler bei Bayern München spielt oder sonstwo im Ausland.

(Erich Ribbeck über die Wechselabsichten von Spielern)

Die TSG 1899 Hoffenheim ist als Aufsteiger Herbstmeister der Saison 2008/09 geworden. Es ist sensationell, dass eine Mannschaft aus einem 3 263-Seelen-Dorf, von dem wahrscheinlich nicht einmal ein Promille aller Fußballfans wissen, wo es überhaupt liegt, nach der Hälfte der Bundesliga-Saison die Tabelle anführt. Hoffenheim spielte also in der Hinrunde 2008/09 die Rolle, die vor der Saison alle nur dem FC Bayern München zugetraut hatten – einer Mannschaft, die immerhin in einem 1,3 Millionen Einwohner zählenden Ort beheimatet ist. Dies lässt sofort die Frage aufkommen, ob möglicherweise die Einwohnerzahl eines Ortes mit dem Tabellenplatz zusammenhängt, wie man es häufiger in Fachkreisen hört. Während diese Frage in der Vergangenheit vor der Professionalisierung des Fußballs sicher mit »Ja« zu beantworten war, da die Spieler einer Mannschaft noch aus der unmittelbaren Umgebung eines Vereins stammten, muss dies heutzutage nicht unbedingt der Fall sein. Spieler werden aus allen Ländern der Welt gekauft und oft schon im jugendlichen Alter an den entsprechenden Verein gebunden. Warum also sollte die Einwohnerzahl eines Ortes etwas mit dem Erfolg einer Profimannschaft zu tun haben, wenn doch kein einziger Einwohner des Ortes im Team steht? Für einen Dortmunder ist es immer wieder sehr verblüffend zu beobachten, wie

ganz Dortmund einem sogenannten Lokalderby ent-
gegenfiebert, bei dem elf Nicht-Dortmunder gegen
elf Nicht-Gelsenkirchner nichts anderes als Fußball
spielen, wobei dieses Spiel auch noch von einem Nicht-
Dortmunder und Nicht-Gelsenkirchner geleitet wird.
Ähnliches können wir für die TSG 1899 Hoffenheim und
Bayern München festhalten, wobei Hoffenheim seine
Heimspiele der Hinserie 2008/09 noch nicht einmal zu
Hause, sondern in Mannheim ausgetragen hat. Die
Einwohnerzahl scheint hier gar keine Rolle zu spielen.
Warum also sollte der Erfolg einer Mannschaft von der
Größe des Spielortes abhängen, wenn seine Einwohner
so wenig mit dem Spiel zu tun haben?

Zunächst einmal kann man eine ganz klare Korrelation zwischen der durchschnittlichen Zuschauerzahl
und dem Erfolg einer Mannschaft herstellen. John
Wesson hat dies im Jahr 2002 bereits für die vier englischen Profiligen nachgewiesen.[20] Dabei wurden
die Daten über jeweils drei Spielzeiten gemittelt und
die Tabellenplätze der Mannschaften den Zuschauerzahlen gegenübergestellt. Die vier Ligen umfassen insgesamt 92 Mannschaften, die vom 1. bis zum 92. Platz
durchnummeriert werden.

Es stellt sich heraus, dass eine Mannschaft umso
weniger Zuschauer hat, je erfolgloser sie ist. Dies
ist eine wenig überraschende Tatsache. Hier muss
allerdings vor einem Trugschluss gewarnt werden:
Diese Aussage beweist nicht das Gegenteil, dass also
mehr Zuschauer zu häufigeren Siegen führen. Es
könnte einfach der Fall sein, dass Erfolg erst die Zu-

20 Siehe John Wesson, *The Science of Soccer*, IOP Publishing
Ltd., 2002.

schauer anzieht, weil Zuschauer lieber mit ihrer Mannschaft gewinnen als verlieren. Genau so ist es ja meist im Leben. Erfolg macht sexy – das weiß jeder!

Als Nächstes kann man versuchen das potenzielle Zuschauerinteresse mit dem Erfolg einer Mannschaft zu korrelieren. Als potenzielles Zuschauerinteresse soll hier die Einwohnerzahl des Spielortes der Mannschaft dienen. Wieder hat John Wesson dies für die vier englischen Profiligen getan. Dabei wurde bei Großstädten, die mehrere Profimannschaften beherbergen, nur die Mannschaft mit dem höchsten Tabellenplatz berücksichtigt und London als Ausnahme weggelassen.

In einer Grafik, bei der der Tabellenplatz gegen die Einwohnerzahl aufgetragen wird, zeigt Wesson, dass die Punkte sehr weit streuen. Allerdings ließ sich ein klarer Trend erkennen: Je größer eine Stadt im Mittel ist, desto erfolgreicher ist eine Mannschaft. Dieser Effekt scheint ab etwa 300 000 Einwohnern zu sättigen, da dann die Punkte bereits recht weit oben liegen. Es zeigt sich aber auch, dass einige Mannschaften in Ballungsräumen ihr Potenzial offensichtlich nicht ausschöpfen und andere Mannschaften überproportional viel Erfolg im Vergleich zu der Größe der Stadt, aus der sie kommen, haben. Allerdings muss hier betont werden, dass Wesson seine Untersuchung vor dem Einstieg von Großinvestoren à la Abramowitsch in die Premier League gemacht hat.

Genau hier setzt nun unser Vergleich mit Hoffenheim ein. Wir werden eine ähnliche Analyse wie die von John Wesson durchführen. Zunächst einmal sehen wir uns die ewige Bundesliga-Tabelle an, bei der aber die bisher erreichte Gesamtpunktzahl der Mannschaften mit der Zahl der Spiele normiert wurde. Diese Tabelle ist auf Seite 148/149 abgedruckt und zeigt den Stand nach der Hinrunde der Saison 2008/09.

Ewige Bundesliga-Tabelle (relative Punktzahlen) von Saison 1963/64 bis zur Hinrunde 2008/09

		Saison	S	G	U	V	Tore	TD	P	P/S
1	**1899 Hoffenheim**	1	17	11	2	4	42:23	19	35	2,059
2	**Bayern München**	44	1483	835	350	298	3150:1732	1418	2855	1,925
3	**Werder Bremen**	45	1509	666	369	474	2592:2113	479	2367	1,569
4	**Hamburger SV**	46	1543	645	417	481	2557:2151	406	2352	1,524
5	**VfB Stuttgart**	44	1475	626	364	485	2512:2104	408	2242	1,520
6	**Bayer Leverkusen**	30	1007	412	287	308	1664:1369	295	1523	1,512
7	**1. FC Köln**	40	1339	559	334	446	2324:1966	358	2011	1,502
8	**Borussia Dortmund**	42	1407	578	373	456	2391:2092	299	2107	1,498
9	**Borussia M'gladbach**	41	1381	554	373	454	2414:2034	380	2035	1,474
10	**1. FC Kaiserslautern**	42	1424	558	354	512	2276:2239	37	2025	1,422
11	**FC Schalke 04**	41	1373	524	355	494	2007:2011	−4	1927	1,403
12	**Hertha BSC**	28	927	351	234	342	1373:1418	−45	1287	1,388
13	**Eintracht Frankfurt**	41	1373	514	346	513	2233:2133	100	1886	1,374
14	**VfL Wolfsburg**	12	391	141	100	150	567:580	−13	523	1,338
15	**1860 München**	20	672	238	170	264	1022:1059	−37	884	1,315
16	**Eintracht Br'schweig**	20	672	236	170	266	908:1026	−118	878	1,307
17	Fortuna Düsseldorf	22	752	238	206	308	1121:1329	−208	920	1223
18	**1. FC Nürnberg**	27	914	292	233	389	1209:1457	−248	1109	1,213
19	**MSV Duisburg**	28	948	296	259	393	1291:1520	−229	1147	1,210
20	SV W' Mannheim	7	238	71	72	95	299:378	−79	285	1,197
21	**VfL Bochum**	33	1109	344	293	472	1549:1798	−249	1325	1,195
22	Kickers Offenbach	7	238	77	51	110	368:486	−118	282	1,185
23	**Karlsruher SC**	24	795	237	226	332	1078:1386	−308	937	1,179
24	FC Hansa Rostock	12	412	124	107	181	492:621	−129	479	1,163
25	SC Freiburg	10	340	104	83	153	437:546	−109	395	1,162
	SpVgg Unterhaching	2	68	20	19	29	75:101	−26	79	1,162
27	**Hannover 96**	21	693	206	183	304	971:1176	−205	801	1,156
28	Alemannia Aachen	4	136	43	28	65	186:270	−84	157	1,154
29	KFC Uerdingen	14	476	138	129	209	644:844	−200	543	1,141
30	FSV Mainz 05	3	102	29	28	45	130:159	−29	115	1,127
31	Rot-Weiss Essen	7	238	61	79	98	346:483	−137	262	1,101
32	**Arminia Bielefeld**	17	561	157	138	266	672:929	−257	609	1,086
33	Wattenscheid 09	4	140	34	48	58	186:248	−62	150	1,071
34	Stuttgarter Kickers	2	72	20	17	35	94:132	−38	77	1,069

35	**Energie Cottbus**	6	187	51	41	95	193:310	−117	194	1,037
36	SSV Ulm 1846	1	34	9	8	17	36:62	−26	35	1,029
37	Rot-Weiß Oberhausen	4	136	36	31	69	182:281	−99	139	1,022
38	SG Dynamo Dresden	4	140	33	45	62	132:211	−79	140	1,000
	Preußen Münster	1	30	7	9	14	34:52	−18	30	1,000
	Wuppertaler SV	3	102	25	27	50	136:200	−64	102	1,000
41	Fortuna Köln	1	34	8	9	17	46:79	−33	33	0,971
42	Borussia Neunkirchen	3	98	25	18	55	109:223	−114	93	0,949
43	FC St. Pauli	7	238	50	75	113	261:417	−156	225	0,945
44	FC Homburg/Saar	3	102	21	27	54	103:200	−97	90	0,882
45	1. FC Saarbrücken	5	166	32	48	86	202:336	−134	144	0,867
46	SV Darmstadt 98	2	68	12	18	38	86:157	−71	54	0,794
47	TeBe Berlin	2	68	11	16	41	85:174	−89	49	0,721
48	Blau-Weiß 90 Berlin	1	34	3	12	19	36:76	−40	21	0,618
49	VfB Leipzig	1	34	3	11	20	32:69	−37	20	0,588
50	Tasmania Berlin	1	34	2	4	28	15:108	−93	10	0,294

(Die fett gedruckten Vereine sind die in der Saison 2008/09 in der 1. Bundesliga vertretenen)

Auch diese Tabelle wird von Hoffenheim mit 2,059 Punkten pro Spiel angeführt, gefolgt von Bayern München mit 1,925 Punkten. Wenn wir nun die Platzierungen in dieser ewigen Tabelle gegen die Größe der Orte, aus denen die Mannschaften stammen, auftragen, wobei bei mehreren Mannschaften eines Ortes nur die erfolgreichste gezählt wird, ergibt sich die Grafik, die auf Seite 150 zu sehen ist.

Es ist zu beachten, dass die Einwohnerzahl auf einer logarithmischen Skala aufgetragen ist, weil sonst die 3 263 Einwohner Hoffenheims und die fast 3,5 Millionen Berliner nur schwer in einer Abbildung unterzubringen sind. Diese Grafik zeigt eigentlich keinen so eindeutigen Trend wie bei den englischen Ligen. Insbesondere gibt es offenbar keine 300 000-Einwohner-Grenze, unterhalb

Tabellenplatz und Einwohnerzahl in der Fußball-Bundesliga

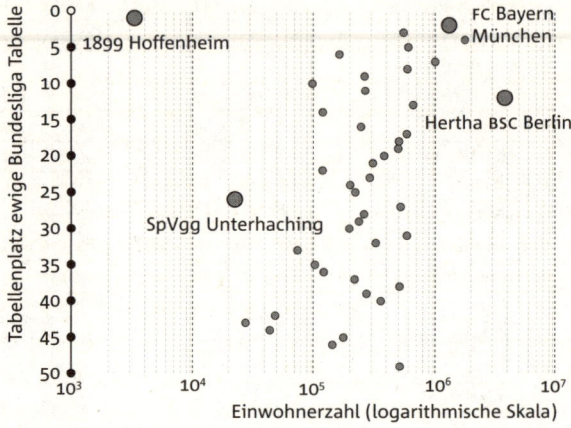

Tabellenplatz ewige Bundesliga Tabelle

1899 Hoffenheim

FC Bayern München

Hertha BSC Berlin

SpVgg Unterhaching

Einwohnerzahl (logarithmische Skala)

der die Mannschaften weniger erfolgreich sind. Die Millionenstädte München, Hamburg und Berlin und die Fast-Millionenstadt Köln sind im Schnitt schon deutlich erfolgreicher als alle anderen. Hier scheint die reine Größe der Stadt doch etwas mit dem Erfolg zu tun zu haben. Dies ist auch einleuchtend, denn die wirtschaftlichen Rahmenbedingungen einer Stadt, um eine kostspielige Fußball-Profimannschaft zu unterhalten, sind in so großen Ballungsräumen sicher deutlich besser als anderswo. Die Einwohnerzahlen der meisten Städte mit Bundesliga-Vereinen bewegen sich zwischen 100 000 und 1 000 000. Dies scheint aber nicht weiter mit dem jeweiligen Platz in der ewigen Bundesliga-Tabelle korreliert zu sein, da die kleinen Punkte tendenziell nur extrem schwach von links nach rechts ansteigen. Am Ende dieser Tabelle befindet sich beispielsweise mit Leipzig eine recht große Stadt, während Orte wie

Kaiserslautern und Wolfsburg etwa vier- bis fünfmal kleiner, aber viel erfolgreicher sind. Es gibt in der obigen Abbildung nur zwei Punkte, die völlige Ausreißer darstellen: Das ist einmal der Punkt für Unterhaching. Mit 22 000 Einwohnern ein ungewöhnlich kleiner Bundesliga-Ort, der aber pro Spiel gerechnet überproportional erfolgreich war. Die TSG 1899 Hoffenheim schießt hier aber wieder den Vogel ab. Hoffenheim ist der mit Abstand kleinste Ort, der je einen Fußball-Bundesligisten beheimatet hat. Man würde ihn also eher um Platz 40 herum, d.h. links unten in der Grafik, erwarten. In dieser Region befinden sich die anderen recht kleinen Bundesligisten, die es bisher gegeben hat. Hoffenheim aber steht einsam auf Platz 1 und befindet sich links oben!

Die Bayern sind in der linken Grafik da, wo man sie auch vermutet: rechts oben, also groß und erfolgreich. Die Frage, was diese beiden Mannschaften gemeinsam haben, kann also ganz einfach beantwortet werden: nichts! Die Gründe hierfür sind aber auch hinlänglich bekannt. Ein Verein wie die TSG 1899 Hoffenheim könnte niemals so weit nach oben kommen, wenn er nur auf diesen Ort als Hinterland angewiesen wäre. Diese Erkenntnis ist zwar nicht besonders tiefsinnig, aber unsere Grafik untermauert diese Tatsache noch einmal eindrucksvoll.

Wir können diese Erkenntnis aber auch mathematisch verstehen. Wenn wir die elf besten Spieler für eine Fußballmannschaft in einer Stadt mit x Einwohnern suchen, dann hängt die Spielstärke S_1 des besten Spielers sicher davon ab, unter wie vielen Personen er insgesamt ausgesucht wird. Es ist also: $S_1 \sim x$. Für den zweitbesten Spieler mit der Spielstärke S_2 gilt dann einfach: $S_2 \sim (x-1)$, da ein Spieler schon gewählt wurde.

So kann man elfmal argumentieren, und kommt dann für den elftbesten Spieler mit der Spielstärke S_{11} zu: $S_{11} \sim (x-10)$. Nun nehmen wir einmal vereinfachend an, dass die Gesamtspielstärke eines Teams nur vom Einzelkönnen der Akteure abhängt. Dies ist zwar nicht immer so, denn auch elf Einzelkönner müssen nicht unbedingt eine gute Mannschaft ausmachen, aber wir interessieren uns wieder nur fürs Prinzip. Die Gesamtspielstärke S des Teams ist dann einfach das Produkt der einzelnen Spielstärken, also $S = S_1 \times S_2 \times \ldots \times S_{11}$. Hieraus folgt, dass für die Spielstärke eines Teams gilt:
$$S \sim x \times (x-1) \times (x-2) \times \ldots \times (x-10)$$

Nun ist die Einwohnerzahl x einer Stadt recht groß. Selbst für Hoffenheim hätten wir noch $x = 3\,263$ zu setzen. Daher unterscheiden sich die Zahlen $(x-1), \ldots, (x-10)$ nur ganz wenig von x selbst, und wir erhalten für die Spielstärke einer Fußballmannschaft, die ihre Spieler aus einer Stadt mit der Einwohnerzahl x rekrutiert, den Ausdruck: $S \sim x^{11}$

Diese Argumentation könnte man auch für alle anderen Sportarten, bei denen eine bestimmte Zahl von Athleten für eine Mannschaft gesucht wird, übernehmen. Die Spielstärke sollte proportional sein zur Größe des Reservoirs, aus dem man die Spieler rekrutiert, hoch die Zahl der Athleten, die man benötigt. Die Formel $S \sim x^{11}$ ist also die Begründung dafür, dass große Städte auch gute Fußballvereine beherbergen sollten und große Länder auch in der Regel gute Nationalteams haben. Allerdings gilt dies für den Vereinsfußball nur noch sehr eingeschränkt, da Spieler häufig gar nicht mehr aus den entsprechenden Städten kommen. Selbst für den Jugendfußball trifft dies nicht mehr zu. Und die TSG 1899 Hoffenheim ist der beste Beweis dafür, dass heutzutage wirtschaftliche Faktoren unsere obige Überlegung völlig abgelöst haben. Im Handball war es schon immer so, dass diese Argumentation nicht stimmte, weil relativ kleine Orte wie Gummersbach, Großwallstadt, Lemgo und auch Kiel die Bundesliga dominierten und die großen Millionenstädte in der Vergangenheit keine so große Rolle spielten. Der Handball war aber schon immer extrem abhängig von lokalen Großsponsoren, die dafür sorgen, dass das x in der obigen Formel sehr groß wird, weil Spieler aus der ganzen Welt eingekauft werden.

Die TSG 1899 Hoffenheim und der FC Bayern München haben also wirklich überhaupt nichts gemeinsam außer vielleicht, dass beide Vereine fast zur gleichen Zeit gegründet wurden. Hoffenheim wurde am 1. Juli 1899 zunächst als Turnverein aus der Taufe gehoben und der FC Bayern lediglich ein halbes Jahr später am 27. Februar 1900. Nicht nur bei der Herbstmeisterschaft 2008/09 war die TSG Hoffenheim den Bayern also hauchdünn voraus, sondern auch schon bei der Gründung – nicht schlecht. Das Modell Hoffenheim muss in der Bundesliga aber erst noch seine langfristige Tauglichkeit beweisen – im Unterschied zum FC Bayern, der das wohl schon geschafft hat ...

Wenn man über rechts kommt, muss die hintere Mitte links wandern, da es sonst vorn Einbrüche gibt.

(Karl-Heinz Rummenigge erklärt den Fernsehzuschauern taktische Finessen des Fußballs)

DIE MECHANIK
DES FUSSBALLSPIELS

Fußballspieler wie Pelé, Diego Maradona, Zinédine
Zidane oder Ronaldinho sind wahre Ballzauberer.
Wer einmal gesehen hat, wie der junge Pelé Fußball
geradezu zelebriert, wie leichtfüßig Maradona
einen Tennisball mit den Füßen in der Luft hält, wie
Zidane einen Pass über 50 Meter haargenau zum
Mitspieler schlägt oder wie Ronaldinho das Leder auf
dem Kopf jongliert, der hat das Gefühl, dass diese
Superstars in der Lage sind, die Naturgesetze außer
Kraft zu setzen. Insbesondere die Schwerkraft scheint
von diesen Göttern des Fußballs beliebig manipulier-
bar zu sein. Natürlich stimmt das nicht. Die drei Newton'schen Axiome, mit denen wir alle mechanischen
Phänomene des Alltags mit großer Präzision erklären
können, gelten auch für Ronaldinho & Co. Deswegen
kann man natürlich mit der Physik auch alle mechanischen Gegebenheiten des Fußballspiels erklären.
Newton veröffentlichte seine drei grundlegenden
Axiome 1687 in seinem bahnbrechenden Werk *Philo-
sophiae Naturalis Principia Mathematica*. Sie lauten:

(1) Trägheitsprinzip: Ein Körper bleibt in Ruhe oder
bewegt sich mit konstanter Geschwindigkeit, wenn

keine Kraft auf ihn wirkt. (II) Aktionsprinzip: Die zeitliche Änderung des Impulses ist proportional zur äußeren Kraft, die auf den Körper wirkt. Wenn sich die Masse eines Körpers bei seiner Bewegung nicht ändert, dann folgt daraus unmittelbar die bekannte Formel: Kraft = Masse × Beschleunigung. (III) Reaktionsprinzip: Bei einer Wechselwirkung zweier Körper ist die Kraft, die der erste Körper auf den zweiten ausübt, umgekehrt gleich der Kraft, die der zweite auf den ersten ausübt, oder kurz: actio = reactio.

Wir werden diese drei Axiome im folgenden Kapitel immer wieder benötigen, wobei das 2. Axiom in der Form Kraft = Masse × Beschleunigung besonders wichtig ist.

Die Größe der auf den Ball, den Fuß und den Torwart einwirkenden Kräfte wird im Folgenden genauer analysiert. Was muss man eigentlich tun, um dem Ball eine möglichst hohe Geschwindigkeit zu verpassen? Wir werden sehen, dass es für Fußballspieler absolut unmöglich ist, das runde Leder auf 200 km/h zu beschleunigen. Kann ein Fußball, während er auf dem Boden aufprallt, schneller werden? Dies wurde früher häufiger von Fernsehkommentatoren behauptet. Wenn ein Mittelstürmer zum Kopfball aufsteigt, hat man häufig das Gefühl, dass der Spieler ewig in der Luft »steht«. Kann man das erklären?

Einer der bekanntesten Sprüche im Fußball ist Sepp Herbergers »Der Ball ist rund!«. Doch wie wir noch sehen werden, würde eine perfekte Kugel alles andere als perfekt fliegen. Die Flugkurven von Fußbällen sind aber ohnehin nicht einfach zu verstehen. Nach der Lektüre des nächsten Kapitels wird man daher etwas mehr Mitleid mit den Torhütern empfinden, die oftmals bei einem Treffer schlecht aussehen, aber in Wirklichkeit eine komplexe Flugkurve in Sekundenbruchteilen analysieren müssen. Dabei kann es sehr leicht zu Fehlern kommen. So werden wir die Ehre des Cottbuser Torhüters Tomislav Piplica wiederherstellen, der im Jahr 2002 ein geradezu lachhaftes Kopfball-Eigentor kassiert hat. Weiterhin wird genauestens analysiert, warum ein heutiger Fußball entgegen allen Unkenrufen nicht »flattern« kann und wie die optimale Bananenflanke funktioniert. Wir werden dann Roberto Carlos' legendäres Freistoßtor aus dem Jahr 1997 endlich verstehen können. Das Geheimnis besonders weiter Schüsse wird genauso gelüftet wie das besonders weiter Einwürfe. Schließlich fragen wir uns am Ende noch, wie gut Fußballprofis eigentlich wirklich sind? Maradona hat einmal behauptet, dass er von der Mittellinie die Eckfahne treffen kann. Kann das stimmen? Kann ein Fußballer die einfachere Aufgabe lösen und von der Strafraumgrenze bewusst die Querlatte eines Tores treffen?

Der Fußball wird durch diese Erkenntnisse nicht etwa entzaubert, man kann ihn vielmehr durch die Erklärungen des folgenden Kapitels besser verstehen. Wir werden sehen, dass Ballzauberer à la Pelé, Maradona, Zidane und Ronaldinho komplexeste physikalische Vorgänge durch ihre Spielkunst auslösen. Wer die Naturgesetze aber für seine Zwecke so geschickt auszunutzen vermag, ist ein wahrer Zauberer und wirklich nicht mehr von dieser Welt – diese Spieler sind zu Recht Fußballgötter!

Ist der Ball wirklich rund?

Wissen Sie wer mir am meisten leid tat? Der Ball!

(Franz Beckenbauer nach einem Länderspiel zum Niveau der deutschen Nationalmannschaft)

Der deutsche Bundestrainer Sepp Herberger hat während seiner Amtszeit eine bahnbrechende Entdeckung gemacht und sie in den legendären Satz gefasst: »Der Ball ist rund!« Doch wie rund ist ein Ball wirklich, und welche Eigenschaften muss ein Fußball haben? Mit diesen Fragen zum Spielgerät beginnen wir das Kapitel über die Mechanik des Fußballspiels.

Laut DFB-Statuten ist der Ball regelkonform, wenn er kugelförmig und aus Leder oder einem anderen geeigneten Material gefertigt ist, einen Umfang von mindestens 68 und höchstens 70 Zentimetern hat, zu Spielbeginn mindestens 410 und höchstens 450 Gramm wiegt und sein Druck 0,6 bis 1,1 Atmosphären beträgt, was 600 bis 1100 g/cm² auf Meereshöhe entspricht.

Was heißt aber nun kugelförmig? Bis zum Ende der Sechzigerjahre wurde ein Fußball aus vernähten Lederstreifen hergestellt. Dazu wurden acht Gruppen von zwei oder drei nebeneinander liegenden Streifen in einer Anordnung ähnlich dem Muster auf heutigen Volleybällen verwendet. Der Ball war mit einer Schweinsblase gefüllt, die am oberen Ende zusammengeknotet wurde. Ein großer Nachteil der Lederbälle war, dass sie sich bei Regen mit Wasser vollsogen und so während des Spiels ihr Gewicht fast verdoppelten. Insbesondere das Kopfballspiel wurde dadurch recht mühsam. Erst durch Imprägnierung gelang es, diesen Effekt deutlich abzuschwächen. Er war aber immer noch zu spüren

und konnte erst mit dem Aufkommen der Kunststoff-
bälle vollständig unterdrückt werden. Bei der Fußball-
Weltmeisterschaft 1954 in der Schweiz kam ein Spielball aus gegerbtem statt gefettetem Rindsleder mit
1,8 Millimeter Dicke zum Einsatz. Dieser Ball hatte einen
Durchmesser von 21,5 Zentimetern und wurde zum
Maßstab für die Bälle in der Folgezeit. Bis 1963 spielte
man mit geschnürten Lederbällen, danach bis 1970 mit
ungeschnürten Bällen. 1970 bei der WM in Mexiko
wurde erstmalig mit dem *Telstar*-Ball gespielt, der aus
20 weißen Sechsecken und zwölf schwarzen Fünfecken
bestand. Dieser Ball war aber auch noch aus Leder,
wenngleich wegen der Imprägnierung sein Gewicht bei
Regen nicht mehr so stark zunahm. Der *Telstar*-Ball
war der erste offizielle Fußball einer Weltmeisterschaft
und setzte durch sein charakteristisches schwarz-wei-
ßes Muster Maßstäbe für die Zukunft. Bei der WM 1986,
wieder in Mexiko, wurde mit dem *Azteca*-Ball erstmals
ein Fußball eingesetzt, der aus vollsynthetischen Mate-
rialien bestand. Damit war das Problem der Wasserauf-
nahme endgültig gelöst. Der *Roteiro*-Ball der EM 2004
hatte dann erstmals eine geklebte Außenhülle aus
Polyurethan mit gasgefüllten Mikrokügelchen. Zur
WM 2006 in Deutschland wurde der *Teamgeist*-Ball auf
den Markt gebracht. Bei diesem Ball ist erstmals seit
über 35 Jahren der Aufbau aus 20 Sechsecken und
zwölf Fünfecken aufgegeben worden. Er ist aus verschiedenen Paneelen aufgebaut und fällt durch seine
Glattheit auf. Trotzdem »flattert« dieser Ball nicht,
wie wir in einem folgenden Abschnitt noch im Detail
diskutieren werden. Die glatte Außenhaut hat man
dann mit dem *Europass*-Ball (EM 2008) und dem
Jabulani-Ball (WM 2010) wieder verändert, die eine
durch kleine Noppen leicht aufgeraute Oberfläche

ähnlich einer Haihaut erhalten haben. Dadurch sollen sie bessere Flugeigenschaften bekommen. In der Tat haben Flugtests gezeigt, dass der *Europass*-Ball etwa 2 % weiter fliegt als der *Teamgeist*-Ball. Dies könnte mit den kleinen Noppen auf der Außenhaut zusammenhängen, denn die Flugeigenschaften eines Fußballs hängen ganz stark von seiner Oberflächenbeschaffenheit ab. Wir werden das noch genauer analysieren – hier nur schon einmal so viel: Der Ball wird niemals eine perfekte glatte Kugel sein, denn die Flugeigenschaften einer solchen perfekten glatten Kugel sind alles andere als perfekt. Der Ball wird also nie ganz rund sein, und der Spruch von Sepp Herberger wird deswegen auch nie ganz stimmen.

Es sollen jetzt aber noch ein paar weitere wichtige Anmerkungen zu Fußbällen gemacht werden. So ist beispielsweise erstaunlich, dass es in der Natur ein sogenanntes »Fußballmolekül« gibt. Im Jahr 1985 haben die Wissenschaftler Robert F. Curl jr., Sir Harold W. Kroto und Richard E. Smalley dieses Molekül entdeckt und dafür im Jahr 1996 den Chemie-Nobelpreis erhalten. Hierbei bilden 60 Kohlenstoffatome eine Struktur aus 20 Sechs- und zwölf Fünfecken, die identisch mit der Struktur des *Telstar*-Fußballs ist. Dieses Molekül trägt die Bezeichnung C_{60}. Zu Ehren des Architekten und Designers Richard Buckminster Fuller werden solche Kohlenstoffstrukturen auch als Buckminster-Fullerene oder kurz als Fullerene bezeichnet, da sie den von ihm konstruierten geodätischen Kuppeln ähneln. Das Fußballmolekül wird deswegen auf Englisch auch »Bucky Ball« genannt. Es hat einen Durchmesser von etwa einem Nanometer bei einem Gewicht von 10^{-21} Gramm. Damit ist das Molekül etwa 200 Millionen Mal kleiner und mehr als 100 Milliarden mal 100 Milliarden Mal leichter als ein FIFA-Fußball. Der Fußball ist also keine Erfindung der Menschheit, die Natur kickt vielmehr schon seit Milliarden von Jahren – wenngleich auf deutlich kleineren Längenskalen!

Weiterhin gibt es zwei Zahlen, die die Eigenschaften eines Fußballs im Spiel charakterisieren. Da ist zum einen die sogenannte Reynolds-Zahl, welche die Flugeigenschaften eines Körpers, der sich durch ein Medium bewegt, beschreibt. Diese dimensionslose Zahl gibt das Verhältnis zwischen der Trägheit und der Reibung in einem System an. Bei großen Reynolds-Zahlen überwiegt die Trägheit, und Wirbel werden stabilisiert, die bei kleinen Zahlen »zerrieben« werden.[1] Die Reynolds-Zahl hängt übrigens stark von der Geschwindigkeit der den Ball umströmenden Luft ab, welche von seiner Oberflächenbeschaffenheit bestimmt wird. Sie legt damit auch den Reibungskoeffizienten des Balls fest.

Der Reibungskoeffizient ist hierbei ein Maß für die Luftwiderstandskraft, die auf den Fußball einwirkt. Es lässt sich zeigen, dass eine glatte Kugel über einen weiten Bereich von Reynolds-Zahlen den größten Luftwiderstand besitzt und die raue Oberfläche eines Fußballs den Luftwiderstand offenbar herabsetzt. Noch stärker ist dieser Effekt bei einem Golfball zu sehen, bei dem die Oberfläche absichtlich durch sogenannte »Dimples« aufgeraut ist. Ein Fußball fliegt typischerweise in dem Übergangsbereich von laminarer zu turbulenter Strömung durch die Luft, was die genaue

---

1 Die Reynolds-Zahl Re ist definiert durch $Re = v \times L \times \rho / \eta$. Dabei ist v die Geschwindigkeit und L die Länge des Körpers, der sich durch ein Medium der Dichte ρ und der Zähigkeit (Viskosität) η bewegt. Für einen durch die Luft fliegenden Fußball ergibt sich mit $v = 30$ m/s, $L = 22$ cm und $\eta/\rho = 1{,}5 \times 10^{-5}$ m²/s ein Wert von $Re = 440\,000$.

Beschreibung der Strömungsverhältnisse außerordentlich kompliziert macht. Wir werden deswegen später die Flugkurven von Fußbällen etwas anders bestimmen, indem die Abhängigkeit des Luftwiderstands als Funktion der Ballgeschwindigkeit als bekannt vorausgesetzt wird. Dies ist möglich, da sich dieser Zusammenhang relativ leicht messen lässt und so aufwendige Betrachtungen zur Strömungsmechanik vermieden werden können.

Die zweite Zahl, die benötigt wird, um die Eigenschaften eines Fußballs zu beschreiben, drückt seine Elastizität e aus. Diese Zahl e ist für einen auf den Boden prallenden Ball gegeben durch $e = v_{nachher}/v_{vorher}$. Dabei ist v_{vorher} die Geschwindigkeit des Balls vor dem Aufprall und $v_{nachher}$ die Geschwindigkeit des Balls nach dem Aufprall. Die Elastizitätszahl e liegt zwischen null und eins, da $v_{nachher}$ immer kleiner als v_{vorher} sein muss. Wenn ein Ball aus einer bestimmten Höhe senkrecht auf den Boden fällt, steigt er nach dem Aufprall wieder bis zu einer kleineren Höhe auf, fällt dann wieder zu Boden, steigt auf usw. Mit dem physikalischen Prinzip der Energieerhaltung lässt sich dann leicht zeigen, dass gilt: $e^2 = $ Höhe nach dem $(n + 1)$-ten Aufprall/Höhe nach dem n-ten Aufprall.

Beispielsweise gilt für einen Ball, der aus einer Höhe von 18 Zentimetern zu Boden fällt und nach dem Aufprall wieder auf eine Höhe von 8 Zentimetern steigt: $e^2 = 8/18 = 0{,}44$. Somit ergibt sich für die Elastizitätszahl $e \approx 0{,}67$. Anschaulich bedeutet diese Größe also, dass ein Ball, der mit einer bestimmten Geschwindigkeit zu Boden fällt, mit 67 % dieser Geschwindigkeit wieder abprallt und eine Höhe von $0{,}67 \times 0{,}67 = 44$ % des Ausgangswerts erreicht.

Die Elastizitätszahl bestimmt nun auch das Sprung-
verhalten eines Fußballs. Sie sollte nicht zu klein sein,
weil das runde Leder sonst gar nicht springen würde.
Dies lässt sich beobachten, wenn ein Fußball seine Luft
verliert. Er springt dann nicht mehr vom Boden ab, was
für das Spiel sicher unerwünscht ist. Andererseits sollte
ein Fußball auch nicht wie ein Flummi durch die Gegend
springen, weil er sonst unkontrollierbar wird. Ein guter
Fußball springt etwa dreimal auf dem Boden auf und
bleibt dann liegen, wenn man ihn aus etwa einem Meter Höhe fallen lässt. Dies ist für $e = 0{,}6$ gut erfüllt. Nach
dreimaligem Aufprall befände sich der Ball dann nur
noch in einer Höhe von etwa vier Zentimetern.

Wir haben also gesehen, dass ein Fußball alles andere
als rund und perfekt ist. Er wird auch niemals völlig
rund sein, weil er dann unkontrolliert durch die Luft
fliegen würde. Wegen seiner Größe und seiner sonstigen Eigenschaften befindet er sich in einem Bereich von
Reynolds-Zahlen, der mathematisch und physikalisch
nur äußerst schwer zu beschreiben ist. Er ist auch nicht
perfekt elastisch, weil er sich sonst wie ein Flummi
verhalten würde und im Spiel nur schwer kontrollieren
ließe. Mit anderen Worten: Ein simpler Fußball ist nichts
anderes als ein hochkompliziertes Spielgerät – zumindest aus physikalischer Sicht!

Welche Kräfte wirken beim Fußball?

Sicher, Reina hat das Tor erstklassig erzielt. Aber er durfte die Kugel doch gleich dreimal wie ein Artist hochhalten und dann reinhauen. Das hätte es früher nicht gegeben. Da wäre einer dazwischengefegt, und Billy wäre erst wieder vor seiner alten Haustür in Unna gelandet.

(Der Trainer Hermann Gerland schwärmt von der rustikalen Art des Fußballs der Siebzigerjahre)

Im EM-Endspiel 2008 der deutschen Nationalmannschaft gegen Spanien wurden sowohl Michael Ballack mit einer klaffenden Wunde über dem Auge als auch Philipp Lahm schwer verletzt, wobei Letzterer sogar in der Pause in der Kabine bleiben musste. Deswegen wollen wir nun über die Kräfte, die beim Fußball auf die Spieler einwirken, und die in den Schüssen steckende Energie nachdenken.

Die bei einem strammen Schuss auf den Ball übertragene Energie lässt sich leicht abschätzen. Wenn er vom Schützen getreten wird, hat der Ball eine sogenannte kinetische Energie, die mit der Formel $E = 0,5 \times m \times v^2$ berechnet werden kann. Als Masse des Balls nehmen wir hier $m = 450$ Gramm an und als Geschwindigkeit etwa $v = 100 \, km/h$. Dann ergibt sich eine Energie von etwa $E = 175$ Joule, die in einem kräftigen Schuss steckt. Als absolute Zahl ist dies nicht sehr viel. Der Brennwert, also Energieinhalt, eines Schnapsglases Cola-Light ist um ein Vielfaches höher. Allerdings wird diese Energie vom Schützen während der extrem kurzen Kontaktzeit des Schuhs mit dem Ball von nur etwa $t = 0,01$ Sekunden übertragen. Daraus ergibt sich eine

Leistung von $P = E/t = 17\,500$ Watt also $17,5\,kW$ oder ungefähr 25 PS. Diese Zahl kann man besser einordnen, denn man kennt diese Maßeinheiten aus dem täglichen Leben. In einem Schuss steckt also die Leistung des Verbrennungsmotors eines kleinen Autos. Die Leistung des Unterschenkels ist aber deutlich kleiner, da hier die Zeit zum Umsetzen der fast gleich großen Energie mit 0,1 Sekunden zehnmal größer ist als die sehr kurze Kontaktzeit des Fußes mit dem Ball.

Die auf den Fuß des Schützen wirkenden Kräfte lassen sich ebenfalls leicht berechnen. Für einen Schuss wie der Freistoß von Michael Ballack bei seinem Treffer zum entscheidenden 1:0 gegen Österreich in der EM-Vorrunde 2008, bei dem der Kapitän der Nationalmannschaft etwa $s = 1$ Meter ausholt und der Fuß eine Geschwindigkeit von ca. $v_F = 60\,km/h$ erreicht, lässt sich leicht die entsprechende Beschleunigung mit der Formel $a = v_F{}^2/(2 \times s)$ berechnen. Es ergibt sich ein Wert von $a = 140$ m/s². Dies ist 14-mal mehr als die Erdbeschleunigung $g = 9,81$ m/s². Da für die wirkende Kraft das 2. Newton-Axiom Kraft = Masse × Beschleunigung gilt, wirkt auf den Fuß also das 14-Fache seines Gewichts als Kraft ein, was recht beträchtlich ist. Der Fuß bewegt sich dabei auf einem Kreis. Deswegen wirkt auf ihn natürlich auch eine Zentrifugalkraft nach unten, so wie auf einen Autofahrer, der durch eine enge Kurve fährt und dabei von der Zentrifugalkraft nach außen getragen wird. Weiterhin wird der Fuß zwar nur wenig durch den Ball abgebremst, dieses Abbremsen geschieht aber in so kurzer Zeit, dass die Reaktionskraft, die der Ball nach dem Auftreffen des Fußes ausübt, etwa doppelt so groß ist wie die Kraft, die den Ball beschleunigt. Es ist daher kein Wunder, dass allein schon das Schießen eines Fußballs mit voller Wucht zu Verletzungen führen kann.

Mit der Formel $a = v^2/(2 \times s)$ kann auch die Kraft berechnet werden, die auf den Torwart einwirkt, wenn er einen Ball fängt. Unsere Nationalkeeper René Adler und Manuel Neuer fangen Schüsse, die mit 100 km/h auf sie zufliegen, indem sie ihre Arme zunächst ausstrecken und sie dann mit dem Ball auf einer Strecke von etwa 50 cm zurückziehen. Die obige Formel ergibt dann eine Beschleunigung von fast 800 m/s²! Der Ball drückt also mit dem 80-fachen Ballgewicht, d. h. mit über 35 kg, gegen die Hände des Torwarts. Dies ist wieder ein recht beachtlicher Wert.

Abschließend wollen wir uns noch überlegen, welche Kräfte wohl bei der Szene im Bild auf der gegenüberliegenden Seite auf den Spieler einwirken?

Der (Über-)Druck im Ball beträgt ungefähr $p = 0{,}86 \times 10^5$ Pascal, d. h. etwa 100 000 N/m². Die Querschnittsfläche des Balls beläuft sich auf circa $A = 400$ Quadratzentimeter. Da der Druck als wirkende Kraft F pro Fläche definiert ist, ergibt sich einfach $F = p \times A = 4\,000$ Newton. Dies ist natürlich nur eine grobe Abschätzung. Systematische Untersuchungen der Deutschen Sporthochschule in Köln, bei denen ein Fußball mit 86 km/h gegen eine Kraftmessplatte geschossen wurde, ergaben mit einer Kontaktzeit von etwa 0,01 Sekunden Kräfte von bis zu 4 000 Newton, was mit unserer groben Rechnung gut übereinstimmt. Dies ist wieder eine recht große Kraft, die Fußballer bei Kopfbällen wegstecken müssen. 4 000 Newton entsprechen immerhin einem Gewicht von 400 kg oder von 20 Coca-Cola-Kisten! Von Horst Hrubesch oder Dieter Hoeneß wurde früher im Scherz behauptet, dass sie sogar eine Cola-Kiste köpfen würden, aber 20 Kisten auf einmal erscheint doch etwas viel. Der Grund, warum ein Spieler diese Kraft aushält, ist wieder die äußerst kurze Kontaktzeit des Balls mit

dem Kopf. Über sehr kurze Zeiten kann der menschliche Körper das aushalten. Eine Belastung stellen sie aber trotzdem dar. Deswegen ist das ständige Köpfen von Fußbällen ungefähr so gesund wie das Profiboxen. Dies zeigt beispielsweise ein Vergleich mit der Schlagkraft der Herren Klitschko. Sie behandeln ihre Gegner in der Regel mit etwa 3000 Newton.

Man sieht also, dass beim normalen Köpfen eines Fußballs bereits große Kräfte auf den Spieler einwirken. Es ist daher kein Wunder, dass Michael Ballack mit einer klaffenden Wunde über dem Auge beim EM-Finale 2008 kurzzeitig vom Feld musste. Da er mit dem Kopf eines spanischen Spielers zusammengestoßen war und Köpfe in der Regel weniger elastisch sind als Bälle, war sein Kopf während einer extrem kurzen Zeit abgebremst worden. Dies resultiert in einer sehr großen Beschleunigung (auch eine Abbremsung ist im physikalischen Sinn eine

Beschleunigung!) und damit in einer sehr großen Kraft, die zum Aufplatzen der Haut über dem Auge führte. Aber das wollen wir jetzt lieber nicht mehr weiter ausführen...

Schnelle Schüsse

Ob Felix Magath auch die »Titanic« gerettet hätte, weiß ich nicht – auf jeden Fall wären alle Überlebenden topfit gewesen!

(Jan-Åge Fjørtoft nach dem Klassenerhalt der Frankfurter Eintracht im Jahr 2000)

Der Freistoß von Michael Ballack zum 1:0 für die deutsche Nationalmannschaft gegen Österreich bei der EM 2008 war ein fulminanter Schuss. In der Superzeitlupe konnte man sehen, dass Ballack all seine Kraft und Energie in diesen Schuss gelegt hat, der mit 121 km/h in die Maschen des Tornetzes rauschte. Dabei drängt sich die Frage auf, wie schnell überhaupt ein Fußball von einem Spieler geschossen werden kann. Bei der EM 1996 hat Andreas Möller den letzen entscheidenden Strafstoß im Elfmeterschießen des Halbfinales gegen England mit 130 km/h ins Tor gehämmert. Wieso nicht viel schneller? Andreas Möller oder Michael Ballack haben aus vollem Lauf heraus offenbar Ballgeschwindigkeiten von etwa 120 km/h erzielt. Im Internet findet man die Angabe, dass der Brasilianer Ronny Heberson Furtado de Araújo in der Saison 2006/07 einen Freistoß mit 210,9 km/h ins Tor gedroschen haben soll – der angeblich schnellste Schuss aller Zeiten. Kann das wahr sein? Kann der Fußball eine größere Geschwindigkeit erreichen als der Fuß, der ihn trifft? Beim Handball ist

Elastischer Stoß zwischen Fuß und Ball

Vorher:

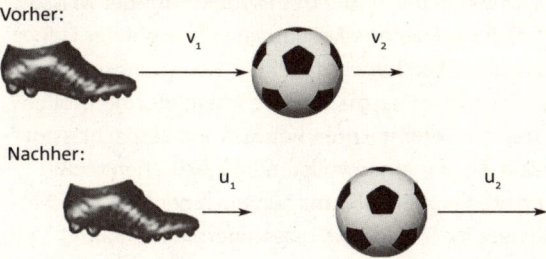

v_1 v_2

Nachher:

u_1 u_2

dies nicht der Fall. Hier ist der Ball natürlich genauso schnell wie die Hand, die ihn wirft. Doch ein Schuss ist kein Wurf, wie wir gleich sehen werden.

In einem ersten sehr einfachen Modell (Abbildung oben) betrachten wir den Schuss eines Fußballs als simplen elastischen Stoß der Fußspitze mit dem Ball. Dabei soll der Fuß vor dem Stoß die Masse m_1 und die Geschwindigkeit v_1 haben, der Ball hat jeweils die Masse m_2 und die Geschwindigkeit v_2. Nach dem Stoß soll die Geschwindigkeit des Fußes u_1 und die des Balls u_2 betragen. Die Massen ändern sich durch den Schuss selbstverständlich nicht.

Nun kann mit der sogenannten Impuls- und Energieerhaltung die Geschwindigkeit u_2 des Balls nach dem Stoß als Funktion der Geschwindigkeit v_1 berechnet werden. Dabei ist der Impuls das Produkt aus der Masse und der Geschwindigkeit eines Körpers – in unserem Fall also des Fußes bzw. des Balls. Impulserhaltung heißt nun, dass die Summe der Impulse vor dem Stoß, d. h. Schuss, gleich der Summe der Impulse nach dem Stoß sein muss.[2]

2 In einer Formel ausgedrückt, bedeutet dies: $m_1 \times v_1 + m_2 \times v_2 = m_1 \times u_1 + m_2 \times u_2$.

Die kinetische Energie eines sich bewegenden Körpers ist gleich der Hälfte des Produkts aus der Masse und dem Geschwindigkeitsquadrat. Sowohl der Fuß als auch der Ball haben dabei nur Bewegungsenergie, d. h. kinetische Energie. Andere Energieformen sollen bei unserer vereinfachten Betrachtung vernachlässigt werden. Da wir einen vollständig elastischen Stoß betrachten wollen, kommt nun auch der Energieerhaltungssatz ins Spiel. Die Gesamtenergie des Balls und des Fußes vor dem Schuss muss dann gleich der Gesamtenergie nach dem Schuss sein.[3]

Für den am Anfang ruhenden Fußball gilt $v_2 = 0$. Dann kann die Geschwindigkeit des Balls nach dem Schuss mit den Formeln in den Fußnoten berechnet werden: $u_2 = 2 \times v_1 / (1 + m_2/m_1)$.

Diese Formel verknüpft die Anfangsgeschwindigkeit des Fußes mit der Endgeschwindigkeit des Balls und stellt somit das wesentliche Ergebnis dar, welches wir erzielen wollten. Die Geschwindigkeit des Balls ist also umso größer, je kleiner das Verhältnis m_2/m_1 aus der Masse des Balls und der Masse des Fußes bzw. Unterschenkels ist. Ein Fußball wiegt maximal 450 Gramm, der Fuß inklusive Fußballschuh und Unterschenkel wiegt sicher deutlich mehr. Wenn man daher im günstigsten Fall m_2/m_1 in der obigen Formel weglässt, ergibt sich schließlich als Ergebnis: $u_2 = 2 \times v_1$

Im günstigsten Fall kann ein Spieler also einen Fußball auf die doppelte Geschwindigkeit beschleunigen, mit der sein Fuß auf den Ball trifft. Wir nehmen nun grob vereinfacht an, dass sich der Fuß eines Spielers beim Anlauf etwa mit der doppelten Anlaufgeschwin-

---

3 In einer Formel bedeutet dies wieder: $1/2 \times m_1 \times v_1^2 + 1/2 \times m_2 \times v_2^2 = 1/2 \times m_1 \times u_1^2 + 1/2 \times m_2 \times u_2^2$.

digkeit bewegt. Es ergibt sich dann die Faustformel, dass ein Schuss maximal die vierfache Anlaufgeschwindigkeit des Schützen haben kann. Dies erklärt nun sehr einfach die am Anfang gemessenen Geschwindigkeiten. Unterstellen wir also, dass ein Spieler nicht mit viel mehr als 30 km/h anlaufen kann, dann ergibt sich daraus eine maximale Schussgeschwindigkeit von etwa 120 km/h. Einem Schuss von 200 km/h würde daher umgekehrt eine Anlaufgeschwindigkeit von etwa 50 km/h entsprechen, was schlicht unmöglich ist. Selbst Usain Bolt hatte bei seinem phantastischen 100-Meter-Weltrekord in Berlin von 9,58 Sekunden in der Spitze nur etwa 44,7 km/h. 200 km/h schnelle Schüsse werden wir deswegen beim Fußball nie erleben. Ronny Heberson Furtado de Araújo kann damit auch nicht den Weltrekord von 210,9 km/h erzielt haben. Hier muss ein Messfehler vorliegen[4].

Doch wie sinnvoll sind die obigen Überlegungen? Da der Ball verformt wird und es auch Reibungsverluste gibt, ist ein Schuss sicher kein elastischer Stoß des Fußes mit dem Ball. Energie geht verloren, und die Endgeschwindigkeit des Balls sollte in der Realität kleiner werden. Außerdem ist das Verhältnis m_2/m_1 sicher nicht null, sondern eher etwa 0,25, was das Ergebnis allein schon auf $u_2 = 1,6 \times v_1$ absenken würde. Diese beiden Effekte würden also die Endgeschwindigkeit des Balls bei einem Schuss stark reduzieren. Allerdings haben wir auch vernachlässigt, dass der Spieler selbst noch ausholen und seinen Unterschenkel unabhängig von seinem Anlauf nach vorn bewegen und damit die Geschwindigkeit v_1 erhöhen kann.

4 Eine Auswertung des YouTube-Videos zeigt, dass der Schuss eine Geschwindigkeit von nur 100 bis 110 km/h hatte.

Dieser Effekt würde die Ballgeschwindigkeit wiederum deutlich steigern. Insgesamt bedeutet dies, dass unsere Faustformel »Ballgeschwindigkeit = vierfache Anlaufgeschwindigkeit« in der Praxis nur dann gut funktioniert, wenn sich diese beiden Effekte in etwa aufheben.

Wenn man aber einen Schuss als Ganzes, d. h. mit der Bewegung des Beins, genauer betrachtet, ist zu erkennen, dass es sich hierbei um weit mehr als einen einfachen Stoß des Fußes mit dem Ball handelt. Das Bein ist physikalisch gesehen als Doppelpendel zu betrachten, bestehend aus dem Oberschenkel und dem Unterschenkel mit Fuß. Daher spielt insbesondere die sogenannte Winkelgeschwindigkeit der Beine eine große Rolle. Das ist die Rotationsgeschwindigkeit, mit der sich Ober- und Unterschenkel beim Schuss im Kreis bewegen.

Der Ballkontakt findet kurz nach dem Zeitpunkt statt, bei dem die Winkelgeschwindigkeit des Unterschenkels maximal ist. Der Oberschenkel ist zu diesem Zeitpunkt praktisch in Ruhe. Das Bein ist gestreckt, und der Oberschenkel bewegt sich später, um das Knie nicht zu überstrecken. Der Schuss bewirkt nun eine Übertragung des Drehimpulses, das ist der Impuls bezogen auf ein Drehzentrum, vom Unterschenkel und Fuß auf den Ball, bezogen auf eine Achse durch das Knie. Das auf Seite 173 abgebildete, stark vereinfachte Modell eines Schusses kann prinzipiell vollständig mechanisch durchgerechnet werden.

Nun muss aber die Drehimpulserhaltung neben der Impulserhaltung berücksichtigt werden, und die Rechnungen werden deutlich komplizierter als vorher. Auch soll der Stoß jetzt nicht mehr vollständig elastisch, sondern inelastisch sein. All dies ist recht komplex. Des-

Kann sich der Ball schneller bewegen als die Fußspitze vor dem Schuss?

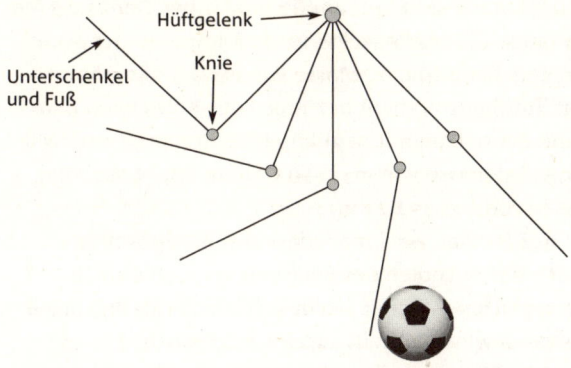

wegen soll hier nur das Ergebnis für die Ballgeschwindigkeit nach dem Schuss angegeben werden, wenn der Ball vorher ruhte ($v_2 = 0$): $u_2 = v_1 \times (1+e)/(1+m_2 \times L^2/J)$.

Hierbei sind wie bisher u_2 und v_1 die Geschwindigkeiten des Balls nach dem Schuss und des Fußes vorher. Die Masse des Balls ist nach wie vor m_2. Die Masse des Unterschenkels ist nun aber durch sein Trägheitsmoment J ersetzt worden. Diese Größe ist bei Rotationsbewegungen anstelle der Masse eines Körpers entscheidend. Der Unterschenkel rotiert in unserem schematischen Bild um das Knie als Drehpunkt. Weiterhin ist L die Länge des Unterschenkels, also der Abstand der Fußspitze vom Drehpunkt. Die Größe e ist die Elastizitätszahl des Stoßes, die berücksichtigt, dass es eben kein perfekter Stoß ist, den die Fußspitze mit dem Ball ausführt. Einem perfekten elastischen Stoß würde $e = 1$ entsprechen. Realistisch ist aber nur $e \approx 0,5$, da die Fußmuskulatur und das Fußgelenk beim Schuss nachgeben und nicht völlig starr gehalten werden können. Aus Biometriebüchern entnimmt man die Massenanteile von Unterschenkel (0,045) und Fuß (0,014) am Gesamtkörper. Der L = 0,5 Meter lange Unterschenkel eines 80 Kilogramm schweren Spielers hat also eine Masse von etwa 5 Kilogramm. Das Trägheitsmoment bezüglich des Knies kann man dann berechnen mit dem Ergebnis $J = 0,42 \, kg \times m^2$. Mit einer Ballmasse von $m_2 = 450$ Gramm ergibt sich nun das Resultat: $u_2 \approx 1,2 \times v_1$.

Aus Studien weiß man, dass sich die Fußspitze durch das Ausholen des Beins mit bis zu 100 km/h bewegen kann. Daher ergibt sich wieder als maximale Ballgeschwindigkeit: $u_2 \approx 1,2 \times v_1 = 120$ km/h.

Wir sehen also, dass die vorher erhaltene Faustformel »Ballgeschwindigkeit = vierfache Anlaufgeschwindigkeit« in etwa den gleichen Wert liefert und sich somit die beiden unberücksichtigten Effekte, also die Elastizität und das Gewicht des Fußes auf der einen Seite sowie die eigenständige Bewegung des Unterschenkels auf der anderen Seite, ungefähr kompensieren.

Im Fußball, so haben wir gesehen, sind Schüsse mit 120 km/h normal. Das ist aber auch die obere Grenze, die ein guter Spieler erreichen und möglicherweise auch etwas überschreiten kann, wenn er »voll draufhält«, wie es Michael Ballack oder Andreas Möller bei der EM 2008 bzw. 1996 getan haben. Ballgeschwindigkeiten von 200 km/h hingegen sind im Fußball nicht möglich. Allerdings gibt es doch einen Fall, bei dem Fußbälle noch schneller fliegen können. Wie das? Dies wird im nächsten Abschnitt aufgeklärt.

Emma hämmert

Gib mich die Kirsche!

(Lothar Emmerich fordert von seinen Mitspielern
den Ball)

Eines der legendärsten Tore in einem WM-Spiel
war der 1:1-Ausgleich von Lothar Emmerich gegen
Spanien bei der Weltmeisterschaft 1966. Deutschland
gewann am Ende 2:1 und zog ins Viertelfinale ein.
Aus spitzem Winkel hat Lothar »Emma« Emmerich
den Ball ohne nennenswerten Anlauf in den Winkel
des spanischen Tors gehämmert. Doch wie konnte
es zu einem so strammen Schuss fast ohne jeden Anlauf kommen?

Der Schuss war ein sogenannter Dropkick, bei
dem der Ball, direkt nachdem er vom Boden abprallt,
in der aufsteigenden Phase getroffen wird. Ein Dropkick ist genau wie ein Volleyschuss in der Regel immer
besonders schnell. Was ist also daran so besonders?

Wie zu Beginn des vorigen Abschnitts betrachten
wir auch hier zunächst wieder den Schuss eines
Fußballs als Stoß der Fußspitze auf den Ball. Dabei
soll der Fuß wieder vor dem Stoß die Masse m_1 und
die Geschwindigkeit v_1 haben, der Ball hat jeweils
die Masse m_2 und die Geschwindigkeit v_2. Nach dem
Schuss soll die Geschwindigkeit des Fußes u_1 und
die des Balls u_2 betragen (vgl. die Abbildung auf
Seite 169). Die Massen ändern sich bei dem Vorgang
natürlich nicht. Nun kann mit dem Satz von der Impuls-
und Energieerhaltung genauso wie im vorigen Abschnitt die Geschwindigkeit des Balls nach dem Stoß u_2
als Funktion der Geschwindigkeit v_1 berechnet werden.

Impulserhaltung bedeutet wieder, dass die Summe der Impulse vor dem Schuss gleich der Summe der Impulse nach dem Schuss sein muss.[5]

Der Ball soll nun aber am Anfang nicht ruhen. Es gilt daher jetzt $v_2 \neq 0$. Die Gesamtenergie des Balls und des Fußes vor dem Schuss muss dann gleich der Gesamtenergie nach dem Schuss sein.[6]

Auch für diesen Fall mit $v_2 \neq 0$ können die beiden Gleichungen nach der Geschwindigkeit u_2 des Balls nach dem Schuss aufgelöst werden.[7] Das Ergebnis verknüpft die Anfangsgeschwindigkeit des Fußes v_1 und des Balls v_2 mit der Endgeschwindigkeit u_2 des Balls. Wir betrachten es zunächst unter der Annahme, dass das Verhältnis m_2/m_1 aus der Masse des Balls und der Masse des Fußes bzw. Unterschenkels sehr klein ist. Wenn man daher $m_2/m_1 = 0$ setzt, ergibt sich schließlich als Ergebnis: $u_2 = 2 \times v_1 - v_2$.

Wir hatten im vorigen Abschnitt für den ruhenden Fußball $u_2 = 2 \times v_1$ erhalten. Wenn sich der Ball auf den Spieler zubewegt, ist seine Geschwindigkeit v_2 negativ und wird somit zu diesem maximalen Wert addiert. Ein besonders schneller Schuss ist also immer dann möglich, wenn sich der Ball auf den Schützen mit einer bestimmten Geschwindigkeit zubewegt und dieser den Ball dann direkt, ohne ihn zu stoppen, trifft. Im besten Fall wird dabei die Geschwindigkeit des Balls vor dem Schuss der doppelten Geschwindig-

---

5 Wir erinnern uns noch einmal an die Formel von Seite 169: $m_1 \times v_1 + m_2 \times v_2 = m_1 \times u_1 + m_2 \times u_2$.

6 Auch hier verweisen wir auf die schon erwähnte Formel (Fußnote 3, Seite 170): $1/2 \times m_1 \times v_1^2 + 1/2 \times m_2 \times v_2^2 = 1/2 \times m_1 \times u_1^2 + 1/2 \times m_2 \times u_2^2$.

7 Es ergibt sich $u_2 = 2 \times v_1/(1 + m_2/m_1) - v_2 \times (1 - m_2/m_1)/(1 + m_2/m_1)$.

keit des Fußes noch zugeschlagen. Bei einem derartigen Schuss wird der Ball also noch schneller als beim Schuss eines ruhenden Leders.

Allerdings ist der beste Fall natürlich wieder nicht realisiert. Das Verhältnis m_2/m_1 ist sicher nicht null, sondern beträgt eher etwa 0,25. Damit ergibt sich ein Ergebnis von: $u_2 = 1{,}6 \times v_1 - 0{,}6 \times v_2$. Anstelle der gesamten Geschwindigkeit v_2 werden nun nur noch 60 % dieser Geschwindigkeit auf den Schuss übertragen. Aber auch dies wird in der Realität nicht erreicht, denn man muss wieder die Elastizitätszahl des Stoßes berücksichtigen, da die Fußspitze mit dem Ball keinen perfekten Stoß ausführt. Einem perfekten elastischen Stoß würde $e = 1$ entsprechen. Realistisch ist aber nur $e = 0{,}5$, da, wie bereits im vorigen Abschnitt erwähnt, die Fußmuskulatur und das Fußgelenk beim Schuss nachgeben und nicht völlig starr gehalten werden können.[8] Es werden jetzt, wie aus der Formel in der Fußnote ersichtlich, nur noch 20 % der Geschwindigkeit des entgegenkommenden Balles in den Schuss mitgenommen. Immerhin, auch dies ist noch eine durchaus merkliche Größe. Angenommen, man würde einem ruhenden Fußball, wie im vorigen Abschnitt diskutiert, die maximale Geschwindigkeit von 120 km/h verleihen können, dann könnte derselbe Fußball mit einer Geschwindigkeit von 132 km/h geschossen werden, wenn er sich vorher mit 60 km/h auf den Spieler zubewegt hat. Aber auch dies ist wieder nur eine recht grobe Schätzung, da wir in diesem Fall den Effekt der

---

8 Unter Berücksichtigung der Impulserhaltung und der Elastizität bei der Energieübertragung gilt jetzt für die Geschwindigkeit des Balls nach dem Schuss: $u_2 = v_1 \times (1+e)/(1+m_2/m_1) - v_2 \times (e-m_2/m_1)/(1+m_2/m_1)$. Mit $m_2/m_1 = 0{,}25$ und $e = 0{,}5$ ergibt sich nun: $u_2 = 1{,}2 \times v_1 - 0{,}2 \times v_2$.

Elastizität überbewertet haben. Hier zeigen genauere Betrachtungen wie im vorigen Abschnitt, dass nicht nur 20 %, sondern eher sogar die Hälfte der Geschwindigkeit des Balls in den Schuss übertragen wird. In unserem obigen Beispiel würde sich dann der Fußball mit 150 km/h nach dem Schuss bewegen, wenn er sich vorher mit $v_2 = 60$ km/h auf den Schützen zubewegt hat.

Bei einem Dropkick ist nun genau dieser Fall realisiert. Der Fußball trifft auf den Boden und prallt von dort mit einer bestimmten Geschwindigkeit ab. Er bewegt sich dann in Richtung des Fußes, sodass dem Schuss neben der durch die Kraft des Spielers verursachten Geschwindigkeit noch die Hälfte dieser Abprallgeschwindigkeit mitgegeben wird. Deswegen ist ein Dropkick schneller als jeder andere Schuss. Generell sind auch Volleyschüsse aus diesem Grund immer recht hart. Der Ball bewegt sich dabei in der Regel auf den Fuß des Spielers zu, und ungefähr die Hälfte der Geschwindigkeit, mit der dies passiert, wird zusätzlich in den Volleyschuss übertragen.

Übrigens gilt für Kopfbälle das Gleiche. Der Ball bewegt sich mit einer Geschwindigkeit v_2 auf den Spieler zu, der den Ball dann köpft, wobei sich der Kopf mit der Geschwindigkeit v_1 auf den Ball zubewegt. Wenn man die Masseverhältnisse und Elastizitäten berücksichtigt, dann – so zeigen Studien von Ken Bray[9] von der University of Bath – beschreibt die folgende Formel die Geschwindigkeit u_2 des Balls nach dem Kopfstoß recht gut: $u_2 = 1{,}7 \times v_1 - 0{,}7 \times v_2$.

Wir sehen, dass nun immerhin 70 % der Geschwindigkeit, mit der der Ball auf den Kopf zufliegt, zur Endgeschwindigkeit des Kopfballs beitragen. Dies ist

9 Ken Bray, *How to Score*, Granta Books, London 2006.

verständlich, da der Kopf im Vergleich zum Unterschenkel schwerer ist und das Masseverhältnis m_2/m_1 zwischen der Masse des Balls und des Kopfes bzw. Unterschenkels eine entscheidende Rolle spielt. Da der Kopf schwerer als der Unterschenkel ist, werden die Faktoren auch entsprechend günstiger. Prinzipiell könnten deswegen Kopfbälle sogar schneller werden als Schüsse. Allerdings ist bei Kopfbällen die Geschwindigkeit v_1 des Kopfes viel kleiner als die des Fußes bei einem Schuss. Deswegen sind Schüsse meist natürlich schneller als Kopfbälle – keine Frage. Ob Lothar Emmerich bei seinem so wichtigen Dropkick gegen Spanien all dies gewusst hat, ist nicht geklärt. Es ist auch unwichtig, denn schließlich gilt ja: »Hauptsache drin, und wir sind weiter!«

Kann ein Ball nach dem Aufprall schneller werden?

Wenn der Ball so aufgesprungen wäre, wie ich gedacht habe, hätte ich ihn gehalten, glaube ich.

(Jens Lehmann über den ersten Gegentreffer bei der 0:2-Niederlage der Stuttgarter gegen Leverkusen am 2. Spieltag der Saison 2008/09)

Scott Carson war am 21. November 2007 der einsamste Mensch im mit 88 091 Zuschauern ausverkauften Londoner Wembley-Stadion. Ein Fernschuss des Kroaten Niko Kranjcar setzte in der 8. Spielminute direkt vor ihm auf dem regendurchweichten Boden auf und sprang an seinen ausgestreckten Armen vorbei ins Netz. Mit diesem fatalen Fehler leitete der Torhüter der Engländer die 2:3-Heimniederlage gegen Kroatien ein, und England schied in der Qualifikation für die EM 2008 erstmals seit 1984 überraschend aus. Scott Carson hatte den Aufprall des Balls auf dem Rasen einfach falsch berechnet. War das Dummheit, oder kann so etwas durchaus vorkommen?

Mit dieser Frage hängt auch ein Mythos zusammen, den man allerdings in letzter Zeit nur noch selten von Sportreportern hört, dass nämlich ein Ball, nachdem er bei einem Schuss auf den Rasen trifft, schneller geworden sei. Früher wurde dies sehr häufig von Reportern behauptet. Der Ball sei bei einem Aufsetzer nach dem Abprall vom Rasen schneller geworden und habe dadurch an Geschwindigkeit gewonnen. Insbesondere bei recht schnellen Aufsetzern und bei eher rutschigen Unterlagen, also bei nassem Rasen, soll das so sein. Doch ist das überhaupt möglich? Kann ein Ball während des Schusses schneller werden? Manchmal sieht es in der Tat so aus, aber woher soll die Energie kommen, die den Ball nach dem Abprall zusätzlich antreibt?

Wir müssen uns erst einmal ganz allgemein mit einem Fußball befassen, der unter einem Winkel θ mit der Geschwindigkeit v_0 auf eine Rasenfläche trifft und unter dem Winkel θ_{Ab} mit der Geschwindigkeit v_{Ab} abprallt. Dies ist in der Abbildung auf der nächsten Seite schematisch dargestellt.

Wir müssen aber auch noch beachten, dass der Ball vor dem Aufprall mit der Frequenz f_0 in der Luft rotiert und sich diese Rotationsfrequenz nach dem Aufprall in f_{Ab} ändern kann, da der Ball beim Kontakt mit dem Boden durch die wirkende Reibungskraft zusätzlich in Rotation versetzt werden kann.

In einer idealen Welt ohne Reibung und ohne durch die Elastizität des Balls verursachte Verluste wäre sein Abprallverhalten sehr einfach. Der Abprallwinkel würde

Schräger Auf- und Abprall vom Rasen

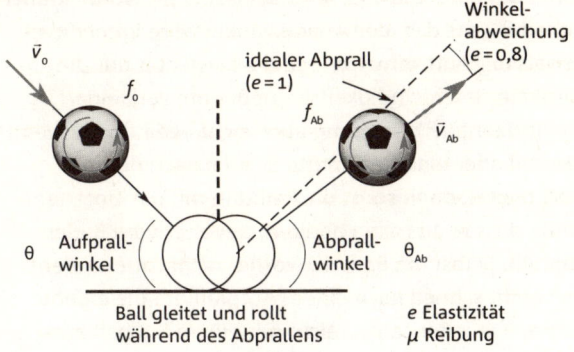

dann einfach dem Aufprallwinkel entsprechen, also $\theta_{Ab}=\theta$, und die Abprallgeschwindigkeit wäre gleich der Aufprallgeschwindigkeit, d.h. $v_{Ab}=v_0$. Auch eine vorhandene Rotation würde sich nicht weiter verändern. Es wäre also einfach $f_{Ab}=f_0$. Allerdings hatten wir schon in den vorigen beiden Abschnitten gesehen, dass die Elastizität eines Fußballs eine große Rolle bei Schüssen spielt. Im Abschnitt über runde Bälle hatten wir gesehen, dass die Elastizitätszahl e eines Fußballs bestimmt, wie hoch er wieder vom Boden abprallt. Anstelle des Idealfalls $e=1$ hat ein Fußball eine Elastizitätszahl von $e\approx0,6$, sodass er, aus einer bestimmten Höhe fallen gelassen, nur wieder auf $e^2=0,36=36\%$ seiner Ausgangshöhe zurückkehrt. Weiterhin ist es so, dass auf den Fußball beim Kontakt mit dem Rasen eine Reibungskraft einwirkt, die durch einen Reibungskoeffizienten μ beschrieben werden kann.

Wenn ein Ball nun unter einem Winkel θ auf den Rasen trifft, gleitet er zunächst eine bestimmte Strecke in horizontaler Richtung und prallt dann aufgrund der Elastizität unter einem anderen Winkel θ_{Ab} wieder vom Boden ab. Gäbe es nur die Elastizität, würde immer gelten $\theta_{Ab} < \theta$, d. h. der Abprallwinkel wäre immer kleiner als der Auftreffwinkel, da die Elastizität nur die vertikale Geschwindigkeitskomponente verkleinert, die horizontale Bewegung aber nicht beeinflusst. Wenn der Ball aber eine bestimmte Strecke nach dem Aufprall gleitet, dann sorgt die Reibung mit der Unterlage dafür, dass er zu rollen beginnt, bevor er vom Boden abprallt. Selbst ein Ball, der vorher nicht rotiert, dreht sich recht schnell nach einem Aufprall um die eigene Achse, wie jeder selbst leicht mit einem Fußball ausprobieren kann. Durch diesen Effekt würde sich der Abprallwinkel θ_{Ab} vergrößern, sodass es nicht einfach ist, exakt vorauszusagen, ob der Abprallwinkel θ_{Ab} größer oder kleiner als der Aufprallwinkel θ ist, wenn ein Fußball bei einem Schuss auf den Rasen trifft und zu einem gefährlichen Aufsetzer wird.

Um das Abprallen vom Rasen zu berechnen, müssen die vertikale und die horizontale Richtung getrennt betrachtet werden. Vertikal gilt einfach wegen der Definition der Elastizität: $v_{Ab,vert.} = e \times v_{0,vert.}$. Hierbei sind jeweils die vertikalen Komponenten $v_{0,vert.}$ und $v_{Ab,vert.}$ der Ausgangs- und Abprallgeschwindigkeit gemeint.[10]

Die Geschwindigkeitsänderung $\Delta v_{hori.}$ des Balls der Masse m in horizontaler Richtung im Zeitintervall Δt kann mit dem 2. Newton-Axiom über die in horizontaler Richtung wirkende Reibungskraft F_R berechnet werden: $m \times \Delta v_{hori.}/\Delta t = F_R$. Entsprechend gilt auch in vertikaler Richtung mit der in senkrechter Richtung wirkenden Kraft des Aufpralls: $m \times \Delta v_{vert.}/\Delta t = F_{vert.}$. Wenn man nun

---

10 Als Geschwindigkeitsänderung in senkrechter Richtung ergibt sich dann sofort $\Delta v_{vert.} = (1 + e) \times v_{0,vert.}$.

noch bedenkt, dass für die Reibungskraft $F_R = -\mu \times F_{vert.}$ gilt, dann kann auch die horizontale Geschwindigkeitsänderung $\Delta v_{hori.}$ berechnet werden.[11]

Die Reibungskraft F_R ändert aber auch die Rotationsfrequenz des Balls, da sie ein Drehmoment auf das runde Leder ausübt. Diese Änderung der Rotationsfrequenz Δf kann über das 2. Newton-Axiom für Rotationsbewegungen berechnet werden: $J \times 2 \times \pi \times \Delta f / \Delta t = -F_R \times r$. Dabei ist J das Trägheitsmoment des Balls, welches nicht nur durch seine Masse, sondern durch seine Masseverteilung bestimmt ist. Einen Fußball der Masse m mit dem Radius r kann man hierbei als Hohlkugel betrachten und daher $J = (2/3) \times m \times r^2$ setzen. Wenn wieder $F_R = m \times \Delta v_{hori.} / \Delta t$ gesetzt wird, erhalten wir die Änderung der Rotationsfrequenz[12] Δf.

Beispielsweise ergibt sich für einen Fußball mit der Elastizitätszahl $e = 0{,}6$ und dem Radius $r = 11$ cm, der mit 50 km/h unter einem Winkel von 15° mit dem Reibungsparameter $\mu = 0{,}7$ auf den Rasen aufprallt und sich vorher nicht dreht, dass er mit einer Geschwindigkeit von 35 km/h unter einem Winkel von 13° abprallt. Dabei rotiert er dann mit einer Frequenz von fast neun Umdrehungen pro Sekunde.

Man kann natürlich auch den Abprallwinkel θ_{Ab} als Funktion des Auftreffwinkels θ berechnen.[13] Die Grafik auf Seite 185 veranschaulicht diese Formel für verschiedene Reibungszahlen μ und einen Wert $e = 0{,}6$, der für Fußbälle typisch ist.

---

11 Es ergibt sich die Formel $\Delta v_{hori.} = -\mu \times \Delta v_{vert.} = -\mu \times (1 + e) \times v_{0, vert.}$.

12 Sie lautet: $\Delta f = 3 \times \mu \times (1 + e) \times v_{0, vert.} / (4 \times \pi \times r)$.

13 Mit den Winkeln $\alpha_{Ab} = 90° - \theta_{Ab}$ und $\alpha_0 = 90° - \theta$ gilt $\tan(\alpha_{Ab}) = v_{Ab, hori.} / v_{Ab, vert.}$ und $\tan(\alpha_0) = v_{0, hori.} / v_{0, vert.}$ und somit $\tan(\alpha_{Ab}) = (1/e) \times \tan(\alpha_0) - \mu \times (1 + 1/e)$.

Die Diagonale zeigt die Werte für den idealen Fall ohne Reibung und Elastizität. In diesem Fall gilt Einfallswinkel = Ausfallswinkel also $\theta_{Ab} = \theta$. Die untere Kurve wurde für e = 0,6 ohne Reibung, also für μ = 0, berechnet. Man erkennt, dass der Abprallwinkel immer kleiner ist als der Aufprallwinkel. Dies ändert sich mit zunehmender Größe der Reibung. Im Fall μ = 0,7 zeigt die obere Kurve, dass für Einfallswinkel $\theta < 20°$ der Abprallwinkel kleiner ist als der Aufprallwinkel. Für $\theta > 20°$ ist es hingegen genau umgekehrt. Nun ist der Abprallwinkel z. T. deutlich größer als der Auftreffwinkel. Ein Torwart hat es also gar nicht so leicht. Je nachdem, unter welchem Winkel der Ball auf dem Rasen unter völlig identischen Bedingungen aufprallt, ändert sich das Abprallverhalten drastisch!

Bisher sind wir davon ausgegangen, dass der Fußball nach dem Aufprall auf dem Rasen horizontal etwas gleitet und sich dann wieder von der Unterlage entfernt. Eine genaue Analyse zeigt, dass dies unterhalb bestimmter Aufprallwinkel die einzige Möglichkeit ist, falls der Ball anfangs nicht rotiert. Mit μ = 0,7 und e = 0,6 ergibt sich hier ein Aufprallwinkel von 20°, unterhalb dessen der Fußball auf dem Rasen nur gleiten kann. Für größere Winkel hingegen kann der Ball auch etwas anfangen zu rollen, bevor er vom Rasen wegspringt. Dann ergeben sich auch andere Formeln für die Geschwindigkeits- und Frequenzänderungen des Balls nach dem Abprall.[14]

Unsere Frage, ob der Ball nach dem Aufprall schneller werden kann, ist nun auch zu beantworten. Dies wäre natürlich nur dann möglich, wenn die für die

[14] Wir geben sie hier ohne Herleitung mit der Anfangsrotationsfrequenz des Balls f_0 an: $\Delta v_{vert.} = (1+e) \times v_{0,vert.}$; $\Delta v_{hori.} = -(2/5) \times v_{0,hori.} + 4 \times \pi \times f_0 \times r/5$; $\Delta f = -(3/5) \times f_0 + 3 \times v_{0,hori.}/(10 \times \pi \times r)$.

Auf- und Abprallwinkel eines Fußballs auf dem Rasen

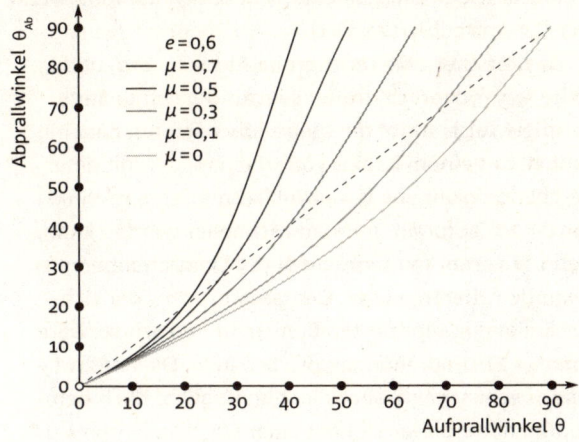

schnellere Vorwärtsbewegung nötige Energie irgendwo herkommt. Wie soll das aber gehen? In der Physik gilt doch die Energieerhaltung, und durch Reibung und Elastizität wird dem Ball nur Bewegungsenergie entzogen, wie wir in den Abschnitten zuvor gesehen haben. Es geht nur dann, wenn der Ball vor dem Aufprall auf den Rasen stark rotiert, dann aufprallt und rollt und dabei an Rotation einbüßt und an Geschwindigkeit zulegt. Physikalisch gesprochen gilt dann, dass die Rotationsenergie des Balls durch den Aufprall in Energie für die Vorwärtsbewegung verwandelt wird, wobei auch noch die Reibungs- und Elastizitätsverluste kompensiert werden müssen.

Wenn die Geschwindigkeit nach dem Abprall vom Rasen größer sein soll als vorher, müsste also $v_{Ab} > v_0$ gelten. Aus dieser Bedingung folgt mit dem Satz von Pythagoras sofort: $v_{Ab,vert.}^2 + v_{Ab,hori.}^2 > v_{0,vert.}^2 + v_{0,hori.}^2$.

Eine längere Berechnung mit den obigen Formeln ergibt, dass der Ball schneller vom Boden abprallt, wenn gilt: $f_0 > v_0 \times \cos(\theta)/(2 \times \pi \times r)$.

Dies ist aber eine recht grobe Abschätzung, und f_0 sollte sogar deutlich größer sein als die rechte Seite. Beispielsweise ergibt die obige Abschätzung, dass ein Fußball mit einem Radius von $r = 11$ cm, der mit einer Geschwindigkeit von $v_0 = 50$ km/h unter einem Winkel von $\theta = 20°$ aufprallt, nur dann schneller werden kann, wenn er vorher mit mehr als $f_0 = 19$ Umdrehungen pro Sekunde rotieren würde. Der genaue Wert, der sich aus äußerst komplizierten Berechnungen ergibt, wäre aber $f_0 = 21$ Umdrehungen pro Sekunde. Dies ist zwar schon recht schnell, aber nicht unmöglich. Nach dem Abprall hätte dieser Ball mit einer Elastizität von $e = 0{,}6$ dann die Geschwindigkeit $v_{Ab} = 50{,}1$ km/h – er wäre also in der Tat etwas schneller geworden. Allerdings wäre dieser minimale Geschwindigkeitszuwachs auch für das geschulteste Reporterauge kaum wahrnehmbar. Wenn der gleiche Fußball anfangs aber mit $f_0 = 30$ Umdrehungen pro Sekunde rotiert, was eher unrealistisch groß ist, dann hätte er nach dem Abprall vom Rasen immerhin die Geschwindigkeit $v_{Ab} = 59$ km/h. Dies wäre schon deutlich größer als $v_0 = 50$ km/h und durchaus zu bemerken. Die Rotation des Balls würde dann nach dem Abprall von der Rasenoberfläche von 30 Umdrehungen auf 23 Umdrehungen pro Sekunde abgebremst.

Wenn ein Fußball vom Rasen abprallt, ist dies, wie wir feststellen mussten, ein sehr komplizierter Vorgang. Der gleiche Ball kann auf dem gleichen Rasen einmal in einem größeren und das andere Mal in einem kleineren Winkel abprallen. Außerdem hängen diese Winkel auch noch ganz empfindlich von der Reibung mit der Unterlage und der Elastizität des jeweiligen Balls ab. Weiterhin kann ein Fußball, der anfangs nicht in Rotation war, durch den Aufprall sehr stark anfangen zu rotieren. Wenn die Balloberfläche mit einem Muster versehen ist, kann das einen Torhüter genauso wie die kuriosen Abprallwinkel durchaus verwirren. Dadurch werden auch solche Aussetzer wie der des damals 22-jährigen englischen Torhüters Scott Carson im entscheidenden EM-Qualifikations-spiel gegen Kroatien physikalisch erklärbar. Auf regennassem Boden springen Fußbälle nun einmal sehr merkwürdig ab und lassen auch junge Torhüter manchmal alt aussehen. Und das kann dann schon mal die EM-Endrunde kosten.

Schließlich konnten wir auch belegen, dass ein Fußball tatsächlich nach dem Aufprall auf den Rasen schneller werden kann – wenn er nämlich vorher extrem stark rotiert. Allerdings können damit Aussagen von Sportreportern aus den Siebziger- und Achtzigerjahren, dass ein Ball nach einem Aufprall schneller geworden sei, sicher nicht erklärt werden, denn hierbei ging es meist nicht um Bälle, die anfangs stark rotierten. Diese Behauptung von Reportern basiert eher auf der Tatsache, dass der Abprallwinkel eines schnell geschossenen Fußballs auf nassem Rasen immer recht flach ist. Dadurch entsteht lediglich der Eindruck, der Ball werde immer schneller, weil er dichter über der Grasnarbe fliegt. Mehr steckt nicht hinter diesem Reportermythos.

Warum »steht« ein Spieler beim Kopfball in der Luft?

Der springt so hoch, wenn der wieder runterkommt,
dann liegt auf seiner Glatze Schnee!

(Der Bayern-Spieler Norbert Nachtweih zum Sprung-
vermögen seines Mittelstürmers Dieter Hoeneß)

Miroslav Klose ist für seine schönen Kopfballtore wie
etwa das 2:0 im Viertelfinale und das 2:1 im Halbfinale
bei der EM 2008 gegen die Teams aus Portugal und
der Türkei bekannt. Bei dieser Art von Toren »schraubt«
sich ein Angreifer nach einer Flanke in die Höhe und
köpft den Ball wuchtig in die Maschen. Solche Tore hat
man schon häufiger gesehen. Der von Bundestrainer
Jogi Löw geschmähte Kevin Kuranyi hat beispielsweise
vor ein paar Jahren ebenfalls solch ein überragendes
Tor in der EM-Qualifikation in Tschechien erzielt. Auch
der Dortmunder Mittelstürmer Karl-Heinz Riedle war
früher ein Meister solcher Tore. Mit seinen nur 1,79 Meter Körpergröße war Riedle recht klein. Trotzdem
erzielte er aufgrund seiner ungeheuren Sprungkraft
viele Kopfballtore. Dies brachte ihm den Spitznamen
»Air Riedle« ein. Diesen Treffern ist immer gemein, dass
der Betrachter das Gefühl hat, der zum Kopfball aufsteigende Stürmer »stehe« quasi in der Luft. Kann man
dieses »in der Luft stehen« physikalisch begründen?
   Zunächst schauen wir uns einen Kopfball zeitauf-
gelöst an. Zum Zeitpunkt $t = 0$ findet der Absprung des
Spielers vom Boden statt. Er befindet sich also in der
Höhe $h = 0$. Dann steigt der Spieler in die Höhe bis zum
Wert $h = h_{max}$, der maximalen Sprunghöhe. Dies ist
nach der Zeit $t = t_{max}$ der Fall. Danach sinkt der Spieler
wieder zu Boden, den er nach der Zeit $t = 2 \times t_{max}$ wieder

erreicht. Seine Höhe über dem Erdboden ist dann auch wieder h=0. Dies kann nun mit etwas Physik genauer beschrieben werden. Die einzige Kraft, die nach dem Absprung auf den Spieler einwirkt, ist die Schwerkraft. Wenn der Spieler mit der Geschwindigkeit v_0 abspringt, gilt nach den Gesetzen des freien Falls für die Höhe h des Körperschwerpunkts als Funktion der Zeit t: $h(t)=v_0 \times t - 1/2 \times g \times t^2$.

Hierbei ist g=9,81 m/s² die Erdbeschleunigung. Die Anfangsgeschwindigkeit v_0 ist unbekannt und wird zur Beantwortung unserer Frage auch nicht benötigt, wie wir noch sehen werden. Die vertikale Geschwindigkeit des Spielers ergibt sich dann einfach zu $v(t)=v_0-g \times t$.

Experten wissen, dass dies durch Ableiten der Formel für h(t) nach der Zeit folgt. Nun ist am höchsten Punkt, den der Spieler zur Zeit $t=t_{max}$ erreicht, die vertikale Geschwindigkeit null.[15] Damit können wir die Absprunggeschwindigkeit v_0 durch die Sprungdauer t_{max} bis zum Erreichen der maximalen Höhe ausdrücken. Weiterhin können wir dann auch die maximale Sprunghöhe h_{max} durch diese Sprungdauer ausdrücken.[16] Wenn wir nun nicht die absolute Sprunghöhe h(t), sondern die relative Sprunghöhe $h(t)/h_{max}$ betrachten, ergibt sich $h(t)/h_{max}=2 \times t/t_{max}-(t/t_{max})^2$.

Diese Formel hat den Vorteil, dass sie die relative Sprunghöhe des Spielers als Funktion der relativen Zeit angibt, ohne dass man sonst etwas vom Kopfball wissen muss. Die relative Sprunghöhe $h(t)/h_{max}$ gibt an, wie viel Prozent von der maximalen Sprunghöhe der Spieler zurückgelegt hat. Die relative Zeit t/t_{max} gibt an,

15 In einer Formel ausgedrückt: $v(t_{max})=v_0-g \times t_{max}=0$ $\Rightarrow v_0=g \times t_{max}$.
16 Hier lautet das Ergebnis $h_{max}=h(t_{max})=1/2 \times g \times t_{max}^2$.

wie viel Prozent der Zeit bis zum Erreichen der maximalen Sprunghöhe vergangen ist. Die Gesamtdauer des Sprungs, der zum Kopfball führt, ist $2 \times t_{max}$, da die Landephase genauso lange dauert wie die Sprungphase.

Anhand der Grafik auf der gegenüberliegenden Seite kann nun unsere Ausgangsfrage beantwortet werden, warum es immer so aussieht, als ob Spieler in der Luft »stehen«, wenn sie zu einem Kopfball aufsteigen.

Hier ist die oben angegebene Funktion $h(t)/h_{max}$ für die relative Sprunghöhe als Funktion der relativen Zeit t/t_{max} dargestellt. Die horizontale Linie ist bei 50 % eingezeichnet. Oberhalb dieser Linie befindet sich der Spieler höher als die halbe Sprunghöhe, unterhalb tiefer. Die beiden von den Schnittpunkten ausgehenden vertikalen Linien schneiden die x-Achse bei den Werten $t/t_{max} \approx 0,25$ und $t/t_{max} \approx 1,75$. Hieraus folgt, dass sich der Kopfballspieler 25 % der Sprungdauer unterhalb der halben Höhe des Sprungs und 75 % oberhalb dieser Linie befindet[17].

Damit ist nun die Begründung für unsere Frage gefunden. Während der zum Kopfball aufsteigende Spieler für die erste Hälfte des Sprungs nur 25 % der gesamten Sprungdauer benötigt, dauert der Rest des Fluges bis zum Maximum, bei dem meist der Ball mit dem Kopf getroffen wird, mit 75 % dreimal so lange. Deswegen scheint der Spieler also in der Luft zu »stehen« – wegen der einfachen Gesetze des freien Falls dauert die Flugphase von der Hälfte bis

17 Die genauen Werte, die sich aus der Lösung der Gleichung $h(t)/h_{max} = 0,5$ ergeben, lauten: $t/t_{max} = 1 - 1/\sqrt{2} = 0,29$ bzw. $t/t_{max} = 1 + 1/\sqrt{2} = 1,71$.

Wie lange ist ein Spieler beim Kopfball in der Luft?

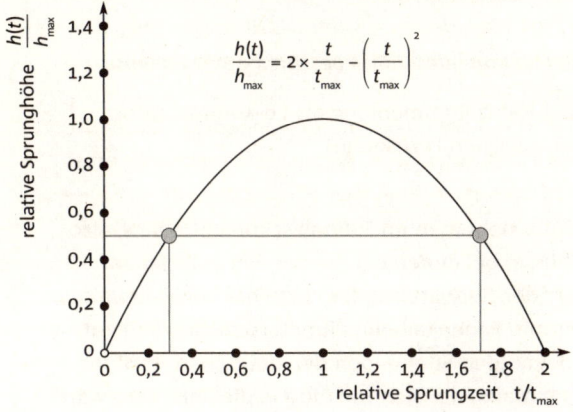

$$\frac{h(t)}{h_{max}} = 2 \times \frac{t}{t_{max}} - \left(\frac{t}{t_{max}}\right)^2$$

zur maximalen Flughöhe viel länger als der erste Teil der Bewegung. Mehr steckt nicht hinter dieser Beobachtung, die beim Basketball noch viel ausgeprägter zu beobachten ist. Man denke hier nur an den legendären Michael Jordan von den Chicago Bulls, der wegen dieses Effekts und seiner ungeheueren Sprungkraft nur als »Air Jordan« bezeichnet wurde.[18] Der Spitzname »Air Riedle« nimmt Bezug auf genau diesen besten Basketballspieler aller Zeiten, wobei die enorme Sprungkraft eines Karl-Heinz Riedle immer noch klein war im Vergleich zu der eines Michael Jordan. Bei Letzterem waren sich die Zuschauer nie ganz sicher, ob er nicht vielleicht doch ein Mittel gegen die überall wirkende Schwerkraft gefunden hat...

18 In dem Buch von John J. Fontanella, *The Physics of Basketball*, John Hopkins University Press 2006, finden sich auch noch ausführliche Studien zu den wirkenden Kräften beim Hochspringen.

Wie Fußbälle durch die Luft fliegen
(im einfachsten Fall)

Die Flugbahn des Balles beschreibt eine Epilepse.

(Karl-Heinz Rummenigge als Co-Kommentator
im Deutschen Fernsehen)

Häufig sieht man im Fußball schöne »Heber«, also
Schüsse, bei denen der Spieler den Ball elegant
über den Torwart »lupft«. 1976 hat beispielsweise
Antonín Panenka beim Elfmeterschießen den entscheidenden Elfer gegen den deutschen Torhüter
Sepp Maier, der sich vorzeitig in die linke Ecke warf,
in die Mitte des Tores gelupft und damit den Europa-
meisterschaftstriumph der Tschechen gesichert.
Solche Schüsse inspirieren einen geradezu, sich einmal genauer mit den Flugkurven von Fußbällen zu
befassen. Dabei soll aber zunächst nur der einfachste
Fall behandelt werden, bei dem Einflüsse des Luftwiderstands, des Winds oder aber eines möglichen
Dralls auf die Flugkurve nicht berücksichtigt werden.
Alle diese Einflüsse sind in der Regel jedoch recht
groß und machen den Flug des Balls zu einem sehr
komplexen physikalischen Vorgang. Wenn aber der Ball
keinen Drall hat, der Wind nicht besonders stark weht,
wovon in den heutigen Fußballarenen ohnehin aus-
zugehen ist, und die Schussgeschwindigkeit nicht
sehr groß ist, kann die Flugkurve des Balls einfach beschrieben und diskutiert werden. Diese Bedingungen
sind alle recht gut bei einem sogenannten »Heber«
über den Torwart erfüllt.

Die Grafik auf Seite 193 zeigt eine solche typische
Flugkurve eines Fußballs.

Die Flugbahn eines Fußballs (ohne Luftwiderstand)

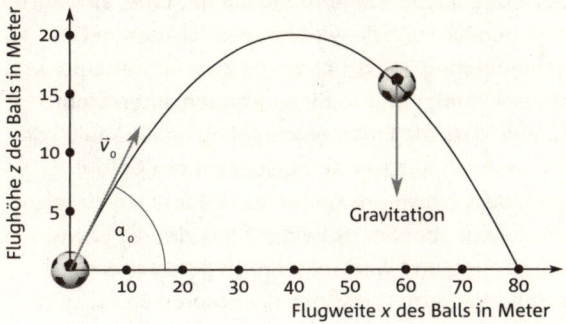

Nach rechts, in x-Richtung, und nach oben, in z-Richtung, sind die jeweilige Flugweite und Flughöhe des Balls aufgetragen. Die Linie gibt dann die Flugkurve des Balls wieder. Jeder Punkt auf dieser Linie gehört zu einer bestimmten Flugweite und Flughöhe und gibt somit die Lage des Balls im Raum an. Es ist zu beachten, dass die Skalen in x- und z-Richtung unterschiedlich sind, sodass die Kurve stärker nach oben auseinandergezogen erscheint. In Wirklichkeit verläuft die Flugkurve des Balls deutlich flacher. Bei der Berechnung der Flugkurve kommt es am Anfang auf zwei Größen an: die Abschussgeschwindigkeit v_0 und den Abschusswinkel α_0. Die Abschussgeschwindigkeit im obigen Beispiel ist mit $v_0 = 100\,\text{km/h}$ recht hoch und damit eher die Geschwindigkeit eines Ab- oder Freistoßes und nicht eines »Hebers«. Das macht aber nichts, da zunächst nur das Prinzip erläutert werden soll. Am Ende kommen wir darauf wieder zurück. Als Abschusswinkel wurde bei der Berechnung $\alpha_0 = 45°$ gewählt. Auf den Ball wirken während des Flugs durch die Luft die verschiedensten Kräfte ein, von denen wir nun nur die immer senkrecht nach unten zeigende Erdanziehungskraft berücksichtigen wollen. Jeder Gegenstand auf der Erde, also auch ein fliegender Fußball, wird mit der konstanten Erdbeschleunigung von $g = 9{,}81$ m/s² zum Erdmittelpunkt hin beschleunigt und somit angezogen. Interessant ist dabei, dass die Erdbeschleunigung unabhängig von der Masse des Körpers ist, obwohl wir das Gefühl haben, dass schwerere Körper schneller fallen als leichte. Dies liegt aber am Luftwiderstand, der die Bewegung hemmt, und wird später noch genauer erklärt werden. Wir vernachlässigen bei unseren Betrachtungen deswegen erst einmal den Luftwiderstand völlig, werden am Ende jedoch sehen, dass dies nicht so einfach gerechtfertigt ist.

Die Flugkurve in der obigen Abbildung hat eine charakteristische Form. Es ist eine sogenannte Wurfparabel, die symmetrisch bezüglich ihres höchsten Punktes ist. Der Fußball steigt gleichmäßig auf, bis er den höchsten Punkt erreicht hat, und fällt dann wieder ebenso gleichmäßig zu Boden. Eine solche Kurve kann auch experimentell beobachtet werden, wenn man beispielsweise die Flugkurve einer kleinen Holzkugel stroboskopisch beobachtet. Deutlich ist dann die symmetrische Form der Flugkurve zu erkennen. Dabei handelt es sich eigentlich um die Überlagerung von zwei Bewegungen: In horizontaler Richtung liegt eine gleichmäßige Bewegung mit konstanter Geschwindigkeit vor, der in senkrechter Richtung ein freier Fall, wie wir ihn schon im vorigen Abschnitt betrachtet haben, überlagert ist. Mit etwas Schulmathematik ergibt sich dann eine parabelförmige Flugbahn.

Nun stellt sich natürlich sofort eine Frage: Wie groß muss der Abschusswinkel sein, damit bei gleich bleibender Abschussgeschwindigkeit die Flugweite des Balls möglichst groß wird? Durch etwas Nachdenken lässt sich leicht feststellen, dass es in der Tat so etwas wie einen optimalen Abschusswinkel geben muss. Wenn der Abschusswinkel sehr klein ist, im Grenzfall also $\alpha_0 = 0°$, dann wird auch die Schussweite sehr klein sein und im Extremfall null Meter betragen, da der Ball gar nicht vom Boden abhebt. Wenn man aber den anderen Extremfall heranzieht und den Ball unter einem sehr großen Winkel und im Grenzfall $\alpha_0 = 90°$ abschießt, d. h. man schießt senkrecht nach oben, dann ist die Flugweite des Balls ebenfalls klein und im Extremfall null Meter, da der Ball zwar hoch, aber nicht weit fliegt. Dazwischen muss es also ein Optimum geben, bei dem der Ball einerseits so hoch fliegt, dass er lange genug in der Luft bleibt, aber andererseits auch nicht zu hoch fliegt, damit nicht zu viel Energie des Schusses in die Höhe geht statt in die Weite. In der Tat liegt das Optimum genau in der Mitte zwischen $\alpha_0 = 0°$ und $\alpha_0 = 90°$, also bei einem Abschusswinkel von $\alpha_0 = 45°$. Um diesen Winkel herum sind die Flugweiten dann symmetrisch verteilt. Die Grafik auf der nächsten Seite macht dies wieder klar.

Hier ist zu erkennen, dass die Schussweiten für $\alpha_0 = 25°$ (= 45° − 20°) und für $\alpha_0 = 65°$ (= 45° + 20°) gleich groß sind. Alle Kurven wurden für die gleiche Abschussgeschwindigkeit von $v_0 = 100\,\text{km/h}$ berechnet. Während der größere Abschusswinkel zu einer über 30 Meter hohen Flugkurve führt, erreicht der Ball im Fall des flachen Abschusswinkels nicht einmal acht Meter Flughöhe. Die Flugweite des Fußballs ist aber mit etwa 60 Metern in beiden Fällen gleich groß. Es ist nun leicht zu erkennen, warum das Optimum bei $\alpha_0 = 45°$ liegt. Einerseits ist die Flughöhe des Balls dann groß genug, sodass er lange genug in der Luft bleibt, andererseits

Wurfparabeln für unterschiedliche Abschusswinkel

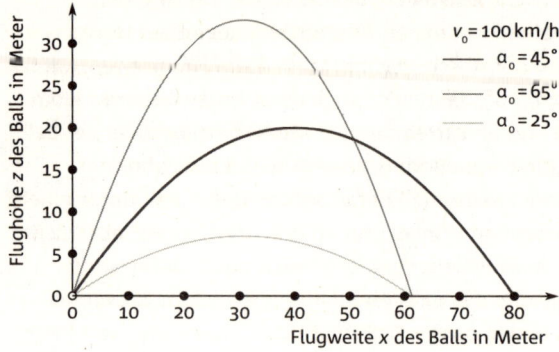

geht aber nicht zu viel Energie des Schusses in die Höhe.
$\alpha_0 = 45°$ ist also genau der optimale Wert zwischen
»zu flach« und »zu hoch«.

Etwas kann aber noch nicht stimmen. Wenn alles
so wäre, wie wir bisher gesagt haben, dann müsste ein
durchschnittlicher Abstoß von René Adler oder Manuel
Neuer mit einer Geschwindigkeit von $v_0 = 100$ km/h
bei einem Winkel von $\alpha_0 = 45°$ etwa 80 Meter weit fliegen[19]. 80 Meter Schussweite entsprächen in etwa der
Strecke vom Elfmeterpunkt des einen Torraums bis zum
gegnerischen Strafraum. Nun geht ein Abstoß aber
meist nicht weiter als bis zum Mittelkreis, also nur etwa
45 Meter weit. Auch sehen die Flugkurven nicht so
schön symmetrisch aus wie unsere Wurfparabeln in den

19 Übrigens kann man die maximale Flugweite mit der ein-
fachen Formel $x_{max} = v_0^2/g = (27,8\,\text{m/s})^2/(9,81\,\text{m/s}^2) = 79$ Meter exakt
berechnen. Die maximale Flughöhe ist dann $z_{max} = v_0^2/(4 \times g) = x_{max}/4$. Das Verhältnis von Flugweite zu Flughöhe des Fußballs ist
also 4:1, was noch einmal zeigt, dass die Flugkurve eines Balls
recht flach ist (vgl. die Abbildung auf Seite 193).

Abbildungen zuvor, vielmehr liegen asymmetrische sogenannte ballistische Kurven vor. Was ist also falsch? Ganz einfach, der Luftwiderstand spielt bei Flugkurven von Fußbällen eine sehr große Rolle. Da der Luftwiderstand eines Fußballs mit zunehmender Geschwindigkeit stark ansteigt, muss er gerade bei Schüssen wie Abstößen und Freistößen mitberücksichtigt werden. Bei Berücksichtigung des Luftwiderstands liegt übrigens der optimale Abschusswinkel für die maximale Flugweite eines Fußballs nicht mehr bei $\alpha_0 = 45°$. Ob der optimale Abschusswinkel dann größer oder kleiner als 45° ist, werden wir später noch sehen.

Wir haben also nachgewiesen, dass ein Fußball, wie jeder andere Körper auch, eine symmetrische Wurfparabel durchfliegen würde, wenn nur die Erdanziehung auf ihn einwirkt und man den Luftwiderstand vernachlässigen kann. Dann ergäbe sich für den Abschusswinkel $\alpha_0 = 45°$ die größte Schussweite. Der Luftwiderstand kann aber nur für relativ langsame Schüsse, wie etwa bei Antonín Panenkas Lupfer in die Mitte des deutschen Tores, tatsächlich vernachlässigt werden. Bei den meisten sonstigen Schüssen ist das nicht der Fall, und der Flug eines Fußballs durch die Luft ist weitaus komplizierter als bisher beschrieben.

Die »Coca-Cola-Formel« eines Fußballs

Ein Tag ohne Fußball ist ein verlorener Tag.

(Der Hamburger Erfolgstrainer Ernst Happel
über die Wichtigkeit des runden Leders)

Häufig kann die Flugbahn des Fußballs bei sehr langen Pässen sehr gut erkannt werden, da sich der Ball lange in der Luft befindet und die Kameraeinstellungen des Fernsehens dann die jeweilige Flugkurve wunderschön zeigen. Im vorigen Abschnitt haben wir die Flugkurve für den einfachsten Fall berechnet, bei dem der Luftwiderstand vernachlässigt wurde und nur die Gravitation als einzige Kraft auf den Ball einwirkt. Es ergaben sich dann symmetrische, parabelförmige Flugkurven mit recht unrealistischen Flugweiten. Diese Betrachtungen galten jedoch ohnehin nur für sehr kleine Ballgeschwindigkeiten. Wer aber genau aufpasst und Flugkurven von Fußbällen am Bildschirm studiert, sieht leicht, dass die Bahnen alles andere als schöne symmetrische Wurfparabeln sind, sondern deutlich komplizierter aussehen. Der Grund dafür ist der Luftwiderstand, der bei einem Fußball recht groß ist und die Flugbahn des runden Leders sehr stark beeinflusst. Wir wollen jetzt aber noch nicht die Flugbahn des Balls betrachten, sondern etwas genauer diskutieren, wovon der Luftwiderstand eines Fußballs abhängt und wie seine Flugeigenschaften allgemein vom Luftwiderstand beeinflusst werden. Die Flugbahnen werden wir dann in den nächsten Abschnitten im Detail besprechen.

Die Ursache des Luftwiderstands sind Wirbel, die entstehen, wenn die Luft den Ball im Flug umströmt.

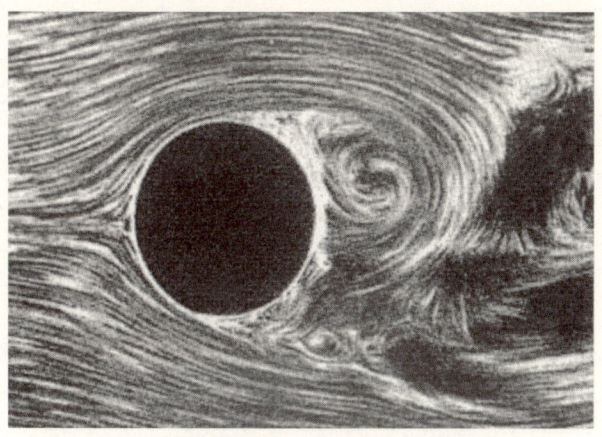

Wenn z. B. eine Kugel von einer Flüssigkeit umströmt wird, bilden sich hinter ihr Wirbel, wie in der obigen Abbildung deutlich zu sehen ist.

Eine ähnliche Situation würde sich ergeben, wenn ein Gas wie die Luft eine Kugel umströmt. Zunächst strömt die Luft gleichmäßig um die Kugel herum, um sich dann etwa bei der Hälfte von ihrer Oberfläche abzulösen. Dieses Ablösen ist offensichtlich die Ursache der Wirbelbildung und somit des Luftwiderstands.

Nun kann man sich fragen, wieso die Luft den Ball nicht einfach gleichmäßig umströmt, ohne Wirbel zu bilden? Der Grund ist ganz einfach: Sie schafft es nicht, weil auch Luft eine gewisse Zähigkeit (der physikalische Begriff ist Viskosität) besitzt, die das Fließen bzw. Strömen aufgrund innerer Reibung verlangsamt, wie man es von der Zähigkeit des Honigs her kennt. Die Zähigkeit der Luft ist natürlich sehr viel kleiner als die von Honig, aber sie ist eben nicht null. Die die Oberfläche des Fußballs direkt umströmende Luft löst sich also irgendwann von dieser Oberfläche ab und bildet Wirbel. Der ganze Vorgang findet in einer nur wenige Millimeter dicken Schicht, der sogenannten Prandtl'schen Grenzschicht, statt. Wichtig ist nun, dass das selbst dann passiert, wenn die Oberfläche der Kugel perfekt glatt ist. Genau genommen ist der Effekt sogar bei einem perfekt glatten Fußball am größten, wie wir noch sehen werden. Durch das Ablösen einzelner Luftwirbel in der Grenzschicht entstehen hinter jeder Kugel, also auch jedem Fußball, der durch die Luft fliegt, immer Wirbelschleppen, die dem Ball Energie entziehen und seine Bewegung somit verlangsamen.

Der Grad der Wirbelbildung an der Oberfläche hängt nun offensichtlich von der Geschwindigkeit der Luft ab, welche die Kugel umströmt. Dies ist aber gerade die Geschwindigkeit, mit der unser Fußball durch die Luft fliegt. Je schneller sich der Ball bewegt, desto eher löst sich die Luft von der Oberfläche des Balls ab und desto mehr Wirbel sollten somit entstehen. Eine sehr komplexe Betrachtung zeigt, dass der Luftwiderstand einer Kugel quadratisch von der Geschwindigkeit v abhängt, d.h. wenn sich die Geschwindigkeit verdoppelt, vervierfacht sich der Luftwiderstand.[20]

---

20 Eine genaue Analyse ergibt für die Kraft, die der Luftwiderstand auf den Ball ausübt, den Ausdruck $F_{Luftw.} = 1/2 \times \rho \times c_W \times A \times v^2$. Dabei ist $\rho = 1{,}2$ Gramm pro Liter die Dichte der Luft und c_W ist der sogenannte Luftwiderstandsbeiwert, der die Stromlinienförmigkeit eines sich durch die Luft bewegenden Körpers angibt. Für eine Kugel gilt $c_W \approx 0{,}3$ bis $0{,}5$. Die Größe A ist die Querschnittsfläche eines Fußballs, die sich mittels $A = \pi \times r^2$ und dem bekannten Radius von $r = 11$ cm eines FIFA-Fußballs leicht berechnen lässt.

Der Luftwiderstand für eine perfekt glatte Kugel

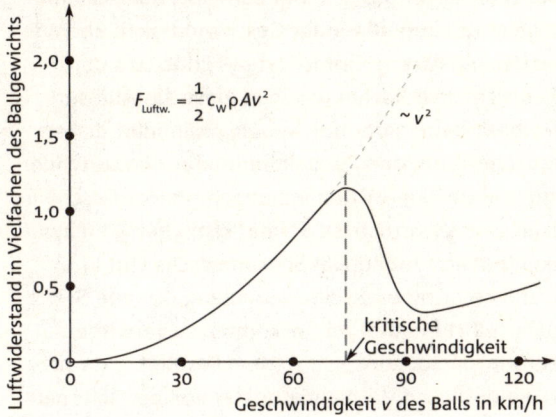

Zur vollständigen Beschreibung muss allerdings noch die Richtung der Kraft des Luftwiderstands angegeben werden. Sie wirkt immer direkt entgegengesetzt zur Bewegungsrichtung des Fußballs. Im Gegensatz zur Gravitation, die immer in die gleiche Richtung, nämlich senkrecht nach unten wirkt, ändert sich diesmal also auch in jedem Punkt der Flugkurve die Richtung der wirkenden Luftwiderstandskraft. Das macht die mathematische Berechnung einer Flugbahn nicht gerade einfacher.

Die obige Grafik zeigt eine solche Kurve für einen völlig glatten Fußball. Die Luftwiderstandskraft ist hier in Vielfachen des Ballgewichts als Funktion der Ballgeschwindigkeit angegeben.

Es ist zu erkennen, dass der Luftwiderstand quadratisch mit der Geschwindigkeit ansteigt, wie wir das auch eben diskutiert haben. Allerdings passiert für Geschwindigkeiten im Bereich von etwa 75 bis 90 km/h, oberhalb der sogenannten kritischen Geschwindigkeit, etwas sehr Merkwürdiges: Der Luftwiderstand nimmt nun stark mit zunehmender Geschwindigkeit ab! Wie kann das passieren? Einfach ist die Erklärung dafür sicher nicht. Wir hatten gesehen, dass das Ablösen von Luftwirbeln in der nur wenige Millimeter dicken Grenzschicht um den Fußball herum für den Luftwiderstand und dessen Anstieg mit zunehmender Geschwindigkeit verantwortlich ist. Bei der kritischen Geschwindigkeit passiert nun etwas Seltsames: Die Luft in der Grenzschicht wird selbst turbulent, d.h. die Grenzschicht selbst beginnt mikroskopisch zu verwirbeln. Dies führt paradoxerweise zu dem Resultat, dass sich nun die größeren Wirbel viel später von der Balloberfläche ablösen können als vorher, da die mikroskopischen Wirbel die Grenzschicht dominieren und diese den Luftwiderstand bestimmt. Als Ergebnis folgt dann, dass die Wirbelschleppe kleiner wird und der Luftwiderstand insgesamt drastisch abnimmt, wie an der Abbildung gegenüber zu erkennen ist.

Wenn nun aber der Luftwiderstand eines Fußballs so von der Geschwindigkeit abhängen würde, wie es die Abbildung auf Seite 201 zeigt, hätte dies immense Konsequenzen für das Spiel. Bei jedem etwas stärkeren Schuss, dessen Geschwindigkeit oberhalb der kritischen Geschwindigkeit liegt, würde der Luftwiderstand zunächst mit abnehmender Geschwindigkeit zunehmen, durch ein Maximum laufen und dann wieder abnehmen. Die Flugkurve des Balls würde merkwürdig aussehen – der Ball würde in der Luft »flattern«.

Die bisherigen Betrachtungen galten aber auch nur für eine perfekt glatte Kugel von der Größe eines Fußballs. Jeder Fußball, auch der so glatte *Teamgeist*-Ball der WM 2006, hat aber Nähte oder andere Auf-

Was passiert bei der kritischen Geschwindigkeit?

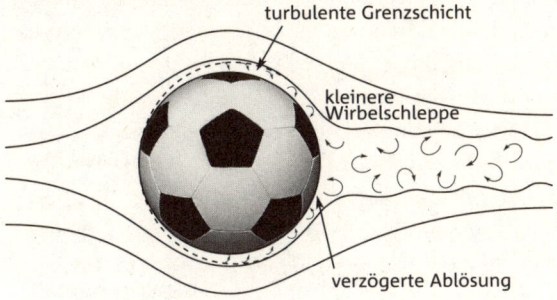

turbulente Grenzschicht

kleinere Wirbelschleppe

verzögerte Ablösung

rauungen an der Oberfläche. Diese raue Oberfläche sorgt nun dafür, dass mikroskopische Wirbel in der Grenzschicht auch schon für sehr geringe Geschwindigkeiten auftreten. Diese kleinen Wirbel werden also durch die Unebenheiten auf der Oberfläche gezielt abgelöst und verhindern, dass sich die großen Wirbel bilden, die den Luftwiderstand ansonsten bestimmen. Insgesamt ergibt sich ein Netto-Gewinn, denn die verwirbelte Grenzschicht bewirkt eine Verringerung des gesamten Luftwiderstands, wie die Abbildung oben zeigt. Weiterhin wird auch verhindert, dass es so etwas wie eine kritische Geschwindigkeit überhaupt gibt, oberhalb der der Luftwiderstand abnimmt. Der Luftwiderstand ist dann eine monoton steigende Funktion der Geschwindigkeit, wie in der Grafik auf Seite 204 zu sehen ist.

Die Messkurve des Luftwiderstands für einen realen Fußball, wie sie der Engländer John Wesson auf einem Flugplatz mit einer selbst gebauten Apparatur ermittelt hat[21], zeigt nun einen fast gleichmäßigen Anstieg, der

21 John Wesson, *The Science of Soccer*, IOP Publishing Ltd. 2002.

Der Luftwiderstand für einen realen Fußball

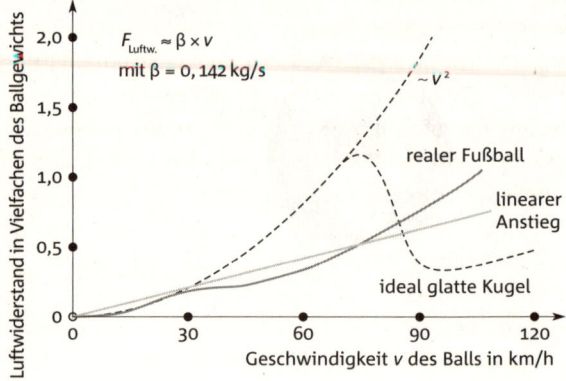

recht gut durch die Gerade mit der Formel $F_{Luftw.} = \beta \times v$ angenähert werden kann, wobei $\beta = 0{,}142$ kg/s ist. Der Luftwiderstand eines Fußballs wird also durch eine gleichmäßig steigende Funktion ausgedrückt. Der Grund dafür ist seine durch die Nähte unregelmäßig geformte Oberfläche.

Warum nehmen wir im Folgenden nicht einfach die Luftwiderstandskurven aller Bälle, wie sie die Hersteller etwa für den *Teamgeist*-Ball angeben, sondern die Messung des Amateurs John Wesson, die er für einen herkömmlichen Fußball im Jahr 2001 gemacht hat? Ganz einfach: Die Hersteller geben diese Kurven nirgends an! Die Luftwiderstandskurve ist so etwas wie die »Coca-Cola-Formel« eines Fußballs – das Geheimrezept, aus dem sich alle Flugeigenschaften bestimmen lassen! Die genaue Luftwiderstandskurve muss für jedes neue Modell eines Fußballs mit neuer Oberflächenstruktur im Windkanal gemessen werden, damit man absolut sicher sein kann, dass das Phänomen der kritischen Geschwindigkeit nicht auftaucht und der Ball bei großen Geschwindigkeiten nicht anfängt zu »flattern«. Messungen im Windkanal sind aber teuer und für den Normalbürger nicht zu bezahlen. Der Konkurrenz möchte man sie wohl nicht gratis überlassen – deswegen veröffentlichen die Hersteller die Luftwiderstandskurven ihrer Fußbälle nicht.

Ein Fußball fliegt also nur deswegen so gleichmäßig durch die Luft, weil er eine raue Oberfläche hat. Durch diese Unregelmäßigkeiten der Oberfläche wird sein Luftwiderstand reduziert, und er »flattert« in der Regel nicht, sondern lässt sich von unseren Profis sehr gezielt über viele Meter zum Mitspieler passen. Die Luftwiderstandskurve eines guten Fußballs, also die Luftwiderstandskraft als Funktion der Geschwindigkeit, sollte daher eine stetig ansteigende, fast gerade Linie sein. Kennt man diese Kurve, dann kennt man auch die genauen Flugeigenschaften des Balls. Diese Luftwiderstandskurve ist somit genauso wichtig für den Hersteller wie die »Coca-Cola-Formel« für das gleichnamige Getränk.

Die Ballistik von Fußbällen und Kanonenkugeln

*Die schönsten Tore sind diejenigen, bei denen
der Ball schön flach oben rein geht.*

(Mehmet Scholl zum Thema Kunstschüsse)

Das Tor des Jahres 1989 war ein sagenhafter Schuss
des Bayern-Kapitäns Klaus Augenthaler. Im Pokalspiel gegen Eintracht Frankfurt fasste er sich ein Herz
und zog vom Mittelkreis einfach mal ab, denn er
hatte gesehen, dass der Frankfurter Keeper Uli Stein
recht weit vor seinem Kasten rumturnte. Der Ball
war ewig lange in der Luft, Uli Stein sah das Unheil
auf sich zukommen, lief hektisch zurück, doch er
war zu spät gestartet. Der Ball senkte sich erbarmungs-
los hinter ihm in die Maschen. 1:0 für die Bayern –
der Endstand!

Häufig fragt man sich bei schönen Toren, die
durch solche Schüsse aus größerer Distanz erzielt
werden, warum der Torwart die Flugbahn des
Balls nicht besser eingeschätzt und den Ball nicht
einfach gehalten hat. Der Ball ist immerhin sehr
lange in der Luft, und man kann die Flugkurve genau
erkennen. Wieso kann man sie offensichtlich nur
sehr schwer einschätzen?

Um dieses Problem zu lösen, wollen wir uns nun
noch einmal etwas genauer mit den Flugkurven
von Fußbällen befassen und die Überlegungen der
vorigen zwei Abschnitte deutlich erweitern. Dort
wurde zunächst der einfachste Fall behandelt, bei
dem insbesondere der Einfluss des Luftwiderstands,
neben dem des Winds und eines möglichen Dralls,
auf die Flugkurve nicht berücksichtigt wurde. Dies

Die Flugbahn eines Fußballs mit Luftwiderstand

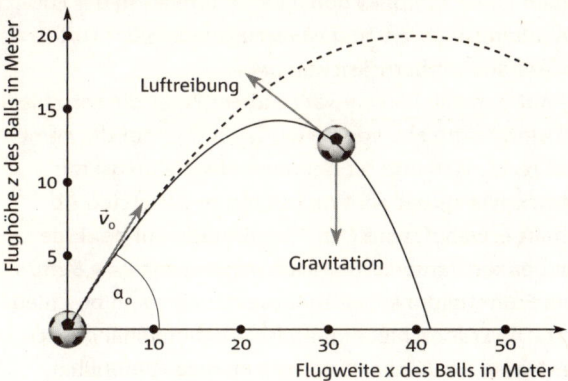

ist aber in der Regel nicht gerechtfertigt. Der Luftwiderstand hat einen sehr großen Einfluss auf die Flugkurve eines Fußballs, wie im Folgenden zu sehen sein wird.

Die obige Grafik zeigt die Flugbahn eines Fußballs und die Kräfte, die auf ihn einwirken. Nach rechts in x-Richtung und nach oben in z-Richtung sind die jeweilige Flugweite und Flughöhe des Balls aufgetragen. Die durchgezogene Linie gibt dann die Flugkurve des Balls wieder. Jeder Punkt auf dieser Linie gehört zu einer bestimmten Flugweite und Flughöhe. Damit wird die Lage des Balls im Raum eindeutig angegeben. Die Skalen in x- und z-Richtung sind unterschiedlich, sodass die Kurve wieder stärker nach oben auseinandergezogen erscheint. In Wirklichkeit verläuft die Flugkurve des Balls natürlich deutlich flacher. Bei der Berechnung der Flugkurve kommt es auf mehrere Parameter an. Die gezeigte Kurve ist für eine Abschussgeschwindigkeit von $v_0 = 100 \, \text{km/h}$ und einen Abschusswinkel von $\alpha_0 = 45°$

berechnet worden. Diese Werte entsprechen etwa denen eines Abstoßes durch einen Torwart in der Fußball-Bundesliga. Wichtig ist nun aber, dass der Luftwiderstand mitberücksichtigt wurde.

Auf den Ball wirken während des Flugs die verschiedensten Kräfte ein, von denen wir bisher nur die immer senkrecht nach unten zeigende Erdanziehungskraft berücksichtigt haben. Wie bereits im vorletzten Abschnitt erwähnt, wird jeder Gegenstand auf der Erde mit der konstanten Erdbeschleunigung von $g = 9,81\,m/s^2$ zum Erdmittelpunkt hin angezogen und somit beschleunigt. Die Erdbeschleunigung ist dabei unabhängig von der Masse des Körpers, obwohl man das Gefühl hat, dass schwerere Körper schneller fallen als leichte. Dies liegt aber am Luftwiderstand, den wir nun mitberücksichtigen wollen und der einen großen Einfluss auf die Flugkurve eines Fußballs hat. Der Luftwiderstand übt eine zusätzliche Kraft auf den Fußball aus, die parallel und entgegen der augenblicklichen Bewegungsrichtung gerichtet ist, wie in der Grafik auf Seite 207 angedeutet.

Bei der Berechnung wurde eine Reibungskraft zugrunde gelegt, die linear mit der Geschwindigkeit des Fußballs ansteigt. Man bezeichnet diesen Fall als Stokes-Reibung. Es gilt also $F_{Luftreibung} = \beta \times v$. Dies wurde im letzten Abschnitt mit den Oberflächeneigenschaften eines Fußballs genauer begründet. Die Kurve in der vorherigen Grafik zeigt dann die Flugkurve eines Fußballs für den Fall $\beta = 0,142\,kg/s$. Dieser empirische Wert, der direkt mit der Beschaffenheit der Oberfläche eines Fußballs zusammenhängt, wurde ebenfalls im letzten Abschnitt genauer erklärt. Man beachte nun, dass sich die Flugkurve mit Luftwiderstand (durchgezogene Linie) drastisch verändert hat, wenn man sie mit der

Kurve ohne Luftwiderstand (gestrichelte Linie) vergleicht. Ohne Luftwiderstand käme der mit 100 km/h unter einem Abschusswinkel von 45° getretene Ball ca. 80 Meter weit, würde etwa 20 Meter hoch steigen und vollführte eine völlig symmetrische Flugkurve, die auch als Wurfparabel bezeichnet wird (siehe die Abbildungen des vorletzten Abschnitts). Unter Berücksichtigung des Luftwiderstands fliegt der unter denselben Anfangsbedingungen getretene Ball aber nur etwa 42 Meter weit, dabei nur 14 Meter hoch, und die Flugkurve ist nun stark asymmetrisch. Es handelt sich um eine sogenannte ballistische Kurve, bei der der Ball, nachdem er die maximale Höhe erreicht hat, in der zweiten Flugphase nicht mehr so weit kommt wie in der ersten. In unserem Beispiel erreicht der Ball nach etwa 24 Metern Flugweite seine maximale Höhe und fliegt dann nur noch weitere 18 Meter weit. 42 Meter sind übrigens eine durchaus realistische Weite für den Abstoß eines Torwartes, da dies in etwa die Distanz vom Fünfmeterraum bis kurz hinter den Mittelkreis ist. Eine Vergrößerung des Reibungsparameters β verändert die Flugkurve übrigens nur im zweiten Teil. Der Ball stürzt für große β-Werte in der zweiten Flugphase noch drastischer ab und wird so immer schwerer einschätzbar.

Mathematisch kann man die Flugkurve $z(x)$ eines Fußballs unter Berücksichtigung des Luftwiderstands $F_{Luftreibung} = \beta \times v$ durch eine recht komplizierte Formel ausdrücken. Diese Formel wird in der nächsten Abbildung für Experten mitangegeben. Im vorletzten Abschnitt wurde schon erwähnt, dass der optimale Schusswinkel für die maximale Flugweite eines Fußballs nicht mehr $\alpha_0 = 45°$ ist, wenn der Luftwiderstand mitberücksichtigt wird. Qualitativ kann die Frage, ob der

Der optimale Abschusswinkel mit Luftwiderstand

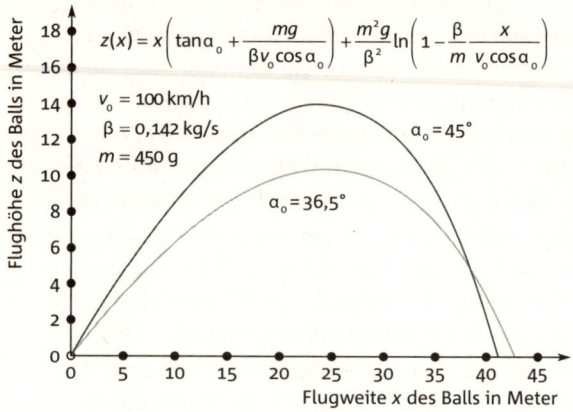

$$z(x) = x\left(\tan\alpha_0 + \frac{mg}{\beta v_0 \cos\alpha_0}\right) + \frac{m^2 g}{\beta^2}\ln\left(1 - \frac{\beta}{m}\frac{x}{v_0 \cos\alpha_0}\right)$$

$v_0 = 100\,\text{km/h}$

$\beta = 0{,}142\,\text{kg/s}$

$m = 450\,\text{g}$

$\alpha_0 = 45°$

$\alpha_0 = 36{,}5°$

Flughöhe z des Balls in Meter

Flugweite x des Balls in Meter

optimale Abschusswinkel dann größer oder kleiner als 45° ist, sofort beantwortet werden: Er muss abnehmen. Generell gilt: Je länger die Luftreibungskraft wirkt, desto mehr Bewegungsenergie wird dem Ball entzogen, und desto kürzer wird er daher fliegen. Bei Abschusswinkeln über 45° war der Ball aber deutlich länger in der Luft als bei solchen unter 45°. Also sollte der optimale Abschusswinkel sinken. Dies aber genau auszurechnen ist nicht ganz einfach und gelingt nur in Spezialfällen. Für unseren Fall zeigt die obige Abbildung das Ergebnis einer numerischen Analyse.

Der optimale Abschusswinkel ist nun also auf 36,5° gesunken. Der Ball fliegt dann zwar nicht mehr so hoch wie der unter 45° abgeschossene, aber er fliegt etwa 1,50 Meter weiter – kein großer Gewinn, aber immerhin. Generell gilt daher, dass ein Torhüter beim Abstoß etwa den Bereich zwischen 30° und 40° einhalten sollte, um annähernd die optimale Flugweite

Die maximale Schussweite mit Luftwiderstand

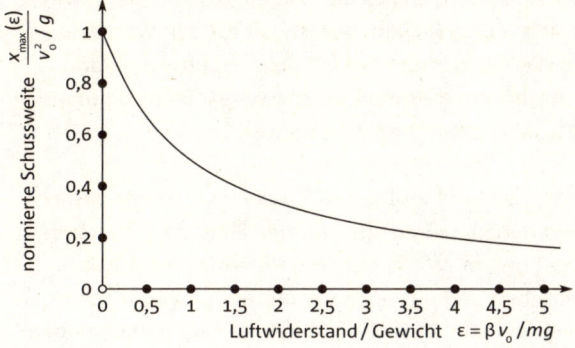

zu erzielen. Ansonsten fliegt der Ball zu flach ($\alpha_0 < 30°$), oder es geht zu viel Energie in die Flughöhe ($\alpha_0 > 40°$) des Balls.

Zum Abschluss soll noch gezeigt werden, wie die maximale Schussweite, also die bei gegebener Abschussgeschwindigkeit für den optimalen Abschusswinkel erzielte Flugweite eines Fußballs, vom Luftwiderstand abhängt. Ohne Luftwiderstand wäre diese Flugweite einfach gegeben durch v_0^2/g, was für $v_0 = 100$ km/h und $g = 9{,}81$ m/s² eine Flugweite von etwa 80 Metern ergibt. Die Abbildung auf dieser Seite zeigt nun die jeweilige Flugweite bezogen auf diesen Wert ohne Luftwiderstand. Dabei wird die Flugweite von dem Verhältnis $\varepsilon = \beta v_0/mg$ aus dem Luftwiderstand und dem Gewicht des Balls bestimmt.

Wir lesen ab, dass sich für $\varepsilon = 0{,}89$, was unserem Beispielschuss entspricht, der Wert von etwa 0,5 ergibt. Das bedeutet, dass sich die Schussweite durch den

Luftwiderstand halbiert, so wie wir das bisher auch festgestellt haben. Im Fall der halben Abschussgeschwindigkeit von $v_0 = 50$ km/h lesen wir für den Wert $\varepsilon = 0{,}45$ aus der Grafik den Wert 0,7 ab. Der Luftwiderstand reduziert die maximale Schussweite jetzt also nur auf 70 % ihres ursprünglichen Wertes.

Alles, was wir hier für den Flug eines Fußballs besprochen haben, würde auch für den Flug einer Kanonenkugel gelten. Wir haben also im Prinzip »Ballistik« betrieben und uns auch der Methoden dieser schon lange bekannten Disziplin bedient.[22] Menschen haben sich schon immer für das Flugverhalten von Kanonenkugeln interessiert und versucht, deren Bahnen genauestens zu berechen. Allerdings ist für eine etwa 100 kg schwere Kanonenkugel der Parameter ε deutlich kleiner als für einen Fußball, selbst wenn man bedenkt, dass eine Kanonenkugel schneller durch die Luft fliegt. Dies machte die Berechnungen für Kanonenkugeln viel einfacher, sodass sie auch schon vor etwa 300 Jahren ohne Computer durchgeführt werden konnten. Fußbälle hingegen bewegen sich immer im Bereich $\varepsilon \approx 1$, ein Bereich, der nicht ohne Computer analysiert werden kann. Vor etwa 300 Jahren hätte man zwar schon mit unseren Fußbällen spielen können – ihre Flugbahnen waren aber nicht vorauszuberechnen!

Wir verstehen nun auch, dass das Unterschätzen der Flugbahnen bei Fußbällen von Torhütern durchaus vorkommen kann, da die ballistischen Flugkurven sehr asymmetrisch und damit nicht leicht vorhersehbar

22 Hierzu sei dem physikalisch interessierten Leser das kleine Büchlein von Neville de Mestre, *The Mathematics of Projectiles in Sport*, Australian Mathematical Society, Lecture Series 6, Cambridge University Press 1990, empfohlen.

sind. Ein Fußball, der über einen längeren Zeitraum in einer ersten Flugphase bis zum höchsten Punkt seiner Bahn aufsteigt, kann eine sehr stark verkürzte zweite Flugphase haben und sich recht plötzlich hinter einem Torwart ins Netz senken. Dies ist zu einem Teil sicher auch der Unfähigkeit des betreffenden Torhüters geschuldet, aber eben auch die Konsequenz aus der Tatsache, dass ein Fußball wegen des Luftwiderstands allein schon recht kompliziert durch die Gegend fliegt. Es war also nicht nur Unfähigkeit von Uli Stein, als er das Tor des Jahres 1989 von Klaus Augenthaler aus dem Mittelkreis eingeschenkt bekam. Dabei haben wir eigentlich wieder nur den einfachen Flug eines Fußballs durch die Luft betrachtet und sind schon auf recht komplexe Zusammenhänge gestoßen – wir haben aber bei Weitem immer noch nicht alle Einflüsse berücksichtigt.

Warum Fußbälle garantiert nicht »flattern«

»Beim 0:1 sehe ich unglücklich aus, ob der Ball geflattert hat oder nicht – aber er flattert natürlich.«

(Der Frankfurter Keeper Oka Nikolov nach dem 0:2 bei Bayern München am 9. Spieltag der Saison 2006/07)

Das Spielgerät – also der Fußball – gerät vor einem Großereignis regelmäßig in die Schlagzeilen. Torhüter bauen in der Regel schon einmal für den Fall vor, dass sie einen leichten Ball reinlassen, und behaupten, dass der jeweils neueste Ball »flattern« würde. Wir sollten uns deswegen noch einmal mit dem Spielgerät befassen. In der letzten Woche vor der EM 2008 war in vielen Zeitungen zu lesen, dass der neue *Europass-*

Ball »flattern« würde. Insbesondere Jens Lehmann hat seine eher mäßige Leistung bei den Vorbereitungsspielen mit dem »Flattern« des Balls zu erklären versucht. Auch vor und während der WM 2006 wurde viel darüber spekuliert, dass sich der neue *Teamgeist*-Ball merkwürdig in der Luft bewege, da am Anfang ungewöhnlich viele Tore durch Weitschüsse erzielt wurden. Selbstverständlich waren daran nicht die Torhüter schuld, sondern die »bösen Bälle«, die so unkontrolliert in der Luft »flattern« würden. Am 4. Dezember 2009 wurde der neue Ball *Jabulani* für die WM 2010 in Südafrika vorgestellt. Schon am Tag darauf stöhnten die Bundesliga-Torhüter, dass der Ball extrem »flattern« würde. Wir wollen nun allen bisherigen und zukünftigen EM- und WM-Torhütern die Möglichkeit der Entschuldigung einer schwachen Leistung durch »Flatterbälle« nehmen, indem wir etwas genauer analysieren, was es überhaupt bedeutet, wenn ein Ball in der Luft »flattert«.

Im vorletzten Abschnitt haben wir gesehen, was den Luftwiderstand eines Balls beeinflusst. Wichtig war hierbei, dass der Luftwiderstand eines Fußballs monoton mit der Geschwindigkeit ansteigen sollte. Dies wurde durch seine raue Oberfläche erreicht. Für eine ideal glatte Kugel würde der Luftwiderstand bis zur kritischen Geschwindigkeit von etwa 70 km/h ansteigen, um dann stark abzufallen. Ein solcher Ball würde in der Tat in der Luft »flattern«, wie die folgende Analyse zeigt.

Wenn ein Ball durch die Luft fliegt und einen Drall hat, d. h. um eine senkrechte Achse rotiert, wird er seitlich abgelenkt. Der Physiker spricht hier vom sogenannten Magnus-Effekt. Dieser Effekt ist also dafür verantwortlich, dass man etwa eine »Bananenflanke«

Richtige Erklärung des Magnus-Effekts

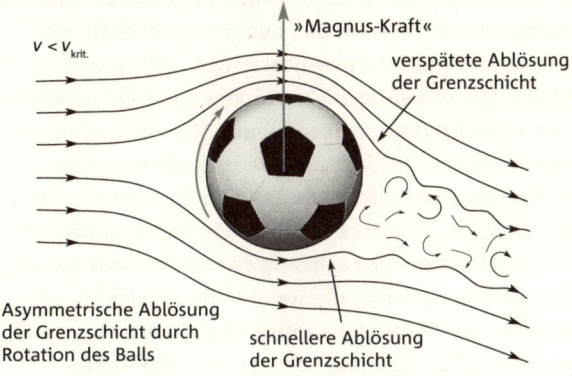

$V < V_{krit.}$

»Magnus-Kraft«

verspätete Ablösung
der Grenzschicht

Asymmetrische Ablösung
der Grenzschicht durch
Rotation des Balls

schnellere Ablösung
der Grenzschicht

oder einen Freistoß um die Mauer herumschießen
kann. Wie der Magnus-Effekt funktioniert, zeigt die
Grafik oben.

Wie im vorletzten Abschnitt beschrieben, kommt
der Luftwiderstand dadurch zustande, dass sich bei
dem Flug durch die Luft hinter dem Fußball Wirbel
bilden, die dem Ball letztlich Energie und Impuls entziehen. Diese Wirbel werden gebildet, weil die Luft
beim Umströmen an einer bestimmten Stelle von der
Oberfläche des Balls abgelöst wird. Wenn er nun aber
rotiert, geschieht diese Ablösung der Luftwirbel nicht
mehr gleichmäßig, wie wir anhand der obigen Grafik,
die das Geschehen in einer Draufsicht darstellt, sehen.
An der oberen Seite wird die Luft weiter um den Ball
herumgeführt, wenn dieser sich wie durch den Pfeil
angedeutet dreht. Dadurch löst sie sich später von der
Oberfläche ab. Das Gegenteil passiert an der Unterseite,
weil sich die vom Ball aufgrund seiner Rotation mit-
geführte Luft nun entgegengesetzt zur den Ball umströ-

menden Luft bewegt. Hier löst sich die Luft also früher von seiner Oberfläche ab. Im Ergebnis ist die Wirbelschleppe hinter dem Fußball nun nicht mehr symmetrisch, sondern in einem Winkel gegen die Horizontale geneigt. Da die Wirbel nicht nur Energie, sondern auch einen Impuls tragen, wirken nun Kräfte, weil nach dem 2. Newton'schen Axiom die Änderung eines Impulses einer wirkenden Kraft entspricht. Die Komponente der Impulsänderung in horizontaler Richtung ist einfach wieder der Luftwiderstand. Es gibt nun aber auch eine vertikale Komponente, die somit einer senkrecht *auf die Luft* (!) einwirkenden Kraft entspricht. Nach dem 3. Newton'schen Axiom gibt es zu jeder Kraft eine Gegenkraft (»actio = reactio«). Diese Gegenkraft – die Magnus-Kraft – wirkt auf den Ball, indem sie ihn senkrecht aus seiner Flugbahn ablenkt und für den Bananenflanken-Effekt sorgt. Wir sehen also: Wie eine Bananenflanke funktioniert, ist gar nicht so einfach zu verstehen! Unsere obige Erklärung ist übrigens die richtige. Warum muss das hier erwähnt werden? Aus gutem Grund: Es gibt auch eine viel einfachere Erklärung über den sogenannten Bernoulli-Effekt, die zwar im Prinzip das Phänomen qualitativ erklärt, aber genau genommen nicht korrekt ist. Sie ist aber wegen ihrer Einfachheit auch in vielen Lehrbüchern zu finden. Mit ihr könnten wir zwar auch den Magnus-Effekt, aber nicht das »Flattern« eines Balles erklären.

Unsere Erklärung zeigt, dass der Magnus-Effekt bei jedem Ball auftreten sollte. Bananenflanken haben wir also bei jedem Fußball zu erwarten. Sie gehören zum schönen Spiel. Die Grafik auf der nächsten Seite zeigt berechnete Verläufe von Flugbahnen eines Fußballs, der normale Flugeigenschaften hat und mit $v_0 = 100 \, \text{km/h}$ unter einem Abschusswinkel von $\alpha_0 = 45°$

Der Flug eines Fußballs mit normalem Magnus-Effekt

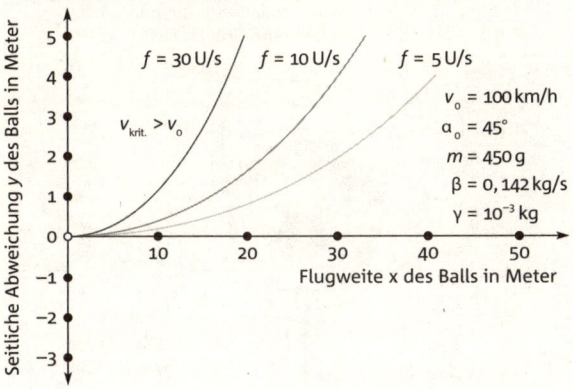

geschossen wird und sich dabei mit einer Frequenz von fünf, zehn und 30 Umdrehungen pro Sekunde um eine vertikale Achse dreht.

Der Ball wird also nach 40 Metern Flugweite etwa vier Meter aus seiner Flugbahn ausgelenkt, wenn er in der Luft mit fünf Umdrehungen pro Sekunde rotiert. Der Magnus-Effekt hat mithin einen recht großen Einfluss.

Doch wie kommt es nun zum »Flattern«? Ganz einfach: Wenn der Ball keine Nähte an seiner Oberfläche hätte und beispielsweise eine perfekt glatte Kugel wäre, nähme sein Luftwiderstand bei der kritischen Geschwindigkeit ab, wie es im vorletzten Abschnitt diskutiert wurde. Bei der kritischen Geschwindigkeit bilden sich kleine Wirbel an der Oberfläche des Balls, die effektiv die Bildung von großen Wirbeln verhindern und somit den Luftwiderstand reduzieren. Wenn man einen solchen glatten Ball so schießt, dass er etwa die kritische Geschwindigkeit erreicht, und er dabei in

Wieso kann sich der Magnus-Effekt umkehren?

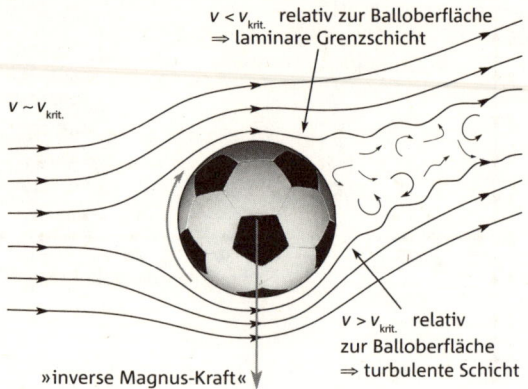

$v < v_{krit.}$ relativ zur Balloberfläche
⇒ laminare Grenzschicht

$v \sim v_{krit.}$

$v > v_{krit.}$ relativ
zur Balloberfläche
⇒ turbulente Schicht

»inverse Magnus-Kraft«

Rotation versetzt wird, kann es zum sogenannten inversen Magnus-Effekt kommen. Die Grafik oben soll den Sachverhalt veranschaulichen.

Wenn der Ball nun genauso wie vorher rotiert, ist die Relativgeschwindigkeit der umströmenden Luft an seiner Oberseite im Vergleich zu der Luft in der Grenzschicht an der Oberfläche kleiner als die kritische Geschwindigkeit. Es liegt in diesem Fall dann noch eine sogenannte laminare Strömung vor, und es bilden sich eher größere Wirbel. An der Unterseite des Balls passiert genau das Gegenteil: Hier ist die Relativgeschwindigkeit größer als die kritische Geschwindigkeit, die Grenzschicht wird selbst turbulent mit dem Ergebnis, dass die Bildung großer Wirbel unterdrückt wird und die Wirbelbildung insgesamt später einsetzt. Auch dieses Mal lösen sich die Wirbel wieder asymmetrisch vom Ball ab, allerdings ist die Wirbelschleppe im Gegensatz zum Magnus-Effekt nun in die entgegen-

Der Flug eines Fußballs mit inversem Magnus-Effekt

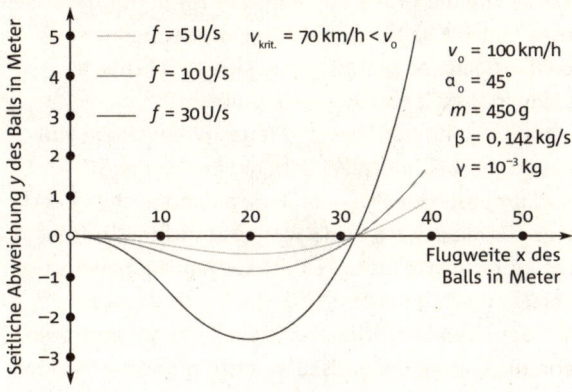

gesetzte Richtung abgelenkt. Dies führt dann natürlich auch dazu, dass die Magnus-Kraft in die entgegengesetzte Richtung zeigt.

Wie können wir nun das »Flattern« des Balles erklären? Man schießt einen Fußball mit einer Geschwindigkeit oberhalb der kritischen Geschwindigkeit, wobei der Ball – möglicherweise ungewollt – auch angeschnitten wird und um eine senkrechte Achse in der Luft rotiert. Der Ball wird dann zunächst wegen des inversen Magnus-Effekts, wie oben beschrieben, in eine Richtung abgelenkt. Nun wird er aber auch durch den Luftwiderstand langsamer und erreicht irgendwann eine Geschwindigkeit unterhalb der kritischen Geschwindigkeit. Ab jetzt wirkt dann der »normale« Magnus-Effekt und lenkt den Ball in die entgegengesetzte Richtung ab. Insgesamt hat er sich auf seiner Flugstrecke aus Sicht des Torwarts hin und her bewegt – er ist »geflattert«. Dies ist in der obigen

Grafik nochmals deutlich zu sehen, die die gleichen Schüsse wie die Grafik auf Seite 217 zeigt, nur dass dieses Mal ein Ball berücksichtigt wurde, bei dem die Oberfläche so glatt ist, dass sich eine kritische Geschwindigkeit von 70 km/h ergibt.

 Warum kann nun dieses »Flattern« bei einem Fußball und insbesondere bei dem neuen *Teamgeist*- oder *Europass*- oder *Jabulani*-Fußball und auch bei den Bällen für die EM 2012 und WM 2014 nicht auftreten? Ganz einfach: Weil es bei einem solchen Fußball höchstwahrscheinlich gar keine kritische Geschwindigkeit gibt! Der eben beschriebene Effekt kann nur auftreten, wenn die Luftwiderstandskurve nicht monoton mit steigender Geschwindigkeit ansteigt. Der von John Wesson vermessene Fußball (siehe die Abbildung auf Seite 204) kann somit nicht »flattern«, weil seine Luftwiderstandskurve monoton mit der Ballgeschwindigkeit ansteigt. Es gibt damit keine kritische Geschwindigkeit. Diese Luftwiderstandskurve muss ein Hersteller von Fußbällen aber auf jeden Fall kennen. Da sie in einem Windkanal gemessen werden kann, ist es relativ einfach, noch vor dem Verkauf der Bälle genaue Messungen anzustellen und insbesondere das »Flattern« zu unterdrücken. Es erscheint daher äußerst unwahrscheinlich, dass bei Bällen wie dem *Europass* oder dem *Jabulani*, die extra für Fußball-Großereignisse hergestellt werden, auf Messungen der Luftwiderstandskurve verzichtet wurde. Dies hat man sicher getan und dabei festgestellt, dass es bei diesen Bällen keine kritische Geschwindigkeit gibt und somit der inverse Magnus-Effekt nicht auftreten kann – alles andere wäre peinlich!

Bei der WM 2010 und der EM 2012 werden wir es aber trotzdem wieder erleben, dass Torhüter, die gerade ein Tor aus 30 Metern kassiert haben, behaupten, der Ball sei »geflattert«. Achten Sie doch einmal selbst auf »Flatterbälle« – Sie werden auch in der besten Superzeitlupe keinen entdecken! Auch das dritte Tor, das Bastian Schweinsteiger im Spiel um Platz 3 gegen Portugal bei der WM 2006 für unsere Nationalmannschaft erzielt hat, war kein »Flatterball«. Der Ball hat sich recht ungewöhnlich vom portugiesischen Torwart weggedreht – keine Frage. Aber dies ist einfach der normale Magnus-Effekt gewesen. Die Richtung gewechselt hat der Ball bei diesem Schuss zu keinem Zeitpunkt, obwohl es einem so vorkommt. Tatsächlich hat sich die *Kamera* hin- und herbewegt und so ein »Flattern« vorgetäuscht. Damit wissen wir nun, was man von solchen Aussagen, die Torhüter oder Sportreporter gern machen, wirklich zu halten hat ...

Warum ist die Banane krumm?

Manni Bananenflanke – ich Kopf – Tor!

(Der langjährige Mittelstürmer des Hamburger SV Horst Hrubesch schildert wortreich die Entstehung seiner Tore)

Mit kaum einem anderen Spieler verbindet man den Begriff »Bananenflanke« mehr als mit dem ehemaligen rechten Außenverteidiger und langjährigen Nationalspieler des Hamburger Sportvereins Manfred Kaltz. Er war der Erste, der Flanken aus dem vollen Lauf stark angeschnitten in den gegnerischen Strafraum geschossen hat, bei denen sich der Ball aufgrund des Dralls vom Torwart wegbewegte, sodass der bullige Mittelstürmer Horst Hrubesch leicht Kopfballtore erzielen konnte. Ein Teil der Erfolge des Hamburger SV in den Siebziger- und Achtzigerjahren ging sicher auf diese spezielle Variante des Spiels zurück. Der Ball hat bei diesen Flanken eine bananenförmige Flugbahn, wie damals eine große deutsche Boulevardzeitung mittels markanter Karikaturen hervorgehoben hat. Die Flugbahn einer Kaltz-Flanke wurde dabei immer mit der gelben Südfrucht markiert. Dies begründete den Namen dieser Schüsse. Aber auch gekonnt um eine Mauer herumgezirkelte Freistöße sind nichts anderes als Bananenflanken.

Wer erinnert sich nicht an das unglaubliche Tor des Roberto Carlos, welches er am 3. Juni 1997 in der 21. Minute des Auftaktspiels des *Tournoi de France*, einem Vorbereitungsturnier auf die Weltmeisterschaft 1998, beim 1:1 seiner Brasilianer gegen Frankreich erzielt hat? Nach einem sehr langen Anlauf hat er bei einem Freistoß aus 32 Metern Entfernung voll auf das Leder eingedroschen, es dabei seitlich, etwa 70 % vom Mittelpunkt entfernt, mit dem linken Außenrist getroffen und somit dem Ball einen starken Effet mitgegeben. Das runde Leder scheint rechts an der Mauer weit am Tor vorbeizugehen, dreht sich aber in letzter Sekunde in einem Bogen nach links ins Tor und schlägt knapp neben dem Pfosten und dem verdutzten Torwart Fabien Barthez ein. Wie ist so etwas nur möglich? Wo muss man den Ball treffen, damit die Bananenflanke möglichst krumm wird?

Sicher hat dies etwas mit dem Magnus-Effekt zu tun, den wir schon im vorigen Abschnitt genauer analysiert haben. Aber jetzt wollen wir genauer verstehen, wovon die Größe des Magnus-Effekts abhängt und wie Fußbälle dann genau durch die Luft fliegen. Hierzu müssen wir erst einmal klären, welche Kräfte

Die auf einen rotierenden Ball wirkenden Kräfte

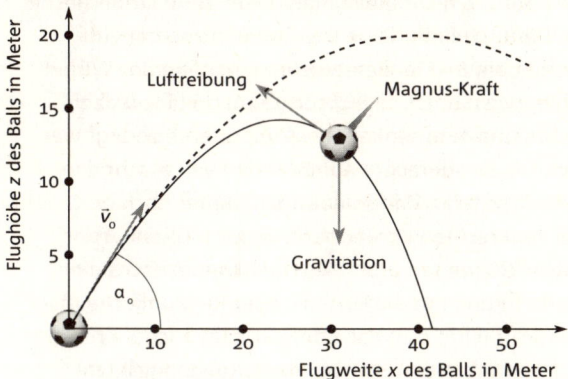

auf einen sich durch die Luft bewegenden Fußball einwirken. Dies ist in der Abbildung der Flugkurve eines
Fußballs oben schematisch dargestellt.

Der Ball wird mit der Geschwindigkeit v_0 unter dem
Winkel α_0 abgeschossen. In der Luft wirkt auf den Ball
immer die senkrecht nach unten weisende Erdanziehungskraft, also die Gravitation. Zusätzlich wirkt entgegen der Bewegungsrichtung und damit tangential
zur Bahnkurve die Luftwiderstandskraft. Wenn der Ball
dann noch in Rotation versetzt wurde, wird er durch
die Magnus-Kraft senkrecht aus der Ebene abgelenkt.
Die Wirkungen der Gravitation und des Luftwiderstands
und die entsprechenden Flugkurven haben wir in den
vorigen Abschnitten schon genau analysiert. Auch die
Ursache der Magnus-Kraft haben wir im vorigen Abschnitt bereits erklärt. Da dies aber recht kompliziert ist
und wir die Magnus-Kraft nun nochmals benötigen,
wollen wir es hier kurz wiederholen (siehe die Abbildung auf Seite 215).

Die Wirbelschleppe hinter dem Ball löst sich durch die Rotation nicht gleichmäßig von der Balloberfläche ab. Dadurch findet eine Impulsänderung der Luft hinter dem Ball in die Ablösungsrichtung der Wirbelschleppe statt. Diese Richtung kann in eine waagerechte und eine senkrechte Komponente zerlegt werden. Die waagerechte Komponente verursacht den Luftwiderstand, den es natürlich immer noch gibt. Der senkrechten Komponente der Impulsänderung entspricht wegen des 2. Newton'schen Axioms eine Kraftwirkung auf die Luft in dieser Richtung. Die Magnus-Kraft wirkt nun nach dem Prinzip »actio = reactio« (3. Newton'sches Axiom) in die entgegengesetzte Richtung und drückt den Ball damit seitlich aus seiner ansonsten geradlinigen Flugbahn.

Die Größe der Magnus-Kraft hängt nun im Wesentlichen von zwei Faktoren ab. Da ist zum einen die Rotationsgeschwindigkeit des Balls, die sogenannte Winkelgeschwindigkeit. Die Winkelgeschwindigkeit wird mit ω bezeichnet und ist einfach $2 \times \pi$ multipliziert mit der Rotationsfrequenz, welche die Umdrehungen des Balls pro Sekunde angibt. Zum anderen hängt die Größe der Magnus-Kraft natürlich auch von der Geschwindigkeit des Fußballs ab, mit der er sich durch die Luft bewegt. Wenn wir uns wie oben überlegen, wie die Magnus-Kraft zustande kommt, ist es plausibel anzunehmen, dass sie auch von der Dichte des Mediums abhängt, durch das sich der Ball bewegt, und von der Größe des Fußballs. Das Medium ist natürlich die Luft, aber auch im Wasser gäbe es eine – sogar noch viel größere – Magnus-Kraft. Trotzdem ist es immer noch recht schwer, die Magnus-Kraft quantitativ anzugeben. In der Literatur werden viele Formeln genannt. Wir wollen hier ein recht altes Modell von S. I. Rubinow und Joseph B. Keller verwenden.[23] Es liefert wohl immer noch die beste Erklärung der Flugbahnen von Bällen. Für die Magnus-Kraft F_{Magnus}, die auf einen Fußball mit dem Radius r wirkt, der sich mit der Geschwindigkeit v durch ein Medium der Dichte ρ bewegt und dabei mit der Winkelgeschwindigkeit ω bzw. der Frequenz f rotiert, ergibt sich dann der Ausdruck $F_{Magnus} = \pi \times r^3 \times \rho \times \omega \times v = \gamma \times f \times v$.

Die Richtung der Magnus-Kraft ist dabei immer senkrecht zu der Richtung, die durch die Geschwindigkeit des Balls vorgegeben ist, und senkrecht zu der Rotationsachse, um die sich der Ball dreht. Der Ausdruck $2 \times \pi^2 \times r^3 \times \rho$ ist ferner zu der Größe γ zusammengefasst worden. Da ein FIFA-Fußball einen Durchmesser von 22 Zentimetern hat, gilt r = 11 cm, und für die Dichte der Luft setzen wir mit ρ = 1,2 kg/m³ den Wert auf Meereshöhe ein. Mit der Kreiszahl π = 3,14 ergibt sich dann ein Wert von γ = 0,03 kg. Es hat sich aber in Experimenten gezeigt, die Ken Bray mit seinen Mitarbeitern an der University of Bath in England durchgeführt hat, dass der fünfmal kleinere Wert γ = 0,006 kg besser geeignet ist, um den Flug eines Fußballs durch die Luft zu beschreiben.[24] Wir nehmen daher bei allen weiteren Berechnungen diesen Wert für die Größe γ an.

Um nun den Flug eines Fußballs unter dem Einfluss der Gravitation, des Luftwiderstands und der Magnus-

23 Siehe ihren Artikel »The transverse force of a spinning sphere moving in a viscous fluid« in *The Journal of Fluid Mechanics*, Vol. 11, 1961, S. 447–459.

24 Siehe Ken Bray & David G. Kerwin, »Modelling the flight of a soccer ball in a direct free kick«, *Journal of Sports Sciences* 21, 2003, S. 75–85.

Kraft zu beschreiben, muss man mit dem 2. Newton'schen Axiom die Bewegungsgleichung des Balls aufstellen.[25]

Für einen Ball der Masse m = 450 Gramm, der unter einem Winkel von $\alpha_0 = 45°$ mit $v_0 = 100$ km/h und mit einer Rotationsfrequenz von f = 5 Umdrehungen pro Sekunde abgeschossen wird, ergibt sich eine Flugkurve, wie sie auf Seite 227 zu sehen ist.

Die linke Kurve zeigt, dass der Ball auf den etwa 42 Metern Flugstrecke seitlich ca. fünf Meter abgelenkt wird. Zum Vergleich zeigt die rechte Kurve die sich ergebende Flugbahn, wenn der Ball nicht rotieren würde und somit kein Magnus-Effekt wirken kann. Diese Flugkurve entspricht der Bahn im Abschnitt über die Ballistik von Fußbällen. Wir sehen also, dass der Magnus-Effekt recht groß ist, denn ein Fußball, der 42 Meter weit fliegt, befindet sich rund 3,5 Sekunden in der Luft. Er rotiert also kaum zwanzigmal während des gesamten Flugs, und dennoch wird er immerhin fünf Meter weit aus der geraden Flugbahn ausgelenkt. Die Größe der Magnus-Kraft hängt von der Geschwindigkeit und der Rotationsfrequenz des Balls ab. In unserem Beispiel war beides mit 100 km/h und fünf Umdrehungen pro

25 Dies ist schwierig und soll für Experten hier nur angedeutet werden:

$$m\frac{d\vec{v}}{dt} = m\vec{g} - \vec{F}_{Luft}(v) + \vec{F}_{Magnus}(\vec{v},\vec{\omega})$$

2. Newton   Gravitation   Luftreibung   Magnus-Kraft

$$\frac{dv}{dt} = \vec{g} - \frac{1}{\tau} \cdot \vec{v} + \vec{\Omega} \times \vec{v}, \text{ mit } \tau = \frac{m}{\beta} \text{ und } \vec{\Omega} = \frac{\gamma}{2\pi m} \cdot \vec{\omega}$$

Oben steht die Kräftebilanz, und unten ist die Gleichung zu finden, die gelöst werden muss. Als Reibungsparameter für einen Fußball nehmen wir mit $\beta = 0,142$ kg/s wieder den Wesson-Wert an, der auch schon in den vorigen Abschnitten verwendet wurde.

Beispiel einer Berechnung zum Magnus-Effekt

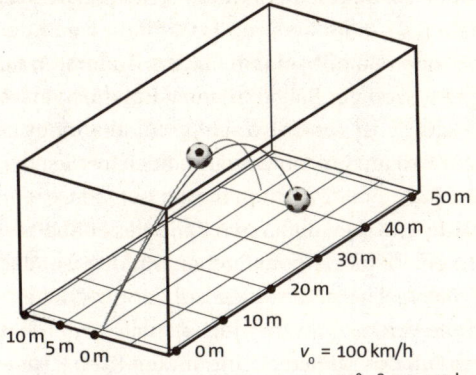

$v_0 = 100\,\text{km/h}$

Der Ball wird »angeschnitten« und macht 5 Umdrehungen pro Sekunde

$\alpha_0 = 45°$, $\beta = 0,142\,\text{kg/s}$

$m = 450\,\text{g}$, $\gamma = 10^{-3}\,\text{kg}$

Sekunde recht groß. Allerdings hat Manni Kaltz Bananenflanken häufig aus vollem Lauf heraus geschlagen, und auch angeschnittene Freistöße werden meist mit großer Geschwindigkeit um die Mauer herumgezirkelt, sodass wir nun verstehen, warum man bei Fußballspielen im Fernsehen so häufig sehr krumme Bananenflanken genießen kann.

Doch wo muss man eigentlich den Fußball treffen, um die größtmögliche Magnus-Kraft auszuüben, um also die »krummste« aller Bananenflanken zu schießen? Zunächst einmal wollen wir uns überlegen, warum es so einen optimalen Auftreffpunkt für den Fuß auf der Balloberfläche überhaupt geben muss. Wie vorher erläutert wurde, hängt die Größe der Magnus-Kraft vom Produkt aus der Ballgeschwindigkeit und der Rotationsfrequenz ab. Nehmen wir also an, dass ein Spieler den Fußball genau in der Mitte trifft. Dies führt sicher zu der maximalen Schussgeschwindigkeit, aber zu keinerlei Rotation. Deswegen gilt in diesem Fall für die Magnus-Kraft $F_{Magnus} = 0$. Im anderen Extremfall, wenn der Spieler den Ball mit seinem Fuß am äußersten Rand touchiert, wird der Ball in extreme Rotation versetzt. Die Frequenz ist dann also sehr groß, allerdings bewegt sich der Ball jetzt nicht vorwärts. Auch in diesem Fall ist also $F_{Magnus} = 0$. Zwischen diesen beiden Extremen – der Mitte und dem äußersten Rand des Fußballs – muss es also einen Auftreffpunkt geben, für den die Magnus-Kraft maximal wird. Die Grafik auf der gegenüberliegenden Seite verdeutlicht den Sachverhalt.

Der Fuß des Schützen trifft mit der Kraft F (unterer Pfeil) auf den Ball, der sich dann mit der Geschwindigkeit v in Richtung des seitlichen Pfeils bewegt. Die Komponente $F_{||}$ in Richtung der Geschwindigkeit, mit der sich der Ball der Masse m bewegt, kann mit dem 2. Newton'schen Axiom berechnet werden.[26] Analog lässt sich die Komponente $F_\perp$ in der Abbildung berechnen. Sie beschreibt die Rotation des Balls.[27]

Schließlich ergibt sich für die Magnus-Kraft: $F_{Magnus} = \gamma \times f \times v = \text{const.} \times x \times (1 - x^2/r^2)^{1/2}$. Hier ist x der Abstand

26 Es ergibt sich: $m \times v/t = F_{||} = F \times \cos\alpha$.
Die Komponente $F_{||}$ der Kraft F bewirkt eine Änderung der Geschwindigkeit von null auf v in der Kontaktzeit t des Fußes mit dem Ball. Weiterhin ist α der Winkel zwischen der Richtung der Kraft F, die auf den Fußball übertragen wird, und der durch die Geschwindigkeit gegebenen Schussrichtung.

27 Daher gilt in diesem Fall, die zum 2. Newton'schen Axiom äquivalente Bewegungsgleichung $J \times 2\pi \times f/t = F \times a = F \times \sin\alpha \times r$. Auf der rechten Seite der Gleichung steht das durch die Kraft $F_\perp$ auf den Ball ausgeübte Drehmoment, welches eine Änderung der Rotationsfrequenz von null auf f Umdrehungen pro Sekunde in der Kontaktzeit t bewirkt. Dabei ist J das Trägheitsmoment des Balls und r sein Radius, sodass wir nun die Magnus-Kraft berechnen können.

Der optimale Treffpunkt für eine Bananenflanke

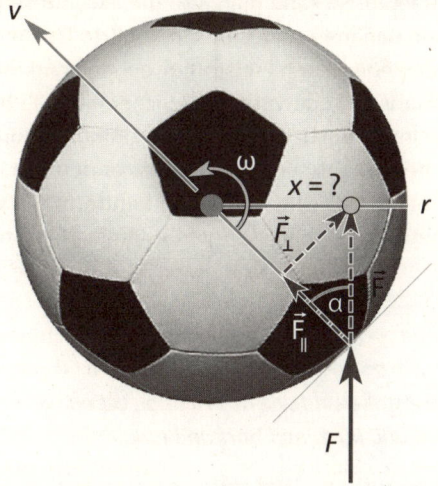

des Auftreffpunkts des Fußes vom Mittelpunkt des Balls, wie in der Abbildung oben abzulesen ist[28]. Diese recht komplizierte Formel liefert für $x=0$ (Auftreffpunkt im Mittelpunkt des Balls) und $x=r$ (Auftreffpunkt am Rand des Balls) jeweils $F_{Magnus}=0$, wie es die qualitative Diskussion am Anfang auch schon ergeben hatte. Die Formel liefert nun aber viel mehr. Gesucht ist der Auftreffpunkt x, für den der Ausdruck für F_{Magnus} auf der rechten Seite maximal wird. Dies ist eine typische Extremwertaufgabe, wie sie in der Mathematik häufiger vorkommt. In diesem Fall wird der Ausdruck dann maximal, wenn $x=r/\sqrt{2}=0,707\times r$ ist. Der Schütze muss den Ball also etwa 70 % vom Mittelpunkt entfernt treffen,

28 Die Konstante ist gegeben durch den Ausdruck const. = $\gamma\times F^2\times t^2/(2\pi\times J\times m)$

um die Magnus-Kraft bei gleich bleibender Schusskraft zu maximieren. So kann man also die »krummste« aller möglichen Bananen schießen. Ob Roberto Carlos das bei seinem legendären Freistoßtor gegen Frankreich aus dem Jahr 1997 gewusst hat? Sicher nicht. Er hat es wahrscheinlich durch mühevolles Training herausgefunden. Bemerkenswert ist aber, dass er den Ball tatsächlich etwa 70 % vom Mittelpunkt entfernt mit voller Wucht getroffen hat. Besser geht es einfach nicht.

Weltrekord! – Das Geheimnis sehr weiter Schüsse

Baslers Freistöße sind wie das richtige Leben,
mal weich und kurz, mal hart und lang.

(Der Moderator Jörg Wontorra kommentiert die Schussfertigkeit des schlampigen Genies Mario Basler)

Mike Hanke hat am 29. Spieltag der Saison 2003/04 für Schalke 04 ein kurioses Tor erzielt. In der 76. Minute hatte der Leverkusener Torhüter Jörg Butt das 3:1 per Foulelfmeter für sein Team erzielt. Zufrieden ist er danach in sein Tor zurückgetrabt, als er etwa auf der Höhe des 16-Meter Raums einen Fußball in hohem Bogen über sich in sein Tor fliegen sah. Mike Hanke hatte den Anstoß am Mittelkreis schnell ausgeführt und Jörg Butts lockeres Zurücktraben bemerkt. Kurz entschlossen drosch er den Ball aus 50 Metern Entfernung in Richtung Leverkusener Tor und verkürzte so auf 2:3. Allerdings half dies seinen Schalkern nicht mehr, denn 2:3 war dann auch der Endstand.

Tino Molowitz, Spieler in Diensten des westfälischen Verbandsligisten Davaria Davensberg, ist zwar nie Bundesliga-Profi gewesen, aber er ist dennoch ein Rekord-Fußballer. Er hat im Jahr 2006 die von der DJK Germania Mauritz in der Nähe von Münster veranstaltete internationale Weitschuss-Weltmeisterschaft mit seinem Weltrekordschuss von 67,10 Metern Flugweite gewonnen. Ein Jahr später hat der 26-Jährige seinen Titel mit immerhin noch 66,50 Metern bei strömendem Regen verteidigt. Sein Rezept: »Ich habe keinen Geheimtipp, haue einfach Vollspann drauf!« Doch ist das wirklich die optimale Strategie, um einen Fußball möglichst weit zu schießen?

Im vorigen Abschnitt haben wir die Bananenflanke diskutiert. Auf einen Fußball, der um eine senkrechte Achse rotiert, wirkt die Magnus-Kraft, die ihn aus seiner geradlinigen Flugbahn ablenkt. Wenn dieser Fußball nun um eine waagerechte Achse rotiert, bewirkt die Magnus-Kraft nicht mehr eine Ablenkung nach links oder rechts, sondern nach oben oder unten. Genauer gilt Folgendes: Wenn der Ball einen Vorwärtsdrall (Topspin) hat, dann wirkt diese Kraft nach unten und verkürzt die Flugweite. Im Fall des Rückwärtsdralls (Backspin) wirkt die Magnus-Kraft nach oben und hebt den Fußball während des Flugs an. Die Schussweite sollte sich dadurch also vergrößern, da dieser Effekt genauso wie eine geringere Schwerkraft wirkt. Diese qualitative Diskussion wird durch die Grafik auf Seite 232 auch bestätigt, in der verschiedene Flugkurven für einen Fußball mit der Magnus-Konstante $\gamma = 0{,}006$ kg, wie im vorigen Abschnitt bereits diskutiert, berechnet wurden.

Die mittlere Linie zeigt wieder unseren Standardschuss mit einer Anfangsgeschwindigkeit von $v_0 = 100$ km/h, einem Abschusswinkel von $\alpha_0 = 45°$, einer Ballmasse von 450 Gramm und einem Luftwiderstandswert von $\beta = 0{,}142$ kg/s. Wie in den vorigen Abschnitten

Der Flug eines Fußballs mit Top- und Backspin

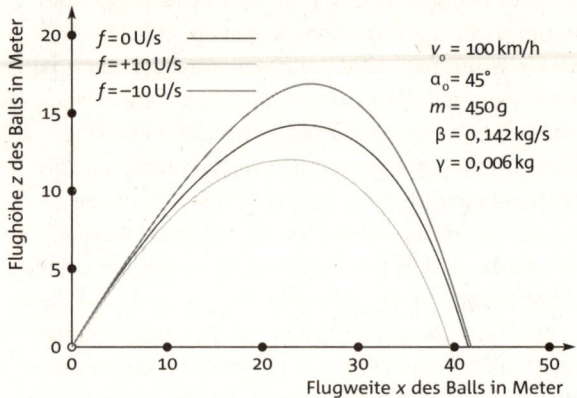

bereits diskutiert, fliegt dieser Fußball ungefähr 42 Meter weit und erreicht eine maximale Flughöhe von 14 Metern. Die untere Kurve zeigt denselben Schuss, der nun allerdings einen Vorwärtsdrall von zehn Umdrehungen pro Sekunde hat. Die Schussweite ist nun auf unter 40 Meter verkürzt bei einer maximalen Schusshöhe von nur noch zwölf Metern. Umgekehrt gilt für einen Rückwärtsdrall von zehn Umdrehungen pro Sekunde (obere Linie), dass sich die Flughöhe auf über 16 Meter vergrößert und die Schussweite ebenfalls größer ist als in dem Beispiel ohne Drall.

Wenn der Rückwärtsdrall aber zu groß wird, passiert etwas Kurioses. In der Abbildung auf Seite 233 ist wieder der Standardschuss mit den oben angegebenen Parametern zu sehen, wobei nun unterschiedlich große Werte für den Rückwärtsdrall zugrunde gelegt wurden.

Die Flugkurven für die Rotationsfrequenzen null und zehn Umdrehungen pro Sekunde ($f = 0$ U/s und $f = 10$ U/s)

Der Flug eines Fußballs mit extremem Backspin

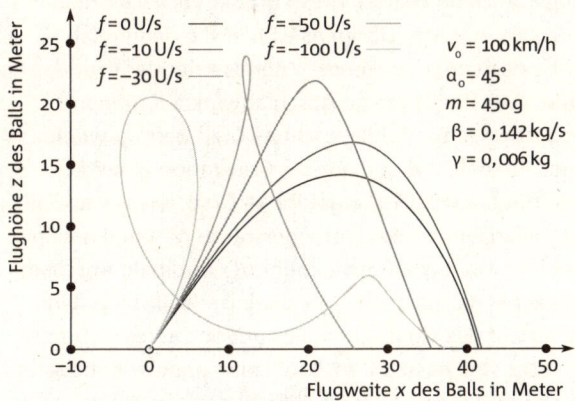

kennen wir schon. Wenn nun der Rückwärtsdrall weiter auf 30 Umdrehungen pro Sekunde ansteigt, zeigt die Kurve für f = 30 U/s, dass der Ball bis auf 22 Meter ansteigt und danach recht steil nach unten fällt. Durch die nach oben wirkende Magnus-Kraft wird nun die Flugweite nicht vergrößert, sondern nur die Flughöhe. Bei noch größeren Werten von 50 bzw. 100 Umdrehungen pro Sekunde würde der Ball sogar einen Looping vollführen (siehe die entsprechenden Kurven). Allerdings kommen solche großen Werte für den Rückwärtsdrall im Fußball niemals vor. Hier sind etwa zehn Umdrehungen pro Sekunde das Maximum. Beim Tischtennis kann es aber durchaus vorkommen, dass der Ball eine Flugkurve wie die für 50 Umdrehungen pro Sekunde beschreibt. Dies haben die Schüler Johannes Burkart und Alexander Joos vom Hans-Thoma-Gymnasium Lörrach in ihrer »Jugend forscht«-Arbeit aus dem Jahr 2006 gezeigt. Sie wurden mit einer Studie über die Flugkurven von Tischtennisbällen Bundessieger. Auch im Golf ist ein so großer Rückwärtsdrall durchaus möglich. Übrigens ist hier die dann relativ große nach oben wirkende Magnus-Kraft der Grund dafür, dass der optimale Abschlagwinkel für einen möglichst weiten Schlag nicht 45 Grad beträgt wie für einen Fußball, auf den nur die Gravitation einwirkt. Er beträgt auch nicht ungefähr 35 Grad, wie wir im Fall der Einbeziehung des Luftwiderstands gesehen haben, für einen Golfball liegt vielmehr der optimale Abschlagwinkel bei nur noch etwa 11 Grad. Der Ball steigt dann im Verlauf des Flugs allmählich auf und senkt sich später recht steil nach unten. Solch eine ungewöhnliche Flugkurve kann es aber im Fußball niemals geben, da der Rückwärtsdrall nie so groß wird.

Wir haben also nachgewiesen, dass besonders weite Schüsse mit einem leichten Rückwärtsdrall zu erreichen sind. Dies kann man auch bei Mike Hankes Weitschuss, den wir zu Beginn des Abschnitts beschrieben haben, beobachten. Tino Molowitz, der Weitschuss-Weltmeister, macht dies ebenfalls. Bei seinem 66,50-Meter-Schuss aus dem Jahr 2007 konnte man es genau sehen. Der Ball hatte sich deutlich sichtbar während des Flugs rückwärts gedreht. Wichtig ist allerdings, dass man trotz des Backspins nicht an Abschussgeschwindigkeit einbüßt. Diese Geschwindigkeit ist natürlich die wichtigste Voraussetzung für einen weiten Schuss. Insofern hat der Weltrekordhalter durchaus recht mit seiner Aussage »einfach mit Vollspann draufhalten«. Ohne es zu wollen, gibt er dem Ball aber offenbar auch den richtigen Rückwärtsdrall mit. Intuition ist eben auch beim Fußball gefragt!

Es gibt übrigens noch einen weiteren Effekt, den man ausnutzen könnte, um möglichst weit zu schießen: dünne Luft! Auf der Höhe von Mexico City, etwa 2 200 Meter über dem Meeresspiegel, ist die Dichte der Luft deutlich geringer als auf Meereshöhe. Dadurch nimmt der Luftwiderstand etwa um ein Viertel ab. Ein Fußball fliegt deswegen in Mexico City fast 10 % weiter als üblich. Rekordschüsse sollten also am besten dort versucht werden …

Wie macht man den optimalen Einwurf?

Die Anatomie hat dem Menschen Hände gegeben.

(Peter Neururers Kommentar zu einem Handelfmeter gegen sein Bochumer Team)

Weite Einwürfe können manchmal wie Flanken wirken und eine gefährliche Situation in unmittelbarer Tornähe hervorrufen. Dabei denkt man natürlich sofort an den Einwurf des Bremer Spielers Uwe Reinders aus dem Jahr 1982, den er direkt von der Außenlinie ins Tor des FC Bayern München befördert hat. Da der damalige Bayern-Keeper Jean-Marie Pfaff den Ball noch berührt hatte, zählte dieser Treffer, und das Spiel endete mit 1:0. Ein Einwurf hatte das Spiel also entschieden! Doch was muss man eigentlich beachten, um einen möglichst weiten Einwurf zu machen?

Zunächst betrachten wir Einwürfe unter Vernachlässigung des Luftwiderstands. Weiterhin soll der Ball auch keine Eigenrotation, wie im vorigen Abschnitt über weite Schüsse diskutiert, haben. Die folgende Grafik auf Seite 237 veranschaulicht diese Situation.

Die Flugkurve wird dann durch eine Wurfparabel beschrieben, weil nur die Schwerkraft auf den Ball einwirkt. Die Formel für die Wurfparabel steht rechts oben in der Grafik, ist aber für die weitere Diskussion nicht weiter relevant. Wie ein Fußball ohne Luftwiderstand durch die Luft fliegt, haben wir bereits ausführlich behandelt. Sein Flug hängt von der Anfangsgeschwindigkeit v_0 und dem Abschusswinkel α_0 ab. Es war recht einfach zu sehen, dass man unter einem Abschusswinkel von $\alpha_0 = 45°$ die maximale Schussweite x_{max} erzielt. Allerdings ist bei einem Einwurf die Situation etwas anders, wie die Grafik zeigt. Während wir uns bei der Suche nach dem optimalen Abschusswinkel gefragt hatten, wann der Ball von der Höhe $z = 0$ auf die gleiche Höhe $z(x_{max}) = 0$ zurückgefallen ist, befindet sich der Ball bei einem Einwurf aus einer Höhe h am Ende der Flugkurve weiter unten. Nun gilt also als Bedingung für die Wurfweite: $z(x_{max}) = -h$. Die Höhe der Hände des Spielers wurde dabei an die Stelle $z = 0$ gelegt. Es ist nun nicht mehr klar, ob bei $\alpha_0 = 45°$ die maximale Wurfweite erzielt wird. Und in der Tat ändert sich der optimale Abwurfwinkel drastisch durch die Tatsache, dass man jetzt nach unten wirft.[29]

Für einen Abwurf mit $v_0 = 36\,km/h$ aus einer Höhe von $h = 2\,m$ ergibt sich mit der in der Fußnote angegebenen Formel für $\alpha_{0,opt.} = 40,3°$ und $x_{max,opt.} = 12,03\,m$. Zum Vergleich: Ein Einwurf mit $\alpha_0 = 45°$ würde die

[29] Dies kann man durch eine Berechnung zeigen. Als Ergebnis ergibt sich für den optimalen Abwurfwinkel $\alpha_{0,opt.}$, unter dem die größte Flugweite erzielt wird, $\tan(\alpha_{0,opt.}) = v_0 / (v_0^2 + 2 \times g \times h)^{1/2}$. Dabei ist $\tan(\alpha_{0,opt.})$ der Tangens des Abwurfwinkels, und $g = 9,81\,m/s^2$ die Erdbeschleunigung. Die größte Flugweite $x_{max,opt.}$ kann dann mit der folgenden Formel berechnet werden: $x_{max,opt.} = (v_0/g) \times (v_0^2 + 2 \times g \times h)^{1/2}$.

Wie groß ist der optimale Einwurfwinkel?

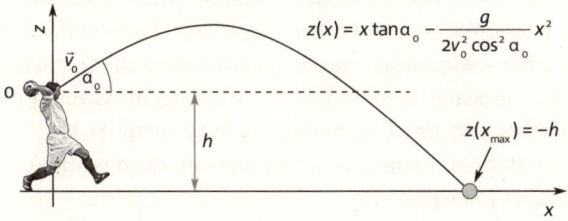

$$z(x) = x \tan\alpha_0 - \frac{g}{2v_0^2 \cos^2\alpha_0} x^2$$

$$z(x_{max}) = -h$$

Wurfweite $x_{max} = 11{,}91$ m ergeben. Der Unterschied beträgt also nur zwölf Zentimeter. Im Fußball sind diese zwölf Zentimeter sicher nicht wichtig. Im Kugelstoßen hingegen kann ein Athlet allerdings allein durch den richtigen Abstoßwinkel entscheidende Zentimeter gutmachen. Für diese Sportart sind die eben ausgeführten Überlegungen deswegen immens wichtig, zumal dort wegen des großen Gewichts der Kugel der Luftwiderstand auch keine große Rolle spielt.

Wir sehen also: Nur aufgrund der Tatsache, dass beim Einwurf der Ball etwa zwei Meter weit nach unten geworfen werden muss, sinkt der optimale Abwurfwinkel von 45° auf ungefähr 40°. Für den oben berechneten Einwurf mit einer Abwurfgeschwindigkeit von nur $v_0 = 36$ km/s bewirkt der Luftwiderstand keine großen Veränderungen des Ergebnisses. Allerdings sind realistische Einwurfgeschwindigkeiten deutlich größer. Deswegen wollen wir jetzt auch noch zwei weitere Einflüsse auf den Ball berücksichtigen: den Luftwiderstand und den Drall, wobei der Ball sich wie im vorigen Abschnitt um eine waagerechte Achse drehen soll. Der Ball erhält beim Einwurf von einigen Spielern oft einen Rückwärtsdrall (Backspin). Andere geben ihm einen Vorwärtsdrall (Topspin) mit. Dadurch wird die

Flugkurve ebenfalls stark beeinflusst, da dann genauso wie bei der Bananenflanke die Magnus-Kraft wirkt. Sie wirkt diesmal allerdings nicht nach rechts oder links, sondern – wie im vorigen Abschnitt beschrieben – nach oben (Backspin) oder unten (Topspin), da die Drehachse des Balls entsprechend anders im Raum liegt. So wird seine Flugbahn entweder verlängert (Backspin) oder verkürzt (Topspin).

Wir betrachten jetzt also den Flug eines Fußballs unter der Einwirkung von drei Kräften: der senkrecht nach unten wirkenden Schwerkraft, dem parallel zur Flugkurve wirkenden Luftwiderstand und der durch eine mögliche Ballrotation um eine horizontale Achse verursachten nach unten (Topspin) oder nach oben (Backspin) wirkenden Magnus-Kraft. Wenn man nun wieder Flugkurven berechnet für einen Abwurfwinkel von $\alpha_0 = 30°$, eine Abwurfgeschwindigkeit von $v_0 = 50\,\text{km/h}$ und einen 450 Gramm schweren Fußball mit einer Luftwiderstandskonstante $\beta = 0{,}142\,\text{kg/s}$, wie im Abschnitt über die Flugkurven von Fußbällen beschrieben, ergibt sich das Folgende. Ohne Spin fliegt der Ball etwa 17 Meter weit. Zehn Umdrehungen pro Sekunde Topspin würden die Flugweite um mehr als einen Meter verkürzen, während zehn Umdrehungen pro Sekunde Backspin zu einer um mehr als einen Meter verlängerten Flugkurve führen würden. Wenn man sehr weit einwerfen möchte, sollte man dem Ball beim Abwurf also einen starken Rückwärtsdrall verpassen, denn die Magnus-Kraft wirkt dann nach oben und hebt ihn während des Flugs leicht an. Durch dieses Anheben vergrößert sich die Flugweite merklich. Allerdings sollte man bei einem Einwurf in der Realität darauf achten, dass die Abwurfgeschwindigkeit durch den starken Drall nicht wesentlich verringert wird, denn v_0 hat selbstverständlich immer den größten Einfluss auf die Wurfweite. Das Gleiche hatten wir bei den weiten Schüssen im vorigen Abschnitt bereits diskutiert.

Wir fragen nun wieder nach dem optimalen Abwurfwinkel, der zu der größten Flugweite des Balls bei einem Einwurf für eine gegebene feste Abwurfgeschwindigkeit v_0 führt. Im Abschnitt über Flugkurven mit Luftwiderstand haben wir diesen für einen Abstoß mit 100 km/h zu etwa 35° berechnet. Nun kommen aber noch die Effekte des Abwerfens nach unten und des Rückwärtsdralls hinzu, den man bei weiten Einwürfen dem Ball verleihen sollte. Die Abbildung auf Seite 240 zeigt Einwürfe mit $v_0 = 70$ km/h und einem Rückwärtsdrall von zehn Umdrehungen pro Sekunde für verschiedene Abwurfwinkel α_0.

Nun ist zu erkennen, dass $\alpha_0 = 45°$ (obere Kurve) bei Weitem nicht mehr der optimale Einwurfwinkel ist. Der Ball fliegt in diesem Fall einfach zu hoch und befindet sich zu lange in der Luft, sodass der Luftwiderstand die Flugweite entsprechend verkürzt. Ein Abwurfwinkel von $\alpha_0 = 35°$ (mittlere Kurve) liefert schon ein sehr gutes Ergebnis. Ein flacherer Winkel von $\alpha_0 = 30°$ (zweite Kurve von unten) führt sogar zu einer noch etwas größeren Wurfweite, während bei einem zu kleinen Winkel von $\alpha_0 = 25°$ (untere Kurve) der Fußball zu schnell zu Boden fällt, was die Wurfweite ebenfalls verkürzt. Der optimale Winkel scheint also bei etwa $\alpha_0 \approx 30°$ zu liegen.

Leider ist es nicht mehr möglich, den optimalen Abwurfwinkel analytisch zu berechnen, sodass unsere numerische Berechnung mit den obigen Grafiken das beste Ergebnis ist, das man erzielen kann. Hieraus kann aber schon eine Menge gelernt werden. Der optimale

Mit Rückwärtsdrall sinkt der optimale Abwurfwinkel

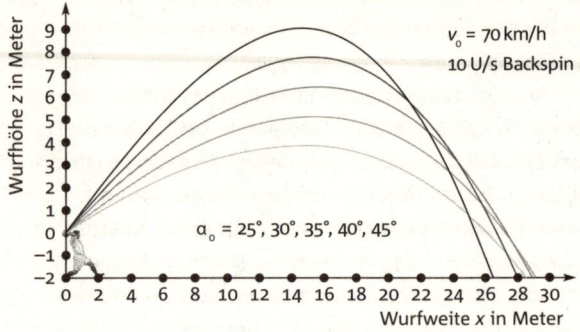

Einwurf sieht also folgendermaßen aus: Der Ball sollte vom Spieler mit einer möglichst großen Abwurfgeschwindigkeit v_0 unter einem recht flachen Abwurfwinkel von etwa $\alpha_0 \approx 30°$ eingeworfen werden. Dabei sollte er dem Ball einen möglichst großen Rückwärtsdrall mitgeben, ohne die Abwurfgeschwindigkeit zu verringern. Ein so abgeworfener Fußball fliegt immerhin mehr als drei Meter weiter als ein ohne Rückwärtsdrall unter dem vermeintlich optimalen Winkel von 45° eingeworfener Ball. Das kann spielentscheidend sein!

Der beim Abstoß optimale Abschusswinkel von 45° wird allein durch die Tatsache, dass man beim Einwurf nach unten werfen muss, schon um 5° auf 40° gedrückt. Wenn man zusätzlich noch den Luftwiderstand berücksichtigt, wird der Winkel nochmals um 5° auf etwa 35° gesenkt. Wird schließlich auch noch der Rückwärtsdrall einbezogen, reduziert sich der optimale Abwurfwinkel für einen Einwurf nochmals um 5° auf nur noch 30°. Mit diesem Abwurfwinkel kann also die größte Flugweite bei einem Einwurf erzielt werden. Da all diese Überlegungen allerdings recht kompliziert sind, besteht die bessere Strategie beim Einwurf wahrscheinlich darin, einfach an nichts weiter zu denken und den Ball so gut es geht mit beiden Händen wegzuschleudern. Allzu scharfes Nachdenken über die Theorie könnte in der Praxis möglicherweise eher Wurfweite kosten …

Die Ehre des Tomislav Piplica

Zukunft, das ist die Zeit, in der du bereust, dass du das, was du heute tun kannst, nicht getan hast.

(Die Trainer-Legende Udo Lattek über das Tagesgeschäft eines Fußballlehrers)

Aus den heutigen modernen Fußballarenen ist etwas verschwunden, das früher das Spiel stark beeinflusst hat: Wind! Häufig wurde der Ball in den offenen Stadien von Windböen erfasst und die Flugkurve damit für den Torwart völlig unberechenbar. Aber auch ein konstanter Gegenwind kann die Flugkurve eines Fußballs unvorhersehbar stark verändern. In der Bundesliga-Saison 2001/02 hat der Kult-Torhüter Tomislav Piplica von Energie Cottbus im Spiel gegen Borussia Mönchengladbach einen bemerkenswerten Treffer kassiert. Der Ball wurde von einem Gladbacher Spieler sehr hoch geschossen und schien weit über das Tor zu gehen. Torhüter Piplica guckte die ganze Zeit nach oben und war völlig verdutzt, als der Ball plötzlich fast senkrecht nach unten auf seinen Kopf fiel und dann ins Tor absprang. Dieses Tor gilt seither als eines der kuriosesten

Eigentore in der Geschichte der Fußball-Bundesliga, und Tomislav Piplica war für lange Zeit »der Tor« der Liga. Doch wie dumm hat er sich wirklich angestellt? Wie kann es sein, dass ein Ball einfach so vom Himmel fällt?

Auf einen durch die Luft fliegenden Fußball wirkt neben der Gravitation und dem Luftwiderstand auch die Kraft des Windes ein, falls er denn weht. Nun kann diese Kraft aber relativ leicht in den Berechnungen von Flugkurven berücksichtigt werden, denn beim Flugverhalten von Fußbällen kommt es lediglich auf die Relativgeschwindigkeit zwischen dem Ball und der ihn umgebenden Luft an. Sollte also im Stadion ein Rückenwind mit der Geschwindigkeit w herrschen, dann gilt für den Luftwiderstand eines Fußballs, der sich mit der Geschwindigkeit v bewegt, nicht mehr $F_{Luftreibung} = \beta \times v$, wie wir es vorher angesetzt haben, sondern $F_{Luftreibung} = \beta \times (v - w)$. Die Luft bewegt sich nun mit der effektiven Geschwindigkeit $v - w$ an der Balloberfläche vorbei. Im Fall von Gegenwind hätten wir entsprechend $v + w$ zu setzen. Das ist alles.

Es scheint, als ob dies so gut wie keine Auswirkungen auf die Flugkurve eines Fußballs haben sollte, da von der Ballgeschwindigkeit immer nur ein konstanter Wert abgezogen wird. Allerdings zeigt die Abbildung auf Seite 243, dass sich die Flugkurven eines Fußballs nun drastisch ändern. Wir betrachten wieder unseren Standardschuss mit einer Anfangsgeschwindigkeit von $v_0 = 100$ km/h, einem Abschusswinkel von $\alpha_0 = 45°$, einer Ballmasse von 450 Gramm und einem Luftwiderstandwert von $\beta = 0,142$ kg/s.

Die obere gestrichelte Linie wäre ein Schuss nur unter der Einwirkung der Gravitation (Wurfparabel). Dieser Ball würde ungefähr 80 Meter weit fliegen. Bei der unteren gestrichelten Linie ist der Luftwider-

Der Flug eines Fußballs mit Luftwiderstand und Wind

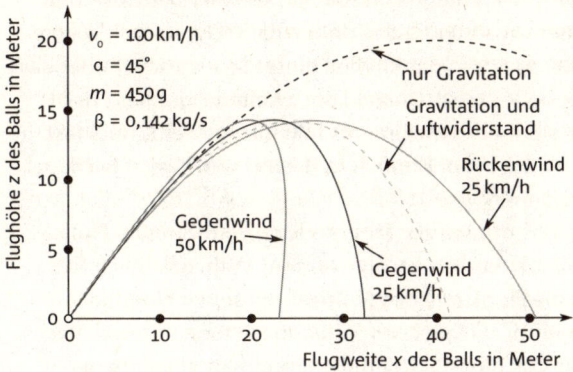

stand mit einberechnet. Der Ball fällt nach etwa 42 Metern zu Boden. Dies ergibt die typische ballistische Flugkurve eines Fußballs, wie wir sie schon zuvor diskutiert haben. Die anderen drei Kurven sind für unterschiedliche Windgeschwindigkeiten berechnet worden. Bei der Linie für den Flug eines Fußballs mit einem Rückenwind von 25 km/h ist deutlich zu sehen, dass der Ball durch den Rückenwind nicht höher fliegt, aber dafür beträchtlich weiter – nämlich weit mehr als 50 Meter. Noch drastischer ist aber die Auswirkung von Gegenwind. Bei der Kurve für einen Gegenwind von 25 km/h ist der Ball bereits nach 33 Metern wieder am Boden. Wichtig ist aber, dass der Fußball, nachdem er das Maximum der Flugkurve erreicht hat, im zweiten Teil der Bahn fast senkrecht nach unten fällt. Weitaus deutlicher ist dieser Effekt bei einem noch viel stärkeren Gegenwind von 50 km/h zu erkennen. Das Tückische an diesen Flugbahnen eines Fußballs mit Gegenwind ist, dass der Ball zunächst ganz normal aufsteigt und bis zum höchsten Punkt fast genauso fliegt, wie er auch ohne Wind fliegen würde. Ein Torwart sieht also bei einem Weitschuss das Unheil gar nicht auf sich zukommen, sondern denkt, dass dieser Schuss sicher über das Tor gehen wird. Doch in der zweiten Flugphase nach Passieren des Maximums fällt ein solcher Schuss fast senkrecht vom Himmel und kann somit noch leicht ins Tor gehen.

 Das musste zur Ehrenrettung von Tomislav Piplica einmal deutlich gesagt werden! Wahrscheinlich hat er die Flugkurve des Fußballs bei seinem Kopfball-Eigentor im Spiel gegen Gladbach total unterschätzt. Das Cottbuser Stadion der Freundschaft war in der Saison 2001/02 noch recht offen, und der Wind konnte die Flugkurven von Fußbällen durchaus so drastisch beeinflussen, wie wir es in der Abbildung gesehen haben. Zusätzlich hatte der Ball auch einen Vorwärts-drall, was die Flugkurve, wie in den vorigen Abschnitten beschrieben, noch weiter verkürzt und noch schwerer einschätzbar gemacht hat. Wenn man all dies als Erklärung für den Blackout von Tomislav Piplica heranzieht, muss man fast Mitleid mit dem armen Keeper haben.

Bisher haben wir nur Gegen- oder Rückenwind betrachtet. Nun wollen wir zum Abschluss dieses Abschnitts auch noch kurz den Einfluss von Seitenwind untersuchen. Die Abbildung auf Seite 245 zeigt hier das Wesentliche.

Gezeigt ist wieder unser Standardschuss mit einer Anfangsgeschwindigkeit von $v_0 = 100$ km/h, einem Abschusswinkel von $\alpha_0 = 45°$, einer Ballmasse von 450 g und einem Luftwiderstandswert von $\beta = 0{,}142$ kg/s und ohne Rücken- oder Gegenwind. Aufgetragen sind dieses Mal die Flugweite des Fußballs und seine seitliche Abweichung, wenn ein Wind von rechts mit

Einfluss eines Seitenwindes auf die Flugbahn

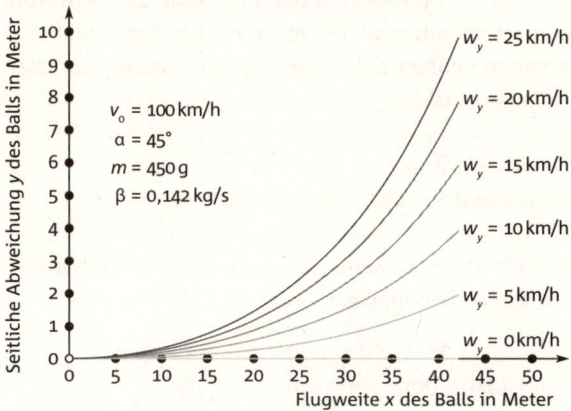

einer bestimmten Geschwindigkeit bläst. Die verschiedenen Kurven zeigen den Flug eines Fußballs für keinen Seitenwind ($w_y = 0$ km/h) bis zu einem Seitenwind von 25 km/h ($w_y = 25$ km/h). Ein noch recht schwacher Wind von 10 km/h führt dazu, dass unser Schuss auf seiner Flugweite von 42 Metern immerhin um vier Meter seitlich abgelenkt wird.[30]

Der Wind ist also ganz klar der Feind Nummer eins des Torhüters beim Fußball – oder, besser gesagt, er war es. In den heutigen Fußballarenen ist der Einfluss

30 Als Faustformel für die Ablenkung D gilt im Fall eines Seitenwinds der Geschwindigkeit w: $D = w \times T - w \times x_{max}/(v_0 \times \cos\alpha_0)$. Dabei ist x_{max} die Flugweite des Fußballs und T die gesamte Flugdauer. Für unseren Standardschuss sind $x_{max} = 42$ Meter und $T \approx 3{,}5$ Sekunden, sodass sich ergibt: $D = 0{,}38 \times w$, wobei w in km/h eingesetzt wird. Mit $w = 10$ km/h ergibt sich der Wert $D = 3{,}8$ Meter, was gut mit den exakten Werten in der Grafik übereinstimmt. Unsere Faustformel scheint also zu stimmen.

des Winds durch die kompakte und geschlossene Bau-
weise auf ein Minimum beschränkt, sodass kuriose Tore
wie das Kopfball-Eigentor von Tomislav Piplica wohl
der Vergangenheit angehören. Schade – früher war eben
doch alles besser!

Wie gut sind Fußballprofis wirklich?

*Wenn ich übers Wasser laufe, dann sagen meine Kritiker,
nicht mal schwimmen kann der!*

(Berti Vogts, der Bundestrainer mit der bisher
besten Bilanz, über seine ewigen Kritiker)

Paul Breitner hat am 14. Juni 1974 in Berlin ein wichtiges Tor für die deutsche Nationalmannschaft erzielt.
Aus 25 Metern zirkelte er den Ball direkt in den Winkel
des gegnerischen Tors zum Endstand von 1:0 im Vor-
rundenspiel der WM 1974 gegen Chile. Ohne dieses Tor
wäre das hochfavorisierte Team der Bundesrepublik
Deutschland und spätere Titelträger im eigenen Land
möglicherweise sang- und klanglos schon in der Vorrunde ausgeschieden. Im Viertelfinale der WM 2002
hat der Brasilianer Ronaldinho ebenfalls einen solchen
Kunstschuss zustande gebracht. Aus ca. 30 Metern
Entfernung schoss er einen Freistoß, der den etwas zu
weit vor seinem Kasten stehenden Torhüter David
Seaman überraschte und sich zum entscheidenden 2:1
genau in den Winkel des englischen Gehäuses senkte.
Brasilien gewann das Spiel und wurde anschließend
zum fünften Mal Weltmeister. Hier drängt sich nun
die Frage auf, wie genau Fußballprofis den Ball überhaupt schießen können. Sind die Spielkunst eines

Ronaldinho und die Treffsicherheit eines Paul Breitner, der auch im WM-Finale 1974 einen Elfmeter äußerst präzise unhaltbar links unten im Tor versenkte, möglicherweise nur reiner Zufall?

Im Herbst des Jahres 2005 spielte diese Frage in einem anderen Zusammenhang eine große Rolle. Der damals weltbeste Spieler Ronaldinho vom FC Barcelona hatte in einem Werbespot für die Sportartikelfirma Nike viermal hintereinander von der Strafraumgrenze gegen die Querlatte des Tores geschossen, sodass der Ball jeweils direkt zu ihm zurücksprang. Dieser Werbespot sah absolut perfekt aus, denn es waren keine Schnitte oder sonstigen Täuschungen zu erkennen. Man hörte auch jedes Mal ein Geräusch, wenn der Ball die Latte traf. Kann ein Spieler wirklich viermal hintereinander die Latte treffen? Manfred Kaltz, die Verteidigerlegende des Hamburger SV, bemerkte vor etwa vier Jahren, dass er dies früher im Training immer zum Aufwärmen gemacht habe und er bestimmt siebenvon zehnmal den Querbalken aus 16 Metern Entfernung treffen würde. Später auf dem Platz hat er aber mit zehn Schüssen kein einziges Mal die Latte auch nur berührt. Im Frühjahr 2008 hat das Schweizer Fernsehen SF1 denselben Versuch mit dem Stuttgarter Ex-Profi und damaligen Manager der Schweizer Nationalmannschaft Adrian Knup für die Sendung »Einstein« anlässlich der Europameisterschaft im eigenen Land unternommen. Auch Knup hat bei zehn Schüssen die Latte nur ein einziges Mal touchiert, während alle anderen mehr oder weniger weit vorbeigingen. Ist es also doch nicht so einfach, aus 16 Metern Entfernung die Torlatte zu treffen?

Wir wollen diese Frage jetzt systematisch untersuchen. Dabei wählen wir den einfachsten Fall, bei dem der Flug des Fußballs nur unter dem Einfluss der Schwerkraft betrachtet wird. Den Luftwiderstand und die durch eine mögliche Rotation des Balls verursachte Magnus-Kraft lassen wir außen vor. Es ist klar, dass sich dadurch die Angelegenheit für den Schützen noch einmal deutlich verkomplizieren würde. Die Flugkurve des Balls ist somit also eine normale Wurfparabel, wie wir sie im Abschnitt über die Flugkurven von Fußbällen im einfachsten Fall beschrieben haben.

Damit können wir nun die Frage genauer formulieren, die wir im Folgenden beantworten wollen: Wie exakt muss ein Schütze den richtigen Abschusswinkel und die richtige Abschussgeschwindigkeit einhalten, damit er aus 16 Metern Entfernung die Latte eines Tores in 2,44 Metern Höhe trifft?

Eine Beispielrechnung für einen Ball, der mit einer Anfangsgeschwindigkeit von $v_0 = 50\,$km/h unter verschiedenen Winkeln α_0 abgeschossen wird, zeigt die Grafik auf Seite 249.

Bei der Flugbahn für den Abschusswinkel $\alpha_0 = 45°$ zeigt sich, dass dieser Ball nach 16 Metern genau die Mitte der Torlatte in 2,44 Metern Höhe treffen würde. Rechts oben in der Grafik ist noch einmal die Formel für die Wurfparabel angegeben. Hier muss also für die Höhe $z = 2,44$ Meter bei einer Flugweite von $x = 16$ Metern gelten[31]. Die beiden anderen Kurven zeigen die Änderungen der Flugbahn, wenn man den Abschusswinkel um ein Grad erhöht bzw. verringert, die Anfangsgeschwindigkeit aber bei 50 km/h belässt.

31 Die Bedingung für das Treffen der Latte lautet daher kurz geschrieben: $z(16) = 2,44$. Genau genommen befindet sich die Unterkante der Latte in einer Höhe von 2,44 Metern, und der Ball müsste daher etwas höher treffen, aber diese kleine Abweichung ist für das Folgende unwesentlich.

Kann man gezielt aus 16 Metern die Latte treffen?

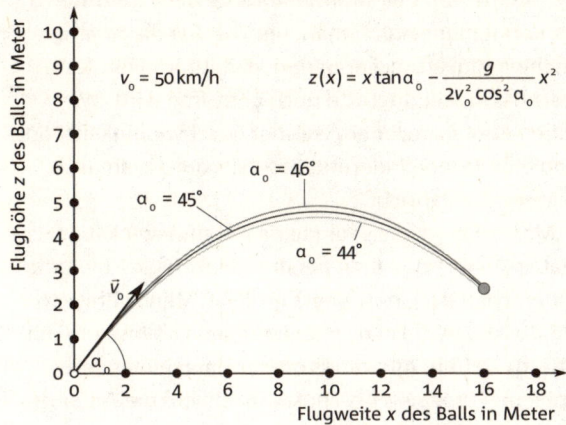

Beide Male scheint die Latte auch noch getroffen zu werden. Allerdings hat der Querbalken eines Tores nur einen Durchmesser von zwölf Zentimetern, sodass man aus der obigen Abbildung nicht mehr genau erkennen kann, ob diese Schüsse wirklich noch treffen.

Da ein Fußball einen Durchmesser von 22 Zentimetern hat, würden die Schüsse für $\alpha_0 = 44°$ und $\alpha_0 = 46°$ zwar auch noch treffen, aber sie würden die Latte eher streifen und somit sicher nicht mehr wie im Ronaldinho-Werbespot zum Spieler zurückspringen. Wir kommen darauf am Ende dieses Abschnitts noch zurück.

Die Bedingung, dass sich der Ball nach 16 Metern in 2,44 Metern Höhe befinden muss, verknüpft bei der Wurfparabel die Abschussgeschwindigkeit v_0 mit dem Abschusswinkel α_0. Der sich daraus ergebende Zusammenhang ist in der Grafik auf der nächsten Seite rechts oben für Experten als Formel zu sehen. Nur für bestimmte Kombinationen dieser beiden Größen wird die Torlatte von der Strafraumgrenze auch getroffen. Wir können uns nun fragen, um wie viel die Anfangsgeschwindigkeit variieren darf, damit für einen festen Abschusswinkel die Latte noch getroffen wird. Wir wollen also ausrechnen, welcher Geschwindigkeitsänderung eine Höhenänderung des Balls um 12 cm nach 16 Metern entspricht.

Man erkennt, dass für kleine Abschusswinkel der relative Fehler, den man bei der Abschussgeschwindigkeit machen darf, besonders groß ist. Man sollte also den Abschusswinkel α_0 möglichst klein halten, um die Latte zu treffen. Allerdings gibt es dann ein anderes Problem. Für kleine Abschusswinkel wird die Anfangsgeschwindigkeit des Balls sehr groß, um die Latte zu treffen. Für Abschusswinkel unterhalb von 8,7° ist dies sogar überhaupt nicht mehr möglich. Für Winkel α_0 im Bereich von 40° bis etwa 60° lässt sich zeigen, dass man die geringste Abschussgeschwindigkeit aufbringen muss, damit der Fußball nach 16 Metern die Latte trifft. Der relative Fehler, den man dann aber nur machen darf, liegt unterhalb von fünf Promille. Es ist keine Frage, dass man dies bei 100 Schüssen möglicherweise ein- bis zweimal eher zufällig schaffen kann, aber viermal hintereinander wie bei dem Ronaldinho-Werbespot? Was Ronaldinho sehr wohl richtig macht, ist die Tatsache, dass er einen recht kleinen Abschusswinkel und die damit verbundene große Abschussgeschwindigkeit wählt. Das erlaubt ihm eine deutlich größere Fehlerbreite als nur fünf Promille. Für seinen Abschusswinkel von etwa 20° ist die Fehlertoleranz der Anfangsgeschwindigkeit mit 1,8 % viel größer, allerdings immer noch so klein, dass ein viermaliges Treffen der Latte hintereinander nicht glaubwürdig ist.

Erlaubte Variation der Abschussgeschwindigkeit für unterschiedliche Abschusswinkel

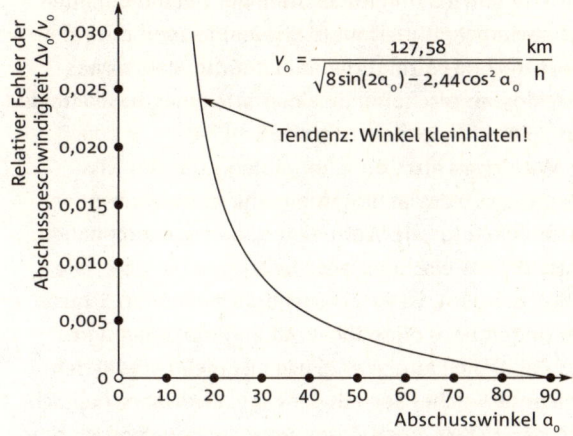

$$v_0 = \frac{127{,}58}{\sqrt{8\sin(2\alpha_0) - 2{,}44\cos^2\alpha_0}} \frac{km}{h}$$

Tendenz: Winkel kleinhalten!

Bei mehreren Schüssen gibt es aber sowohl eine Streuung in den Anfangsgeschwindigkeiten als auch eine Streuung der Abschusswinkel. Wie wirken sich nun diese beiden Größen gemeinsam auf die Streuung der Schusshöhe nach 16 Metern aus? Hier zeigt eine Berechnung, dass eine kleine Winkelabweichung von 1° und eine kleine Geschwindigkeitsabweichung von 1 km/h bereits zu einer Höhenstreuung von 64 cm führen würden. Beide Größen müssen also weitaus genauer eingestellt werden, um die nur zwölf Zentimeter dicke Latte aus 16 Metern zu treffen. Genau genommen muss der Schuss sogar noch viel präziser sein als 12 cm, da bei dem Ronaldinho-Werbespot der Ball nach vorn abprallt. Berechnungen von John Wesson zeigen, dass sich der Abprallwinkel von der Latte um fast 90° verändert, wenn der Aufprallpunkt des Balls um nur fünf Zentimeter variiert.[32] Daher ist als Bedingung sicher eher eine Streuung von 2 cm anstelle von 12 cm einzuhalten, mit entsprechenden Konsequenzen für erlaubte Streuungen von α_0 und v_0. Diese Rechnung zeigt daher endgültig, dass es ausgeschlossen erscheint, die Querlatte eines Fußballtors aus 16 Metern gezielt zu treffen.

 Wir sehen also, dass Ronaldinho für den Nike-Werbespot viermal hintereinander diese extreme Genauigkeit für die Werte von α_0 und v_0 erzielt haben müsste. Dies erscheint absolut ausgeschlossen. Wie schon erwähnt, ist es sicher möglich, dass ein Schuss, der ungefähr in diese Richtung abgeschossen wird, aus Zufall die Latte trifft. Einzelne Spieler sind durch ihr Können sicher auch in der Lage, die Wahrscheinlichkeit dafür stark zu erhöhen. Aber die Berechnungen zeigen deutlich, dass die benötigte Genauigkeit so extrem ist, dass kein Spieler die Torlatte *gezielt* aus 16 Metern Entfernung treffen kann – schon gar nicht viermal hintereinander.

Die Firma Nike und Ronaldinho haben lange behauptet, dass der Werbespot wirklich so aufgenommen worden sei, ohne irgendwelche Tricks. Nike musste sich dann aber nach einiger Zeit dem Druck der Öffentlichkeit beugen und zugeben, dass die Torschüsse an die Querlatte am Computer »nachbearbeitet« wurden. Der Nordeuropa-Sprecher des Sportartikelherstellers fügte später noch hinzu: »Zwei der vier Lattentreffer sind echt – ganz ehrlich!«[33] Selbst das würden wir nach unserer Analyse bezweifeln …

32 Siehe sein schon zitiertes Buch *The Science of Soccer*, IOP Publishing Ltd. 2002.

33 Siehe den Artikel »Glaube versetzt Bälle«, Spiegel 48/2005.

Es ist also nicht möglich, einen Fußball gezielt zenti-
metergenau aus größerer Entfernung in den Winkel
eines Tores zu schießen, so wie es etwa Paul Breitner
bei seinem wichtigen Tor 1974 gegen Chile getan
hat. Bei solchen besonders schönen Toren spielt immer
auch der Zufall eine große Rolle. Dabei haben wir
sogar die Effekte des Luftwiderstands und einer
Rotation des Balls vernachlässigt. Beides würde ein
Einschätzen der Flugkurve noch einmal deutlich
schwieriger machen. Dadurch würden die ohnehin
schon kleinen Toleranzen für α_0 und v_0 nochmals viel
kleiner werden.

Wenn wir uns übrigens fragen, warum bisher
Samstagabends im »Aktuellen Sportstudio« in über
40 Jahren noch niemand sechsmal beim Torwand-
schießen getroffen hat, dann hat das natürlich genau
den gleichen Grund. Die sechs Schüsse müssten mit
einer Präzision ähnlich der für den Ronaldinho-Werbespot ausgerechneten hintereinander platziert werden.
Dies ist aber äußerst unwahrscheinlich. Bisher haben
immerhin acht Schützen fünfmal getroffen – als Erster
Günter Netzer am 18. Mai 1974 und zuletzt vor über
zehn Jahren der Torhüter Frank Rost am 11. Dezember
1999. Damit können wir nun einschätzen, wie gut
Fußballprofis wirklich sind. Schöne Schüsse aus größerer Entfernung sind zwar häufig auch ein Ausdruck
von Können, doch wenn sie wirklich genau in den
Winkel gehen, hat das auch eine ganze Menge mit
purem Glück zu tun.

Wie soll das denn dann heißen? Ernst-Kuzorra-seine-
Frau-ihr-Stadion?

(Bundespräsident Johannes Rau zu dem Vorschlag,
Fußballstadien nach Frauen zu benennen)

4 SCHALKE 05
UND DER KLEINE UNTERSCHIED

Der Frauenfußball hatte es am Anfang nicht leicht.
Er wurde am 5. Dezember 1921 durch die Football Association in England mit der Begründung, dass dieser
Sport für Frauen nicht geeignet sei, verboten. Nach dem
»Wunder von Bern« 1954 kam in Deutschland auch
die Diskussion um den Frauenfußball auf. Ein Jahr später
beschloss der DFB aber, das Fußballspielen mit Damen-
mannschaften zu unterbinden. Er verbot den Vereinen,
Frauenabteilungen zu gründen oder die Sportstätten
für Frauenfußball zur Verfügung zu stellen. Frauenfußball sei unästhetisch und gefährlich für die Gesundheit
hieß es. Erst am 30. Oktober 1970 hob der DFB auf
seinem Verbandstag in Travemünde das Verbot unter
Auflagen auf. Die Frauenteams mussten wegen ihrer
»schwächeren Natur« eine sage und schreibe halbjähri-
ge Winterpause einhalten. Weiterhin war das Tragen
von Stollenschuhen strikt verboten, und die Bälle waren
kleiner und leichter. Das Spiel dauerte auch nur 70 Minuten. Später wurde die Spielzeit auf 80 Minuten ange-
hoben, und heutzutage sind es natürlich die üblichen
90 Minuten. Auch mit diesen Auflagen bildeten sich
schnell Ligen auf lokaler Ebene. Im November 1971

empfahl dann die UEFA, den Frauenfußball wieder-
aufzunehmen. Trotzdem gab es immer wieder große
Vorbehalte gegenüber Frauen im Fußball. Carmen
Thomas beispielsweise moderierte seit dem 3. Februar
1973 als erste Frau überhaupt das »Aktuelle Sportstudio« am Samstagabend im ZDF. Ihr legendärer
Versprecher am 21. Juli des gleichen Jahres »FC Schalke 05 gegen – jetzt hab ich's vergessen – Standard
Lüttich« hat die Akzeptanz des Frauenfußballs bestimmt
um zehn Jahre zurückgeworfen. Frauen und Fußball,
das passte einfach nicht – der Beweis war erbracht.
Zwar moderierte Carmen Thomas noch einige Zeit weiter, aber es dauerte elf Jahre, bis das »Aktuelle Sportstudio« wieder über längere Zeit von einer Frau,
diesmal Doris Papperitz, moderiert werden durfte. 1986
fasste der DFB schließlich auf seinem Verbandstag in
Bremen den Entschluss, eine Bundesliga im Frauenfußball einzuführen, die es seit 1989 gibt.

1989 gewann das deutsche Frauen-Nationalteam
auch erstmals die seit 1984 ausgetragene Frauenfußball-
Europameisterschaft. Sie fand im eigenen Land statt
mit dem Stadion an der Bremer Brücke in Osnabrück als
Endspielort. Die vom DFB ausgelobte Siegprämie war
aber noch steigerungsfähig: Jede Spielerin erhielt für
den Titelgewinn ein Kaffeeservice. Deutschland gewann
bisher sieben Europameistertitel, davon allein die
letzten fünf in Folge, was bei bisher zehn ausgetragenen Turnieren einer sagenhaften Siegquote von
70 % entspricht. Seit 1991 gibt es auch Frauenfußball-
Weltmeisterschaften. Die bisherigen Turniere wurden
dabei eindeutig von den Teams aus den USA und
Deutschland dominiert. Die USA erreichten immer
das Halbfinale und gewannen zwei Titel. Einmal
war Norwegen erfolgreich, und die beiden Turniere

2003 und 2007 gewann das deutsche Team. Dabei konnte 2007 der Titel in China ohne ein einziges Gegentor errungen werden – eine bis dahin von keinem Männer- oder Frauenteam jemals bei Welt- oder Europameisterschaften erreichte Leistung. Die deutsche Frauenfußball-Nationalmannschaft ist also außerordentlich erfolgreich, viel erfolgreicher als das auch nicht gerade erfolglose Männerteam. Man kann getrost sagen, dass der Frauenfußball in Deutschland immer stärker boomt, wenngleich die Frauen-Bundesliga noch in viel bescheidenerem Rahmen vermarktet wird als die der Männer und die Zuschauerzahlen auch noch höher sein könnten.

Das gilt inzwischen nicht mehr für das Frauen-Nationalteam. Die Spiele werden live im Fernsehen übertragen, und die Stadien sind bei Länderspielen sehr gut gefüllt. Genau 25 Jahre nach dem Entschluss, eine Frauenfußball-Bundesliga einzuführen, gab es in Deutschland wieder ein »Sommermärchen«: die Frauenfußball-Weltmeisterschaft 2001 mit unserem Team als zweimaligem Titelverteidiger. Das war ein großes Fest und hat dem Frauenfußball zum weiteren Durchbruch verholfen. Das Finale fand aber diesmal nicht im kleinen Osnabrücker Stadion an der Bremer Brücke statt, sondern in der großen Commerzbank-Arena in Frankfurt/M. vor 50 000 Zuschauern.

Der von Frauen gespielte Fußball unterscheidet sich in Bezug auf Regelwerk, Spielweise und die wichtigsten taktischen und strategischen Grundregeln in keiner Weise vom Fußball der Männer. Trotzdem ist es interessant, nach Unterschieden zu suchen, die möglicherweise dadurch zustande kommen, dass der Frauenfußball noch nicht so kommerzialisiert ist oder dass Frauen nicht ganz so schnell und kräftig sind wie die Herren der Schöpfung. Frauenfußball ist langweiliger und interessanter zugleich als Männerfußball. Wie das? Dies scheint doch ein Widerspruch zu sein?

Warum Frauenfußball langweiliger ist als Männer- fußball

Ich hatte noch nie Streit mit meiner Frau. Bis auf das eine Mal, als sie mit aufs Hochzeitsfoto wollte.

(Mehmet Scholl zum Thema Harmonie)

Den wesentlichen Unterschied zwischen dem Frauen- und dem Männerfußball kann man an einem Spiel der Weltmeisterschaft 2007 in China ablesen. Das deutsche Frauenteam fertigte die Argentinierinnen mit 11:0 ab. Dies ist ein ungewöhnlich hohes Ergebnis für eine WM-Endrunde. Es verweist auf das größte Problem des Frauenfußballs: die erheblichen Leistungsunter- schiede zwischen den Teams. Das zeigt auch die aus deutscher Sicht erfreuliche Tatsache, dass der WM-Titel in China ohne Gegentor errungen werden konnte. Für den Fußball selbst ist das aber nicht gut. Bei einer Herren-WM Endrunde gab es noch nie ein 11:0, weil hier die Leistungsdichte viel höher ist. Eine höhere Leis- tungsdichte bedeutet auch immer eine größere Span- nung. Das Rekordergebnis bei einer Herren-Endrunde ist das 10:1 von Ungarn gegen El Salvador bei der WM 1982. Auch das 8:0 von Rudi Völlers Mannschaft bei der WM-Endrunde 2002 gegen Saudi-Arabien war ein Torfestival. Trotzdem ist die Torverteilung bei Herren- und Frauen-Weltmeisterschaften prinzipiell unterschiedlich, wie die nächste Grafik zeigt.

Vergleich der Torhäufigkeit bei der Herren- und Damen-WM

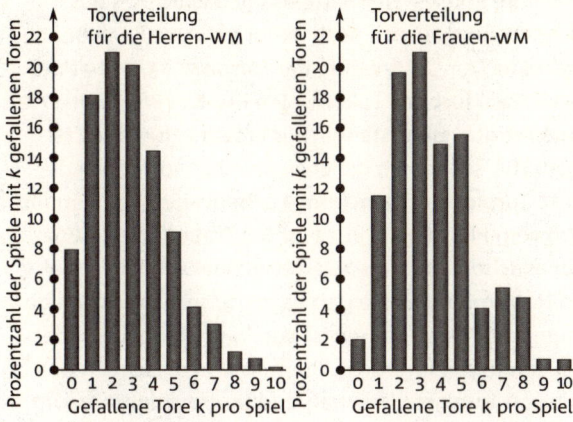

Die Verteilung der Tore bei den Herren-WM-End-
runden kann sehr gut mit einer Poisson-Verteilung mit
dem Mittelwert 2,5 Tore pro Spiel erklärt werden.
Die Herrenteams schießen also auch bei Weltmeisterschaften Tore nach dem Gesetz des radioaktiven
Zerfalls, wie wir es zuvor bereits für die Bundesliga-
Teams gesehen hatten. Für die Tore bei den bisherigen
Frauenfußball-Weltmeisterschaften gilt dies hingegen
nicht. Zwar muss hier auch beachtet werden, dass die
Statistik noch nicht so gut ist wie bei den Herren, da
es bislang viel weniger WM-Spiele der Damen gibt, aber
die Torverteilung weicht doch sehr stark von einer
einfachen Poisson-Verteilung ab. Es gibt schlicht viel zu
viele Spiele mit vier und mehr Toren. Dies ist ein
sicheres Indiz dafür, dass die Spielstärke der Nationalmannschaften im Frauenbereich nicht so ausgeglichen
ist wie bei den Herren.

Das Problem des Frauenfußballs ist also, dass zu viele Tore fallen – wer hätte das gedacht! Dieses Problem spiegelt sich auch in der Frauenfußball-Bundesliga wider. Am 17. Spieltag der Saison 2005/06 hat der 1. FFC Frankfurt den Lokalrivalen FSV Frankfurt mit 17:0 abgefertigt – ein erstaunliches Ergebnis für eine Erstligapartie, wobei am gleichen Spieltag auch noch der 1. FFC Turbine Potsdam den FFC Brauweiler Pulheim mit 13:0 vom Platz fegte. In 22 Jahren Frauen-Bundesliga gab es schon mehr als 20 zweistellige Siege. In 47 Jahren Herren-Bundesliga gab es ganze sechs zweistellige Triumphe. Seit elf Jahren ist die Frauenfußball-Bundesliga eingleisig. Im Durchschnitt sind in dieser Zeit pro Spiel 3,9 Tore gefallen, während im gleichen Zeitraum die Torrate in der Herren-Bundesliga nur 2,9 betrug. Das bedeutet, dass es in der Frauen-Bundesliga weniger Überraschungen gibt als in der Herren-Bundesliga. Der Tabellenletzte kann bei den Damen in der Regel den Tabellenführer nicht schlagen, da die Leistungsunterschiede einfach zu groß sind. Dies sieht man den Ergebnissen der Liga auch an, die meist recht torreiche Partien zeigen. Auch die Tabelle der Frauenfußball-Bundesliga weist dies aus. Wir sehen beispielsweise die Abschlusstabelle der Saison 2006/07 in der Tabelle auf der nächsten Seite.

Der 1. FFC Frankfurt hat von seinen 22 Spielen 19 gewonnen und dreimal unentschieden gespielt. Eine solche Quote hat es bei den Herren nie gegeben. Auch das Tabellenende spricht eine deutliche Sprache. Der FFC Brauweiler Pulheim ziert den letzten Platz mit 22 Niederlagen und 100 kassierten Treffern, also fast fünf pro Spiel. Auch dies ist einmalig im deutschen Fußball.

Wenn wir diese Tabelle wieder mit einer vergleichen, wie sie sich in einer Liga gleich starker Mannschaften

Tabelle der Frauenfußball-Bundesliga-Saison 2006/07

		S	G	U	V	Tore	TD	Punkte
1	1. FFC Frankfurt	22	19	3	0	91:17	74	60
2	FCR 2001 Duisburg	22	16	3	3	76:25	51	51
3	1. FFC Turbine Potsdam	22	13	5	4	51:23	28	44
4	FC Bayern München	22	12	2	8	35:29	6	38
5	SC 07 Bad Neuenahr	22	10	3	9	45:45	0	33
6	SG Essen-Schönebeck	22	10	2	10	55:42	13	32
7	TSV Crailsheim	22	9	3	10	33:37	−4	30
8	VfL Wolfsburg	22	8	3	11	20:49	−29	27
9	Hamburger SV	22	7	5	10	34:34	0	26
10	SC Freiburg	22	8	1	13	36:57	−21	25
11	FFC Heike Rheine	22	4	2	16	24:57	−33	14
12	FFC Brauweiler Pulheim	22	0	0	22	15:100	−85	0

ergäbe, können wir als Erstes festhalten, dass eine solche Mannschaft im Durchschnitt $1{,}375 \times 22 = 30{,}25$ Punkte erzielen würde. Wir haben dies bereits in einem früheren Abschnitt über den Zufall in Tabellen ausführlich erläutert. Diese 30,25 Punkte entsprechen hier auch der Mitte der Tabelle. Der 7., die TSV Crailsheim, hat genau 30 Punkte erreicht und der 6., die SG Essen-Schönebeck, derer 32. Als Standardabweichung von diesem Mittelwert berechnen wir wie vorher: $\sigma = 1{,}32 \times \sqrt{22} = 6{,}2$ Punkte.

Bei den Herren war eine Bundesliga-Tabelle am Saisonende in der Regel auf ungefähr eine Breite von plus/minus zwei Standardabweichungen auseinandergezogen, was sie einer Zufallstabelle recht ähnlich macht. Dies sprach für die Ausgeglichenheit der Liga. Hier nun hieße dies, dass wir die meisten Mannschaften im Intervall $30{,}25 \pm 12{,}4$ Punkte, also zwischen 17,8 und 42,6 Punkten in der Abschlusstabelle erwarten würden.

Wir sehen aber, dass immerhin fünf der zwölf Mannschaften nicht in diesem Intervall liegen. Die Frauenfußball-Bundesliga ist also nicht sehr ausgeglichen. In ihr wütet das Glück oder Pech viel weniger als bei den Herren, sodass es auch viel weniger Überraschungen gibt.

 Interessant ist aber, dass sich die gesamte Torverteilung in der Frauenfußball-Bundesliga im Gegensatz zu den WM-Ergebnissen trotzdem recht gut mit einer Poisson-Verteilung annähern lässt. Die Liga scheint also auf einem guten Weg zu besserer Ausgeglichenheit zu sein. Es wird allerdings noch etwas dauern, bis sich dies in den Tabellen niederschlägt. Wichtig und auf den ersten Blick paradox scheint aber die Aussage zu sein, dass die Ursache für die Unausgeglichenheit der Frauenfußball-Bundesliga die hohe Torrate von 3,9 Toren pro Spiel ist. Die Damen müssten also nicht ganz so torhungrig sein, und schon wäre alles besser bzw. spannender!

Warum Frauenfußball irgendwann einmal interessanter sein wird als Männerfußball

Ich möchte keine Frau sein, sonst würde ich immer an meinem Busen spielen!

(Lothar Matthäus auf die Frage nach seinem Verhältnis zu Frauen)

Die Frauen spielen mit den gleichen Bällen Fußball wie die Männer. Daher fliegt das runde Leder natürlich auch völlig gleich durch die Luft, egal ob es von einer Frau oder einem Mann getreten wurde. Allerdings ist die Geschwindigkeit eine andere, da die Schüsse von Frauen in der Regel nicht so hart sind wie die der Männer. Warum das?

Wir hatten früher gesehen, dass wir die Faust-formel »Schussgeschwindigkeit = vierfache Anlaufge-schwindigkeit« anwenden können. Bei Männern ergab dies für eine Anlaufgeschwindigkeit von 30 km/h die maximale Schussgeschwindigkeit von 120 km/h, was gut mit Messungen von schnellen Schüssen überein-stimmt. Wenn wir bedenken, dass Frauen im Sprint etwa 10 % langsamer sind als Männer, ergibt sich eine maximale Schussgeschwindigkeit von 108 km/h. Auch die genauere Überlegung zeigt, dass Frauen nicht so schnell schießen können wie Männer. Bei den Berech-nungen mithilfe des Gesetzes der Impulserhaltung kam es immer auf das Masseverhältnis m_2/m_1 zwischen dem Fußball und dem Fuß plus Schuh und Unterschen-kel des Schützen an. Je kleiner dieses Verhältnis war, desto härter wurde der Schuss. Nun ist aber ein weib-licher Unterschenkel und Fuß in der Regel leichter als der eines Mannes. Mithin kann eine Frau gar nicht so hart schießen wie ein Mann, selbst wenn sie die gleiche Kraft aufbringen könnte.

Eine weitere, weit wichtigere Auswirkung auf den Frauenfußball hat die geringere Schnelligkeit der Spielerinnen. Wir haben zu Beginn (siehe Seite 32) eine Formel für die optimale Zahl an Feldspielern auf dem Platz bestimmt.[1] Da die Frauen auf den gleichen Plätzen wie die Männer spielen, ist auch die Fläche des Platzes jeweils gleich. $T_{Spieler}$ ist dabei die durchschnittliche Dauer des Ballbesitzes, die wir mit drei Sekunden ange-

---

1 Sie lautete $T_{Spieler} = \sqrt{A/N}/(2 \times v_{Spieler})$. Dabei ist N ist die Zahl der Spieler, die sich auf einem Spielfeld der Größe A befinden.

setzt haben, und $v_{Spieler}$ ist die durchschnittliche Geschwindigkeit eines Mittelfeldspielers. Wir können daher diese Formel auf den Frauen- und Männerfußball anwenden und die Änderung der optimalen Spielerzahl ausrechnen: $N_{Frauen}/N_{Männer} = (v_{Spieler, Männer}/v_{Spieler, Frauen})^2$.

Wenn nun die Männer 10 % schneller sind als die Frauen, dann gilt für die Geschwindigkeiten: $v_{Spieler, Männer}/v_{Spieler, Frauen} = 1,1$. Somit ergibt sich: $N_{Frauen}/N_{Männer} = 1,1^2 = 1,21$.

Wenn also im Männerfußball zehn Feldspieler optimal sind, dann sind im Frauenfußball zwölf Feldspielerinnen nötig, um das Optimum zu erhalten. Es stehen daher zwei Spielerinnen zu wenig auf dem Platz. Nun ist es sicher so, dass man im Männerfußball inzwischen einen Feldspieler streichen müsste, weil die Spieler zu athletisch und zu schnell geworden sind. Dann würde es wieder mehr Spielzüge auf dem Feld geben können statt eines planlosen Rumkämpfens und Rumgekickes im Mittelfeld, wie wir es heutzutage häufig sehen. Wenn wir also in der obigen Formel $N_{Männer} = 9$ einsetzen, dann erhalten wir $N_{Frauen} = 10,89$ also eine Zahl zwischen 10 und 11. Das heißt, dass sich der Frauenfußball bezüglich der Feldspielerzahl dichter am Optimum befindet als der Männerfußball. Wenn sich die Regeln nicht ändern und die Profis noch athletischer und noch schneller werden und dieser Trend auch bei den Damen weiter anhält, werden wir es noch erleben, dass der Frauenfußball populärer sein wird als der Männerfußball. Dies wird sicher nicht von heute auf morgen passieren, aber die Schnelligkeit und Athletik zerstören ein planvolles Spiel. Beim Volleyball kann man diesen Trend schon sehen. Volleyballspiele von Männerteams sind kaum anzuschauen, da es wegen der immer weiter fortgeschrittenen Athletik der Akteure so gut wie keine Spielzüge mehr gibt und nur noch draufgehauen wird. Beim Frauen-Volleyball ist das anders. Hier sieht man noch lange und spektakuläre Ballwechsel. Frauen-Volleyball ist deswegen bereits jetzt viel populärer als Männer-Volleyball. Mal abwarten, wie lange es dauert, bis dieser Trend auch den Fußball erfasst ...

Von wegen Winterpause!

Auf Gefühle gebe ich gar nichts. Dreimal hatte ich das Gefühl, einen Sohn gezeugt zu haben, und wir haben drei Töchter zu Hause.

(Trainer Hermann Gerland auf die Frage, wie er sich vor einem Spiel fühle)

Nach dem 17. Spieltag verabschiedet sich die Fußball-Bundesliga immer in die Winterpause. Allerdings sollte dies nur für die Profis gelten. Die folgenden Überlegungen zeigen, dass die Fans besser keine Winterpause einlegen sollten, weil gerade dann der optimale Zeitpunkt gekommen ist, »alles zu geben« – natürlich nicht im Stadion zur Unterstützung der eigenen Mannschaft, sondern zu Hause, um dem eigenen Nachwuchs größere Chancen im Leben zu verschaffen. Was ist damit gemeint?

Die Zahlen des Statistischen Bundesamts belegen, dass die Geburtenrate in Deutschland in den letzten 20 Jahren in allen Monaten nahezu konstant war. Etwa $1/12 = 8,33\,\%$ aller Geburten werden in jedem Monat verzeichnet mit einer Schwankung von nur 0,7 %. So kommen im Juli als Spitzenmonat etwa 9 % aller Kinder zur Welt, dafür im November nur 7,7 %. Da diese Schwankung aber sehr klein ist, soll die genaue Ursache dafür nicht weiter thematisiert werden. Interessant wird es nun, wenn man sich fragt, wie viele Spieler der 1. und 2. Bundesliga im jeweiligen Monat geboren sind (siehe die Abbildung auf der gegenüberliegenden Seite).

Während die Daten für die Gesamtbevölkerung, wie erwähnt, nur leicht um den Wert 8,33 % schwanken (dünne Linie), zeigt eine Zusammenfassung der Daten für alle deutschen Spieler der 1. und 2. Bundesliga aus den letzten 20 Jahren ein anderes Bild. Während im Mai nur etwa 6,3 % aller Spieler geboren sind, sind es im September fast 11 %. Mit anderen Worten: Wer im September geboren ist, hat eine um nahezu 75 % höhere Wahrscheinlichkeit, Profispieler in der Fußball-Bundesliga zu werden, als jemand, der im Mai geboren ist! Die Grafik zeigt, dass ein im Herbst geborenes Kind eine deutlich höhere Wahrscheinlichkeit hat, Profifußballer zu werden, als ein im Frühjahr geborenes. Wie kann es zu dieser höchst bemerkenswerten Tatsache kommen?

Wir gehen zunächst davon aus, dass das Talent, Fußball zu spielen, nicht direkt mit dem Geburtsmonat verknüpft sein kann. Es ist kein äußerer Einfluss bekannt, der das irgendwie erklären könnte, und astrologische Erklärungsmodelle lehnen wir prinzipiell ab. Daher muss man nach indirekten Ursachen suchen. Eine solche indirekte Ursache könnte die simple Tatsache sein, dass das Schuljahr direkt nach den Sommerferien beginnt. Dadurch sind die im Herbst des Vorjahrs geborenen Schüler bei der Einschulung fast ein Jahr älter als die im Sommer geborenen. Diesen Altersvorsprung behalten die Kinder auch, wenn es darum geht, die Schulmannschaften für ein Fußballturnier zusam-

**Geburtsmonate der deutschen Profis
der 1. und 2. Fußball-Bundesliga**

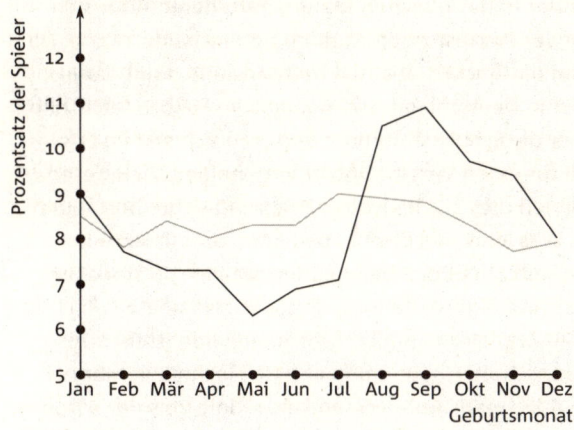

menzustellen. Elf Monate Altersunterschied können hier
etwa bei einer D- oder E-Jugend-Mannschaft einen
beträchtlichen Unterschied in der Körpergröße und der
körperlichen Fitness ausmachen, sodass die älteren
Spieler leicht im Vorteil sind. Dieser körperliche Vorteil
in den Auswahlteams der Schulen scheint sich nun über
die Zeit zu verstetigen, da jemand, der als kleines Kind
nicht in der Schulmannschaft berücksichtigt wurde,
möglicherweise schon früh aus dem Fokus von Talent-
spähern gerät und auch nicht weiter motiviert wird,
in einen Verein einzutreten. Später, wenn die Kinder
erwachsen werden, spielt ein Altersunterschied von
elf Monaten selbstverständlich keine Rolle mehr für die
Fähigkeit, Fußball auf hohem Niveau zu spielen.

Interessant ist auch, dass man keinen Jahrgangseffekt feststellen kann. Da Vereinsspieler in Jugendmannschaften nach Jahrgängen eingeteilt werden

sollten, würde man eine von Januar bis Dezember stetig sinkende Prozentzahl erwarten. Immerhin spielen nun Kinder in der gleichen Mannschaft, deren Alter sich wieder um fast zwölf Monate unterscheiden kann. Da man dies nicht statistisch belegen kann, folgt daraus, dass in Deutschland der Zugang zum Fußball tatsächlich über die Schule stattfindet und man sich erst im Erfolgsfall für einen Vereinseintritt entscheidet. Viele Leser können dies aus leidvoller Erfahrung sicher bestätigen[2].

Was lehrt uns das? Es bedeutet, dass Talente in großer Zahl übersehen werden, da eine so starke ungleichmäßige Verteilung der Geburtsmonate von Fußballspielern anders nicht zu erklären ist. In Schulmannschaften sollte man also der Technik der Kinder deutlich mehr Aufmerksamkeit widmen als der körperlichen Fitness. Und noch etwas folgt aus dieser Feststellung: Sollte man seine Familienplanung noch nicht beendet haben, ist die Winterpause der optimale Zeitpunkt, sich darum zu kümmern. Man sollte also in der Winterpause »alles geben«, damit der eigene Nachwuchs optimale Chancen im Leben erhält. Wenn der Nachwuchs im Herbst geboren wird, hat er eine deutlich höhere Chance, Fußballprofi in der 1. oder 2. Bundesliga zu werden!

Man kann das Gesagte nun mit weiteren statistischen Erhebungen aus anderen Profiligen untermauern.

---

2 Allerdings stimmt das alles nicht ganz. In Deutschland war bis vor zwölf Jahren der 30. Juni der Stichtag für Jahrgänge in Vereinsmannschaften. Die Einteilung nach dem Kalenderjahr, also von Januar bis Dezember, ist einfach noch nicht lang genug installiert, um sich bei den Profis bemerkbar zu machen. Der alte Stichtag 30. Juni trägt sicher auch stark zu dem Maximum der Verteilung im September bei, welches sich dann in Zukunft doch in den Januar verlagern dürfte.

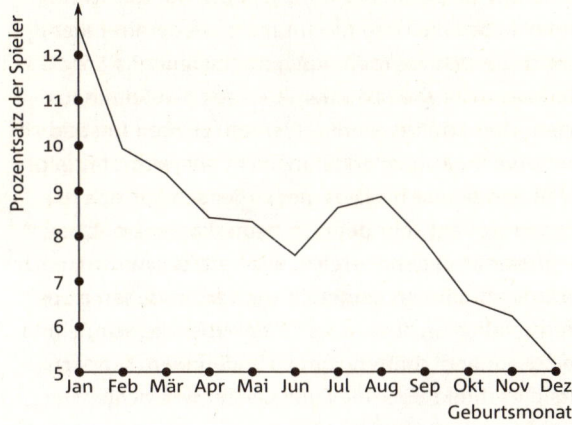

Geburtsmonate der italienischen Profis der Serie A und B

y-Achse: Prozentsatz der Spieler (5, 6, 7, 8, 9, 10, 11, 12)

x-Achse: Geburtsmonat (Jan, Feb, Mär, Apr, Mai, Jun, Jul, Aug, Sep, Okt, Nov, Dez)

Dabei zeigt sich, dass der Effekt in England in der Premier League sogar noch viel ausgeprägter ist als in Deutschland. Dort beträgt der Unterschied zwischen den Monaten April mit 5 % und September mit über 12 % satte 150 %. In England ist daher für ein im Herbst geborenes Kind die Wahrscheinlichkeit, Fußballprofi zu werden, im Mittel mehr als doppelt so hoch wie für ein im Frühjahr geborenes. Die Gründe dafür sind sicher ähnlicher Natur wie für die Bundesliga beschrieben. Ist das nun immer so? Nein. Die obige Grafik zeigt die entsprechende Geburtsstatistik für die italienischen Profiligen Serie A und Serie B.

Hier finden wir einen anderen großen Effekt, da der Prozentsatz fast stetig von 12,7 % im Januar auf 5,2 % im Dezember abfällt. In Italien hat also ein Kind, das am 1. Januar um 0.01 Uhr geboren wird, eine etwa 2,5-mal größere Wahrscheinlichkeit, Fußballprofi zu werden, als ein Kind, welches nur zwei Minuten früher am 31. Dezember um 23.59 Uhr auf die Welt kommt! Die Erklärung hierfür muss wieder im Jugendbereich gesucht werden. Auch das italienische Schuljahr beginnt – wie fast überall – nach den Sommerferien. Dies könnte eventuell einen leichten Anstieg der Kurve im August erklären, nicht aber den stetigen Abfall von Januar bis Dezember. Hier scheint sich der Jahrgangseffekt sehr deutlich bemerkbar zu machen, da Spieler im Jugendbereich, wie bereits erwähnt, nach Geburtsjahrgängen eingeteilt werden. In Italien ist es offensichtlich nicht so, dass Kinder über die Schule und die Schulmannschaften zum Fußball finden, sondern dass dies direkt über die Fußballvereine geschieht.

In Frankreich ist dieser Trend hingegen in den ersten beiden Ligen Ligue 1 und Ligue 2 nicht so stark ausgeprägt. Hier scheint überhaupt die gleichmäßigste Verteilung der Geburtsmonate der Profispieler vorzuliegen. Die statistischen Daten ergeben eine ganz leichte, aber nicht signifikante Erhöhung zum Jahresbeginn und dann noch einmal im Sommer. Es wäre sicher ebenfalls interessant, durch weiterführende Analysen die genaue Ursache für diese im Vergleich zu den deutschen, englischen und italienischen Ligen recht gleichmäßige Verteilung herauszufinden.

Die Verteilung der Geburtsmonate aller bisher bei Fußball-Weltmeisterschaften eingesetzten Spieler ergibt ein über alle Nationen gemitteltes Bild. Nationale Besonderheiten sollten sich dabei herausmitteln. Man sieht dann die Summe der Effekte – eine deutliche Überhöhung im Januar, so wie sie bei den italienischen Ligen zu sehen war, ein Minimum im Sommer und ein kleineres Maximum im Herbst, wie in den deutschen Bundesligen und in England. Überraschend ist aber dennoch wieder der große Wert von 11,3 % von WM-Teilnehmern, die im Januar geboren sind. Eine plausible Erklärung für diesen »Januar-Effekt« ist sicherlich die Einteilung von Fußballern nach Jahrgängen in den unterschiedlichen Jugendmannschaften. Diese Einteilung ist in allen Ländern gleich. Eine weitere Erklärung könnte aber auch sein, dass in einigen Ländern Geburtstage nicht so akribisch genau festgehalten werden wie etwa in Deutschland. So haben beispielsweise sehr viele Türken, die in kleinen Dörfern ohne geregeltes Meldewesen geboren werden, als Geburtsdatum den 1. Januar in ihrem Personalausweis stehen, weil man den genauen Tag gar nicht mehr weiß. Dieser Effekt führt dazu, dass in der Türkei fast 14 % aller Fußballprofis, die in der Süper-Lig spielen, im Januar geboren sind, aber nur etwas mehr als 8 % im Februar.

Was lernen wir nun aus dieser Diskussion? Das Talent zum Fußballspielen sollte über alle Geburtsmonate gleich verteilt sein. Die deutlich zu erkennenden Abweichungen sind damit direkt auf den Rekrutierungsprozess von Fußballspielern für spezielle Auswahlteams in der Jugend zurückzuführen. Dieser Prozess kann sicher noch optimiert werden, denn offensichtlich wird bei jungen Spielern die körperliche Überlegenheit innerhalb einer Altersklasse von den Trainern oft als Talent missdeutet. Oder mit anderen Worten: Es werden massiv Talente aufgrund der oben genannten Effekte übersehen! Hier sollte eine gezielte Jugendarbeit ansetzen. Erst wenn die Kurve der Anzahl der Geburten von Profispielern in den jeweiligen Monaten gleichmäßig über das Jahr verteilt ist, wird das Potenzial unserer Talente optimal ausgeschöpft. In Frankreich scheint dies schon annähernd der Fall zu sein.

Das ist das, was sich der liebe Gott vorgestellt hat;
wie sich der Mensch eigentlich entwickeln soll!

(Franz Beckenbauers Kommentar zum perfekten Ablauf
der WM 2006 in Deutschland)

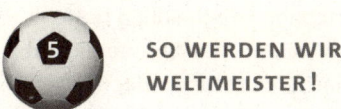

SO WERDEN WIR WELTMEISTER!

Der letzte große Titel der deutschen Nationalmannschaft liegt schon lange zurück. 1996 hat die Vogts-
Truppe eine hervorragend besetzte Europameisterschaft
durch ein »Golden Goal«, erzielt von Oliver Bierhoff
in der Verlängerung gegen Tschechien, gewonnen. An
den letzten WM-Titel kann man sich kaum noch erinnern. Eine Mannschaft, angeführt von einem Spiel-
macher mit der Nummer 10, dessen Name mehr an
einen Propheten des Neuen Testaments als an einen
Ballkünstler erinnert, und von einem Teamchef, dessen
Lizenz zum Trainieren nicht einmal für eine Amateur-
mannschaft gereicht hätte, hat 1990 in Italien das
Turnier dominiert und zum letzten Mal den FIFA-Welt-
pokal nach Deutschland geholt. Was müssen wir also
tun, um wieder einmal ganz vorn zu landen? Dieses
Geheimnis soll nun im letzten Kapitel des Buches
gelüftet werden.

   Zunächst einmal wird aber die Geschichte aufgear-
beitet. War das legendäre Wembley-Tor drin? Fehlt uns
also ein Titel in unserer Sammlung? Die Ausführungen
zum Wembley-Tor sollen auch als ein weiteres leiden-
schaftliches Plädoyer gegen technische Hilfsmittel zur

Unterstützung der Schiedsrichter verstanden werden. Natürlich könnte man den Ball heutzutage per Computer und mit Kameras präzise elektronisch verfolgen und damit exakt entscheiden, ob er »drin« war oder nicht. Man könnte überhaupt dem Schieds- oder Linienrichter kurz nach einer umstrittenen Spielszene diese nochmals in Superzeitlupe vorspielen, sodass dieser die vermeintlich richtige Entscheidung treffen kann. Wir hatten schon erwähnt, dass dies möglich ist, und wenn man es gut macht, würde auch der Spielfluss nicht zu sehr gestört. Keine Frage – so etwas geht sicher, wenn man es denn will. Das Wembley-Tor ist allerdings der perfekte Beweis dafür, dass man so etwas nicht wollen sollte! Wenn der Fußball »klinisch rein« ohne Fehlentscheidungen wäre, würde ihm ein wesentliches Element fehlen. Man stelle sich die Gespräche bei sonntäglichen Stammtischen ohne die zentralen Fragen »Drin oder nicht drin?«, »Abseits oder kein Abseits?«, »Foul im Strafraum oder davor?« einmal vor. Dem Fußball würde dadurch viel von dem genommen werden, was seinen Reiz ausmacht. Deswegen nochmals die Wiederholung der Aussage vom Anfang des Buches: Auch wenn es technisch möglich ist – bitte, liebe FIFA, erlaube keine technische Unterstützung der Schiedsrichter. Im Gegenteil: Wir brauchen noch mehr Wembley-Tore! Außerdem gleicht sich im Verlauf einer Saison ohnehin alles aus – eine triviale Aussage, die bei einem bekannten Fußballstammtisch sicher als Phrase mit 3 Euro Strafe belegt werden würde. Das Ungerechteste am Fußball sind nicht die Fehlentscheidungen der Schiedsrichter, sondern – wie wir gesehen haben – die Tatsache, dass im Fußball nur so wenige Tore fallen. Das macht ihn aber auch gleichzeitig so interessant und einmalig.

Wir werden im folgenden Kapitel jedoch auch sehen, dass der Spielmodus bei Welt- und insbesondere bei Europameisterschaften zu größter Kritik Anlass gibt. Wer erinnert sich nicht an das Skandalspiel der WM 1982 zwischen Deutschland und Österreich in Gijón? Hätte man das durch einen besseren Modus vermeiden können? Leider scheint das mathematische Talent der UEFA-Oberen nicht sehr ausgeprägt zu sein, denn der Spielmodus bei Europameisterschaften birgt wieder die gleichen Gefahren wie damals! Des Weiteren geben wir unseren Spielern eine ganz konkrete Handlungsanweisung für den Fall mit auf den Weg, dass eine »Notbremse« auf dem Platz unausweichlich wird. 1998 im Viertelfinale der WM in Frankreich ist Christian Wörns in der 40. Minute wegen einer solchen Tat vom Platz gestellt worden. Deutschland verlor anschließend mit 3:0 gegen Kroatien. Hätte sich diese »Notbremse« auch lohnen können? Wann sollten unsere Jungs also ihre Gegner gezielt umsäbeln?

Standardsituationen wie Freistöße oder Elfmeter sind häufig entscheidend bei großen Turnieren. Jogi Löw und sein Team werden daher auf den folgenden Seiten eine Formel finden, mit der sie die Zahl der in einer Freistoßmauer benötigten Spieler aus dem Abstand und Winkel des Balls zum Tor berechnen können. Weiterhin gibt es eine Handlungsanleitung dafür, was ein Torwart bestenfalls tun kann, damit er einen Elfmeter hält. Ganz häufig kommt es bei großen Turnieren zum Elfmeterschießen. Die deutsche Nationalmannschaft hat hier – abgesehen vom EM-Finale 1976 – immer besonders gut abgeschnitten. Doch was ist die optimale Reihenfolge, in der Jogi Löw seine Schützen antreten lassen sollte? Gibt es eine solche optimale Reihenfolge überhaupt? Welcher Druck lastet eigentlich auf dem ersten Schützen eines Elfmeters? Was für einen Unterschied macht es, ob der erste Schütze trifft oder nicht?

Und schließlich wird gezeigt, wie man den Ausgang eines EM- oder WM-Turniers am Computer simulieren kann. Auf diese Weise kann sich dann jeder sein eigenes Turnier ausrechnen. Allerdings kann man so nur Wahrscheinlichkeiten generieren, mit denen unsere Mannschaft den Titel holen wird. Wenn man es ganz genau wissen möchte, benötigt man eine »WM-Formel«. Als krönender Abschluss dieses Buches wird eine solche Formel angegeben, mit der wir die Platzierung der Löw-Truppe bei Weltmeisterschaften präzise und ohne Fehler ausrechnen können. Was da wohl herauskommt?

Wembley '66: Drin oder nicht drin?

Der Ball war drin.

(Umstrittene Meinung des Bundespräsidenten Heinrich Lübke zum Wembley-Tor 1966)

Am 30. Juli 1966 konnte man im Londoner Wembley-Stadion der wohl bekanntesten Szene beiwohnen, die der Fußball bis heute zu bieten hat. England und Deutschland standen sich im dramatischen Finale der achten Weltmeisterschaft gegenüber. Helmut Haller hatte Deutschland schnell in der 13. Minute in Führung gebracht, England durch zwei Tore in der 18. und 78. Minute dagegengehalten und Wolfgang Weber schließlich in allerletzter Minute ausgeglichen. 2:2 nach 90 Minuten – Verlängerung! Zunächst passiert nichts, dann kommt die 101. Minute. Eine Flanke fliegt von rechts in den deutschen Strafraum zum englischen Spieler Geoff Hurst. Der nimmt den Ball mit dem Rücken zum Tor stehend an. Dabei springt er ihm etwas vom Fuß ab. Hurst dreht sich blitzschnell und donnert das runde Leder aus etwa sieben Metern Entfernung rechts vor dem Fünfmeterraum stehend unter die Latte. Von dort prallt der Ball auf den Rasen und aufgrund eines Dralls aus dem Tor heraus. Im Anschluss wird er von Wolfgang Weber weit über das Tor ins Aus geköpft. Alle fragten sich: War dieser Ball drin? Der Fernsehkommentator Rudi Michel brüllte spontan: »Hei – nicht im Tor! Kein Tor! – Oder doch?« Der Schweizer Schiedsrichter Gottfried Dienst hingegen hatte nichts gesehen, da er zu weit weg vom Geschehen stand. Er fragte daraufhin den noch weiter entfernt stehenden sowjetischen Linienrichter Tofik Bährämov, der sofort auf Tor entschied. Später sagte der Linienrichter, er sei vollkommen überzeugt gewesen von einem Tor, da der Ball sicher hinter der Linie war und sogar das Netz zappelte. Das Auftreffen des Balls auf den Boden habe er aber nicht gesehen, da er sich auf die jubelnden Engländer konzentriert habe. Eine Netzberührung des Balls dürfte jedoch die Exklusivmeinung von Bährämov sein, da selbst in England diese Möglichkeit niemals diskutiert wurde. Die Fernsehaufnahmen zeigen deutlich das Gegenteil. Gottfried Dienst jedenfalls schloss sich der Meinung seines Linienrichters an und entschied auf Tor – 3:2 für England. Rudi Michel kommentierte dies damals live aus dem Wembley-Stadion mit den Worten: »Das wird nun wieder Diskussionen geben…« Er wusste zu diesem Zeitpunkt gar nicht, wie recht er behalten sollte. Für das Endergebnis des Spiels war dieses Tor insofern entscheidend, als Deutschland danach seine

Abwehr öffnete und sich dann noch in der Schlussminute ein weiteres irreguläres Tor einfing, da sich schon Zuschauer auf dem Spielfeld befanden. Der Endstand des Finales lautete 4:2, und die Engländer konnten den Weltpokal aus den Händen der Queen entgegennehmen. Zum ersten und bisher einzigen Mal wurde das Mutterland des Fußballs auch Weltmeister – es sei den Engländern gegönnt!

Das dritte Tor der Engländer ist als Wembley-Tor in die deutsche Fußballgeschichte eingegangen. In England wurde dieses Tor weit weniger als in Deutschland diskutiert, und auch der Begriff Wembley-Tor wird nicht verwendet. Man spricht dort immer nur vom »dritten Tor«. Alle deutschen Spieler, die 1966 auf dem Platz standen, schwören bis heute, dass der Ball nicht hinter der Linie war. Zeitlupenaufnahmen einer Hintertorkamera haben inzwischen gezeigt, dass der Ball höchstwahrscheinlich auf der Torlinie aufkam, da man sogar sieht, wie etwas weißer Kalkstaub beim Aufprall aufgewirbelt wird. War dieses »dritte Tor« also wirklich eine Fehlentscheidung? Oder könnte der Ball nicht doch irgendwie hinter die Linie geraten sein? Dies soll nun mit den unbestechlichen Mitteln der Physik genauer und völlig nüchtern und emotionslos analysiert werden.

Aus dem deutschen Lager kam direkt nach dem Endspiel ein Argument, das der legendäre Uwe Seeler noch bis heute vertritt. Der Ball sei doch nach vorn aus dem Tor gesprungen und könne mithin gar nicht hinter der Linie aufgekommen sein. Ansonsten müsste die Flugbahn so ausgesehen haben, wie in der Grafik auf der gegenüberliegenden Seite dargestellt.

Wir sehen in dieser Grafik eine Seitenansicht der Szene. Der Ball prallt von der Latte schräg nach unten ab, trifft hinter der Torlinie auf den Boden und springt

Seitenansicht des Ballflugs beim Wembley-Tor

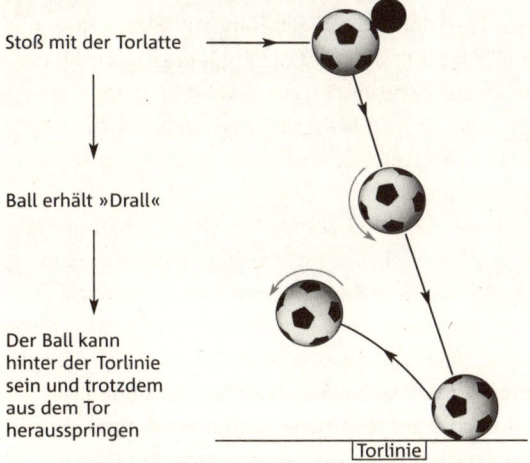

Stoß mit der Torlatte

Ball erhält »Drall«

Der Ball kann
hinter der Torlinie
sein und trotzdem
aus dem Tor
herausspringen

Torlinie

dann nach vorn raus. Kann so etwas wirklich passieren?
Natürlich! Wenn das Leder mit Wucht gegen die Latte
geschossen wird und nach unten abprallt, erhält es
einen großen Drall. Dieser Drall ist genau so gerichtet,
dass der Ball beim Aufprall wieder zurückspringen kann.
So etwas hat man schon häufiger bei ähnlichen Latten-
treffern gesehen. Beispielsweise im WM-Finale 2006
bei Zinédine Zidanes Strafstoß zum 1:0 für Frankreich
gegen Italien. Lässig lupft er den Ball gegen die Unterkante der Latte des italienischen Tors. Der Ball trifft
deutlich hinter der Torlinie auf den Rasen, springt aber
aufgrund des Dralls nach vorn heraus. So einfach wie
Uwe Seeler kann man also nicht argumentieren. Jens
Falta von der Universität Bremen hat dies im Jahr 2006
nochmals akribisch nachgerechnet und herausgefunden, dass bei einer geringeren Schussentfernung als

3,1 Meter der Ball beim Wembley-Tor auf keinen Fall
hinter der Linie aufgekommen und dann aufgrund
des Dralls nach vorn gesprungen sein kann.[1] Dies ist
physikalisch unmöglich. Aus weniger als 3,1 Metern
Entfernung kann ein Stürmer also kein reguläres
Wembley-Tor erzielen.

Geoff Hurst stand aber in etwa sieben Metern Entfernung zum Tor. Aus dieser Distanz wäre das Wembley-
Tor also regulär durchaus zu erzielen. Das obige Bild
ist das der Hintertorkamera, die das Tor genau aufgenommen hat.

Deutlich ist der Ball auf der Torlinie zu sehen. Dieser
Ball war offenbar niemals hinter der Linie! Wir haben
am Anfang des Buches genau analysiert, wie weit ein
Ball tatsächlich hinter der Linie sein muss, um als Tor
zu zählen. Das ganze Leder muss vollständig hinter der
gesamten Torlinie sein. Worüber unterhalten wir uns
also beim Wembley-Tor?

1 Jens Falta, »König Fußball«, *Physik Journal*, Juni 2006, S. 37.

Zunächst einmal ist es interessant, dass das Wembley-Tor aus jeder Perspektive irgendwie anders aussieht. Wenn man beispielsweise nicht die Bilder der Hintertor-kamera, sondern die Szenen sieht, die von einer seitlich platzierten Fernsehkamera aufgenommen wurden, dann scheint der Ball deutlich weiter hinten auf dem Rasen aufzutreffen, wie man auf dem Bild oben sehen kann.

Allerdings ist der Ball immer noch nicht so weit »drin«, dass ein Tor festgestellt werden kann, selbst wenn man nun das Gefühl hat, dass der Auftreffpunkt möglicherweise hinter der Linie gewesen sein könnte. Interessant ist aber trotzdem, dass ein und dieselbe Szene aus zwei verschiedenen Blickwinkeln doch ganz anders aussieht. Man kann also Bildern so einfach nicht trauen. Das gilt aber nicht nur für den Fußball, sondern ganz allgemein. Bei Fotos muss immer beach-tet werden, dass eine Aktion in der dreidimensionalen Welt auf einem zweidimensionalen Blatt Papier fest-gehalten wird. Dies führt dann häufig zu Fehlinterpreta-tionen, wenn man den Aufenthaltsort eines Objekts im dreidimensionalen Raum anhand eines Fotos rekonstruieren möchte. Trotzdem gilt auch jetzt noch: Der Ball war sicher auch aus dieser Perspektive betrachtet nicht in vollem Unfang hinter der Torlinie. Also kein Tor? Warum dann die Erregung seit über 40 Jahren?

Es ist also klar, dass der Ball nicht in vollem Umfang hinter der Torlinie war, als er auf den Rasen aufprallte. Dies bedeutet aber noch nicht automatisch, dass es kein Tor gewesen sein kann, denn das Leder könnte sich doch vorher in der Luft hinter der Linie befunden haben. Wie das? Wie wir schon gesehen haben, wird der Ball durch den Aufprall an der Latte in starke Rotation versetzt. Ein stark rotierender Fußball fällt aber nicht einfach senkrecht zu Boden, hier wirkt vielmehr die Magnus-Kraft genau so, wie wir es im Abschnitt über die Bananenflanke diskutiert haben. Der Ball wird daher zur Seite gedrückt und fällt in einem Bogen zu Boden. Und tatsächlich – wenn wir die Bilder der seitlich platzierten Fernsehkamera genau analysieren, sieht man das.

Wir sehen auf der nächsten Seite viermal den Ball hervorgehoben durch Kreise, wie er von der Latte zum Boden prallt. Das Bild ist durch Überblenden der entsprechenden Filmszenen entstanden. Eine ähnliche Analyse ist im Jahr 1971 bereits von der ARD im deutschen Fernsehen veröffentlicht worden. Die senkrechte gestrichelte Linie wurde parallel zum rechten Pfosten eingezeichnet um hervorzuheben, dass der Ball einen leichten Bogen auf dem Weg von der Latte zum Rasen beschrieben hat. Könnte der Ball also *in der Luft* vollständig hinter der Linie gewesen sein?

Leider sind die Bilder zu unscharf, um dies endgültig zu entscheiden. Wir können uns nur umgekehrt überlegen, unter welchen Bedingungen ein solches Szenario denkbar wäre. Hier müssen wir als Erstes bemerken, dass der Magnus-Effekt nicht allein die Ursache für den

Bogen sein kann, da die Magnus-Kraft für die entsprechende Drehrichtung des Balls genau in entgegen-
gesetzter Richtung wirken würde. Der Bogen, den der
Ball beschreibt, würde dann also aus dem Tor heraus-
zeigen, und er könnte so niemals hinter die Linie
gelangen. Deshalb müssen wir hier die sogenannte
inverse Magnus-Kraft zurate ziehen. Wir haben in
einem vorigen Abschnitt gesehen, warum heutige Bälle
nicht mehr »flattern« können – sie haben eine mono-
tone Luftwiderstandskurve. Wenn dies bei den geschnürten Lederbällen von einst noch nicht so war, dann
könnte bei relativ großen Ballgeschwindigkeiten von
über 70 km/h tatsächlich die inverse Magnus-Kraft
gewirkt und den Ball im Bogen nach innen gedrückt
haben. Leider kann man dies heute nicht mehr überprüfen, weil hierfür der Original-Lederball vom Finale
1966 im Windkanal untersucht und seine Luftwiderstandskurve bestimmt werden müsste. Zwar gibt es
diesen Ball noch, aber seine Oberflächenstruktur hat

sich inzwischen sicher stark verändert. Der inverse Magnus-Effekt hängt aber ganz empfindlich von dieser Oberflächenstruktur ab, sodass genaue Analysen leider nicht mehr möglich sind. Aus Schilderungen des WM-Finales ist aber kein ungewöhnlich starkes »Flattern« des Balls bekannt.

Nehmen wir nun trotzdem einmal an, dass die Oberflächenstruktur des Balls so war, dass ein »Flattern« und somit ein inverser Magnus-Effekt möglich ist. Der inverse Magnus-Effekt ist im Prinzip genauso groß wie der Magnus-Effekt selbst.[2] Nun kann man ausrechnen, dass der Ball mit zehn Umdrehungen pro Sekunde rotieren müsste, damit er auf einer Höhe von 2,44 Metern einen Bogen beschreibt, der sich 22 Zentimeter nach innen wölbt. Dann befände sich also der ganze Fußball in der Luft hinter der Linie, und das Wembley-Tor wäre ein reguläres Tor gewesen. Damit der Ball auf zehn Umdrehungen pro Sekunde kommt, müsste er von Geoff Hurst mit etwa 90 km/h an die Latte gedonnert worden sein. Dies ist eine ganz beachtliche Geschwindigkeit, wenn man bedenkt, dass Hurst fast aus dem Stand abgezogen hat. Allerdings kann man dies auch nicht ausschließen. Die obige Berechnung ändert sich auch nicht stark, wenn man berücksichtigen würde, dass der deutsche Keeper Hans Tilkowski eigenen Angaben zufolge den Ball noch berührt hatte, bevor er an die Unterkante der Latte ging. Der Ball hatte dann schon vor dem Zusammenprall mit der Latte einen Drall, den man leicht in den Berechnungen mitberücksichtigen könnte. Wir sehen also, dass es prinzipiell durchaus

2 Siehe z. B. den Artikel von Patrick Weidman & Andrzej Herczynski, »On the inverse Magnus effect in a free molecular flow«, *Physics of Fluids*, Vol. 16, 2004, No. 2, S. L9–L12.

möglich gewesen wäre, dass der Ball auf die Torlinie prallt, in der Luft aber trotzdem diese Linie überschritten hat. Das Bild auf Seite 283 scheint so etwas ja auch anzudeuten. War das Wembley-Tor also doch ein Tor?

Erst im Jahr 2006 stellte sich heraus, dass während des Endspiels 1966 eine Kamera, die sich fast auf der Höhe der Torauslinie befand, ebenfalls Bilder aufgenommen hatte. Diese Aufnahmen beweisen mittlerweile, dass der Ball weder während des Auftreffens an der Latte noch während seiner Flugphase vollständig die Torlinie überschritten hat. Wenn es einen Bogen gab, so war dieser zu klein, um den Ball in vollem Umfang hinter die Linie gelangen zu lassen. Diese Aufnahmen wurden im Mai 2006 veröffentlicht. Schon vorher hatten im Jahr 1996 die beiden Wissenschaftler Ian D. Reid und Andrew Zisserman aus Oxford ein ähnliches Resultat vorgestellt. Nach monatelangen Forschungen anhand der Fernsehbilder kamen die beiden Maschinenbauingenieure durch Einsatz einer neuen TV-Technik zur mehrdimensionalen Auflösung der Bilder mit der Möglichkeit, perspektivische Veränderungen zu berücksichtigen, zu dem Ergebnis, dass der Ball recht gerade von der Latte zum Boden geprallt sein muss.[3] Mithin war er niemals vollständig hinter der Linie.

Der Ball war beim Wembley-Tor also mit sehr großer Wahrscheinlichkeit nicht hinter der Line. Alle erdenklichen Möglichkeiten sind in unserer Analyse ausgelotet worden. Dabei ist es interessant festzustellen, dass man den Bildern auf den ersten Blick nicht trauen darf

3 Siehe ihren Artikel »Goal-directed video metrology«, *Proceedings of the European Conference on Computer Vision*, Cambridge UK, 1996.

und erst relativ komplizierte Analysen diesen Mythos endgültig auflösen können. Emotional ist die Frage nach dem Wembley-Tor für deutsche Fußball-Fans ohnehin schon seit über 40 Jahren beantwortet: Der Ball war natürlich nicht drin! Aber selbst wenn der Ball hinter der Torlinie aufgeprallt sein sollte, hat dieser Aufprall nur ganze acht Tausendstel Sekunden gedauert – viel zu kurz für irgendeinen Schieds- oder Linienrichter oder auch Spieler. Die Zeit, die ein Mensch benötigt, um einen Seheindruck zu verarbeiten, ist mindestens fünfmal länger. Wenn der Ball tatsächlich in einem Bogen von der Latte zum Boden geflogen ist, sodass er sich in der Luft hinter der Torlinie befand, hätte auch dies nur ganze zwei Hundertstel Sekunden gedauert. Dies ist ebenfalls deutlich kürzer als die Wahrnehmungsschwelle und somit nicht zu beobachten. Wir erhalten also als Resultat nicht nur, dass das Wembley-Tor höchstwahrscheinlich kein Tor war, sondern auch, dass der Schiedsrichter Gottfried Dienst und der Linienrichter Tofik Bährämov dies andernfalls niemals hätten erkennen können. Trotzdem gilt aber ganz objektiv: Ohne Wembley-Tor wäre der Fußball sicher um eine Attraktion ärmer!

Der Frieden von Gijón

Schach ist für mich neben Fußball der schönste Sport, weil er aufgrund der Figuren auch ein Mannschaftssport ist.

(Der Schachspieler Felix Magath während einer Partie, bei der er von einem Moderator in wenigen Zügen Matt gesetzt wurde)

Immer wenn Deutschland und Österreich bei Weltmeisterschaften aufeinandergetroffen sind, waren dies außergewöhnliche Spiele. Am 30. Juni 1954 im Halbfinale der Weltmeisterschaft in der Schweiz haben die Deutschen auf dem Weg zum Titel und damit zum »Wunder von Bern« die Österreicher sensationell mit 6:1 weggeputzt. Wer erinnert sich nicht an das nächste Aufeinandertreffen am 21. Juni 1978 in Córdoba bei der Weltmeisterschaft in Argentinien? Im letzten Spiel der zweiten Finalrunde trafen beide Teams aufeinander. Für Österreich ging es nach Niederlagen gegen Italien und die Niederlande nur noch ums Prestige. Deutschland konnte sich noch für das Spiel um Platz 3 qualifizieren und hatte sogar noch eine minimale Chance auf das Finale. Doch es kam anders. Nach einem munteren Spiel schoss Hans Krankl in der 88. Minute das entscheidende 3:2 für Österreich – ein historischer Sieg, von dem die Österreicher noch heute zehren und ihn als »Wunder von Córdoba« verklären.

Vier Jahre später trafen sich beide Teams bei der Weltmeisterschaft 1982 in Spanien in der Vorrunde am 25. Juni in Gijón wieder. Sein Auftaktspiel hatte der amtierende Europameister Deutschland sensationell mit 1:2 gegen Algerien verloren. Durch ein 4:1 gegen Chile hatte sich Deutschland aber die Chance auf einen der

Vorrundengruppe 2 der WM 1982 vor dem Spiel Deutschland–Österreich

Platz	Team	Spiele	Tore	Punkte
1	Österreich	2	3:0	4:0
2	Algerien	3	5:5	4:2
3	Deutschland	2	5:3	2:2
4	Chile	3	3:8	0:6

beiden ersten Plätze in der Gruppe erhalten. Österreich gewann seine beiden ersten Spiele souverän, hatte das Weiterkommen aber trotzdem noch nicht gesichert.
Das vorletzte Gruppenspiel zwischen Algerien und Chile war bereits am 24. Juni mit 3:2 für Algerien zu Ende gegangen. Vor Beginn des entscheidenden Spiels gegen Österreich ergab sich also die obige Tabelle in der Vorrundengruppe 2.

Zu beachten ist, dass 1982 die Zwei-Punkte-Regel galt. Die Tabelle ordnete man damals zuerst nach Punkten, dann nach der Tordifferenz und bei weiterem Gleichstand nach der Anzahl der erzielten Tore.
Die beiden Erstplatzierten kamen in die nächste Runde. Deutschland musste also in jedem Fall siegen, um weiterzukommen. Österreich durfte mit höchstens zwei Toren Unterschied verlieren oder, wenn man drei eigene Treffer erzielte, mit höchstens drei Toren Differenz. Österreich konnte also trotz einer Niederlage in die nächste Runde vordringen. Dies sollte sich für das algerische Team als ungünstige Konstellation erweisen. Deutschland legte im Match gegen Österreich los wie die Feuerwehr. In der 11. Minute erzielte Horst Hrubesch das Führungstor für unsere Mannschaft. Dieser Zwischenstand bedeutete, dass – bei Punktgleichheit der ersten drei Mannschaften –

Deutschland mit 6:3 Toren den ersten Platz belegt hätte vor Österreich mit 3:1 Toren, während Algerien mit 5:5 Toren ausgeschieden wäre.

Natürlich kannten auch die Spieler und Betreuer beider Teams diesen Zwischenstand. In den restlichen fast 80 Spielminuten stellten beide Mannschaften daher das Spiel nahezu ein. Man rettete sich mit Querpässen und Rückpässen über die Zeit. Zweikämpfe und Torschüsse gab es so gut wie nicht mehr. Was die Zuschauer und algerischen Spieler und Fans als Skandal bezeichneten, wurde von den deutschen Akteuren als geniale Taktik gepriesen. Paul Breitner, damals für Deutschland auf dem Platz, sagte später, dass das Verhalten nicht verwerflich gewesen sei, denn jede Mannschaft beginne irgendwann einmal, auf das Halten eines Ergebnisses zu spielen. Die deutsche und die österreichische Mannschaft hätten damit eben schon etwas früher angefangen, als es sonst üblich sei. Mit dieser Meinung steht Paul Breitner allerdings heute recht allein da. Der »Frieden von Gijón«, wie dieses Spiel auch manchmal bezeichnet wird, ist heutzutage eher als die »Schande von Gijón« in der Fußballwelt bekannt. Es sollte deutlich gesagt werden, dass beide Teams nicht etwa gegen die von der FIFA verfassten Regeln des Fußballsports verstoßen haben, sondern nur gegen die ungeschriebenen Regeln der Fairness und des Sportsgeists, die im Profifußball möglicherweise ohnehin nicht so streng ausgelegt werden. Trotzdem drängt sich die Frage auf, ob eine solche Konstellation von vornherein hätte vermieden werden können? Wie hätte man die Regeln verändern müssen, um einen solchen Friedensvertrag auf dem Platz zu vermeiden? Gibt es so etwas wie das optimale System, welches einerseits nicht zu kompliziert ist, aber andererseits die maximale Spannung bis zur letzten Minute bei einer größtmöglichen Zahl von Gruppenspielen sichert?

Der »Frieden von Gijón« hatte als direkte Konsequenz, dass seither die letzten Spiele in einer Gruppe bei Welt- und Europameisterschaften zeitgleich angepfiffen werden. Auch an den letzten beiden Bundesliga-Spieltagen werden alle Spiele aus diesem Grund zeitgleich angepfiffen – Freitags- und Sonntagsspiele gibt es dann nicht mehr. Dadurch ist eine Konstellation, wie sie vor dem Spiel zwischen Deutschland und Österreich vorlag, nicht mehr möglich. Es ist schon überraschend, dass es erst zum »Frieden von Gijón« kommen musste, bevor die FIFA reagierte. Schon bei der Weltmeisterschaft 1978 in Argentinien hatte es einen ähnlichen Fall gegeben, der solche Maßnahmen erfordert hätte. Brasilien gewann sein letztes Gruppenspiel in der 2. Runde gegen Polen souverän mit 3:1 und wähnte sich schon im Finale, denn Argentinien hätte Stunden später die damals recht starke Mannschaft aus Peru mit mehr als drei Toren Differenz schlagen müssen, um dies selbst noch zu schaffen. Argentinien führte zur Halbzeit 2:0, spielte sich dann in einen Rausch und gewann noch mit 6:0. Ohne die Information, dass man mindestens vier Treffer Differenz benötigte, wären die Spieler in der zweiten Hälfte sicher nicht so motiviert gewesen. Argentinien wurde zu Hause Weltmeister, und alles war gut – trotzdem sind schon damals die Brasilianer massiv benachteiligt worden.

Die Regel, die Tordifferenz bei Punktgleichheit zurate zu ziehen, um eine Reihenfolge in einer Gruppe festzulegen, zusammen mit der zeitgleichen Ansetzung der letzten Gruppenpartien sorgt dafür, dass Spiele nicht mehr so einfach vorkommen können, bei denen beide

Mannschaften schon vor dem Anpfiff wissen, dass sie sich mit einem bestimmten Ergebnis für die nächste Runde qualifizieren. Umso unverständlicher ist es, dass die UEFA von dieser Regel wieder abgewichen ist und sie durch eine scheinbar objektivere ersetzt hat. Jetzt ist es so, dass in einer Vorrundengruppe bei einer Europameisterschaft bei Punktgleichheit nur die Spiele zählen, die diese punktgleichen Teams gegeneinander ausgetragen haben. Warum diese Regel? Ganz einfach: Häufig ist es so, dass eine Gruppe aus drei recht starken und einem eher schwachen Team besteht. Dies kommt dadurch zustande, dass Teams im Vorfeld gesetzt werden, um nicht schon die stärksten Mannschaften am Anfang zu verlieren. Insbesondere bei Qualifikationsgruppen ist es häufig der Fall, dass Mannschaften aus Malta, San Marino oder Andorra mit viel stärkeren Teams in einer Gruppe sind. Dann ist es für das Weiterkommen entscheidend, ob das schwache Team von den anderen Mannschaften etwa 4:0, 5:0 oder 6:0 geschlagen wurde. Beispielsweise hat Deutschland in der EM-Qualifikation im Jahr 2007 San Marino mit sage und schreibe 13:0 abgefertigt. Solche Ergebnisse erschienen den FIFA-Oberen als willkürlich, weil man den Spielern der schwachen Teams unterstellte, dass sie nicht immer gleich motiviert gegen große Gegner seien. Das Weiterkommen sollte also nicht von der schwachen Leistung eines schwachen Teams abhängen, zumal man auch den Spielern von schwächeren Mannschaften unterstellt, dass sie empfänglicher für »kleine Geschenke« im Vorfeld sind, wenn sie das Zünglein an der Waage sein könnten. Mit der Regel, dass bei Punktgleichheit nur die Spiele untereinander zählen, wird das 13:0 unseres Teams komplett wertlos, und kein Spieler von San Marino hat durch seine Leistung einen

Einfluss darauf, welches Team sich für die Europameisterschaft qualifiziert. Ob das gerecht ist, darüber
lässt sich sicher streiten. Was aber bei dieser Regel
überhaupt nicht bedacht wurde, ist, dass man sich
das alte Problem, welches zum »Frieden von Gijón«
führte, wieder eingehandelt hat. Wie das?

Bei der Europameisterschaft 2004 in Portugal ergab sich in der Gruppe C die folgende Tabelle (siehe
Seite 293).

Schweden und Dänemark haben sich für das Viertelfinale qualifiziert, wie es die Tordifferenz auch bei
Punktgleichheit anzeigt. Allerdings zählte nicht die
Tordifferenz, sondern nur die Spiele, die die ersten
drei punktgleichen Teams gegeneinander ausgetragen
hatten, und hier im Zweifelsfall die Mehrzahl der erzielten Treffer. Bulgarien hatte gegen die beiden
skandinavischen Teams verloren, und Italien hatte 0:0
gegen Dänemark und 1:1 gegen Schweden gespielt.
Am letzten Spieltag dieser Gruppe C wurden also die
beiden Partien Italien gegen Bulgarien und Schweden
gegen Dänemark zeitgleich ausgetragen. So weit,
so gut. Doch nun ist das Problem deutlich zu erkennen:
Wenn Schweden und Dänemark 2:2 spielen, reicht
es für beide! Dann ist es auch egal, ob Italien gegen
Bulgarien mit 100:0 gewinnt – Italien hat am wenigsten
Tore im Vergleich der drei Teams untereinander geschossen und muss nach Hause fahren! Und es kam,
wie es kommen musste. Das Spiel endete 2:2. Zwar
war es ein spannendes Spiel, und der Ausgleich für
Schweden fiel erst in der 89. Spielminute, aber beide
Teams wussten schon vor dem Anpfiff, dass dieses
Resultat reichen würde. Natürlich waren die Italiener
ungehalten über dieses »perfekte« Resultat, zumal
der späte Ausgleich der Schweden durch einen Fehler

Vorrundengruppe C bei der EM 2004

Platz	Team	S	G	U	V	Tore	P
1	Schweden	3	1	2	0	8:3	5
2	Dänemark	3	1	2	0	4:2	5
3	Italien	3	1	2	0	3:2	5
4	Bulgarien	3	0	0	3	1:9	0

des dänischen Torwarts zustande kam. Wenn nur
die Tordifferenz aller Spiele ausschlaggebend gewesen
wäre, hätten sich die Teams nie sicher sein können,
ob es wirklich reicht. Wir sehen also, dass die Regel,
bei Gleichstand nur die Ergebnisse der Mannschaften
untereinander zu zählen, wieder die Gefahr eines
»Friedens von Gijón« in sich birgt. Die UEFA sollte sie
daher schnellstmöglich abschaffen, sonst ist der nächste
Skandal bereits vorprogrammiert.

Bei der Europameisterschaft 2008 in der Schweiz
und Österreich hat diese Regel für ein anderes, mindestens genauso ärgerliches Kuriosum gesorgt. Dieses Mal
waren in drei der vier Gruppen die Ergebnisse so, dass
mindestens eines der beiden zeitgleich ausgetragenen
letzten Spiele von vornherein ohne jede Bedeutung war.
Die Spiele Schweiz—Portugal, Polen—Kroatien und
Griechenland—Spanien waren völlig ohne Relevanz für
den weiteren Turnierverlauf. Sogar der Gruppensieg
konnte den Mannschaften von Portugal, Kroatien und
Spanien nicht mehr genommen werden, selbst wenn sie
in den letzten Spielen mit 20:0 untergegangen wären.
Auch die Holländer standen in der Gruppe C bereits
vor ihrem letzten Spiel gegen Rumänien als Gruppensieger fest. Dies führte dazu, dass alle bereits als Gruppensieger für das Viertelfinale qualifizierten Mannschaften zum großen Missfallen der zahlenden Zuschauer

ihre B-Teams auflaufen ließen. Wenn nur die Tordifferenz aller Spiele gewertet worden wäre, hätten diese Spiele noch eine gewisse Spannung besessen, da alle Mannschaften bis zum letzten Spiel zumindest den Gruppensieg noch nicht in der Tasche gehabt hätten. Auch dies ist ein gewichtiger Grund dafür, dass die UEFA diese unselige Regel unbedingt abschaffen sollte.

Bei der EM 2008 wurde übrigens noch eine weitere Regelung eingeführt, um Gleichstände und eventuelle Auslosungen von Plätzen in Gruppen zu vermeiden. Spielen zwei punkt- und torgleiche Mannschaften in der direkten Begegnung am dritten und letzten Gruppenspieltag nach 90 Minuten unentschieden, dann sollte unmittelbar danach ohne Verlängerung durch ein Elfmeterschießen der Sieger ermittelt werden. Diese Regel musste allerdings nicht angewendet werden. Sie würde auch das oben genannte Problem nicht wirklich lösen, da ein »Frieden von Gijón« immer noch möglich wäre. Ein Elfmeterschießen könnte man zwischen zwei punkt- und torgleichen Mannschaften aber immer ansetzen. Dies wäre häufig die gerechteste und beste Lösung.

Bei der Fußball-Weltmeisterschaft 1990 in Italien kam es zu einer weiteren kuriosen Situation, die man scheinbar durch kein System der Welt hätte auflösen können. In der Vorrundengruppe F ergab sich am Ende der Tabellenstand (1990 galt noch die Zwei-Punkte-Regel), der auf der gegenüberliegenden Seite zu sehen ist.

Irland und die Niederlande trennten sich im letzten Spiel 1:1. Vorher hatte Irland gegen England 1:1 und gegen Ägypten 0:0 gespielt, bei Holland war es umgekehrt – 1:1 gegen Ägypten und 0:0 gegen England. Wie soll man hier eine Reihenfolge zwischen Platz 2 und 3 festlegen? Dreimal unentschieden gespielt, beide

Vorrundengruppe F der WM 1990			
Platz	Team	Tore	Punkte
1	England	2:1	4:2
2	Irland	2:2	3:3
3	Niederlande	2:2	3:3
4	Ägypten	1:2	2:4

Teams haben 2:2 Tore – es blieb als einziger Ausweg nur der Losentscheid. Irland wurde somit Zweiter und die Niederländer Dritte. Da sich aber auch der Dritte für das Achtelfinale qualifizierte, war diese Auswirkung des Losentscheids nicht ganz so schlimm. Allerdings bedeutete es für die Niederlande, dass man schon sehr früh auf die starken Deutschen traf – mit bekanntem Ausgang. Hätte man den Losentscheid gewonnen, wäre der Gegner Rumänien gewesen. Gegen den konnte sich Irland per Elfmeterschießen durchsetzen und schied erst später im Viertelfinale gegen Gastgeber Italien knapp mit 1:0 aus.

Das Problem, wie man in einer Tabelle auf möglichst faire Art bei Punktgleichheit eine Reihenfolge aufstellen kann, wird schon lange untersucht. In einer Fußball-tabelle wie etwa in der Bundesliga zieht man hierfür als Erstes die Tordifferenz und als Zweites die Anzahl der erzielten Treffer heran. Hier reicht dies wegen der Viel-zahl der Spiele auch aus, um so gut wie immer eine Reihenfolge zu erhalten. Bis zur Saison 1968/69 war es aber so, dass nicht die Tordifferenz bei Punktgleichheit entschied, sondern der Quotient aus den Treffern und Gegentreffern. Noch heute sprechen wir deswegen vom sogenannten Torverhältnis, obwohl wir eigentlich nur die Anzahl der Treffer und Gegentreffer meinen und nicht mehr das Verhältnis als Quotient im mathematischen Sinn. Macht das einen Unterschied zur Tordifferenz? Erstaunlicherweise ja – qualitativ und quantitativ. Qualitativ deswegen, weil eine Tordifferenz immer eine ganze Zahl ist und ein Quotient durch eine Bruchzahl dargestellt wird.

Der Quotient liefert also häufiger eine eindeutige Reihenfolge, weil er ein mathematisch feineres Raster ist. Quantitativ deswegen, weil sich der Quotient auch noch recht merkwürdig verhalten kann. Bei allen Tabellen, die wir in diesem Abschnitt bisher diskutiert haben, hätte auch der Quotient nichts an der Reihenfolge geändert. Hier wären die Tordifferenz und der Torquotient also gleichwertig. Der Grund dafür ist, dass es sich um Tabellen mit recht wenigen Mannschaften und somit auch wenigen Toren handelt. Dies ändert sich aber, wenn wir Tabellen mit sehr vielen Mannschaften und Spieltagen und somit vielen Toren betrachten.

Angenommen, zwei Mannschaften haben die gleiche Punktzahl. Das erste Team habe ein Torverhältnis von 60:40, also eine Differenz von 20, und einen Quotienten von $60/40 = 1{,}5$. Das zweite Team habe ein Torverhältnis von 90:61, also in der Tordifferenz satte neun Treffer mehr. Allerdings ist der Quotient mit $90/61 = 1{,}475$ nun etwas kleiner. Der Quotient wird also kleiner, je mehr Tore fallen. Starke Mannschaften aus dem oberen Tabellendrittel, die Offensivfußball pflegen und viele Tore schießen, dadurch aber auch viele kassieren, werden durch den Quotienten schlechter gestellt. Den umgekehrten Effekt liefert der Torquotient für schwache Mannschaften aus dem unteren Tabellendrittel. Wieder gehen wir von zwei punktgleichen Teams aus. Diesmal habe das erste Team aber ein Torverhältnis von 40:60, also eine Differenz von –20, und einen Quotienten von 40/60 = 0,666. Das zweite Team habe nun ein Torverhältnis von 61:90. Dieses Mal ist die Differenz also um ganze neun Tore schlechter. Für den Quotienten gilt aber 61/90 = 0,677. Im unteren Tabellendrittel werden nun also die Mannschaften, die Offensivfußball spielen und dadurch viele Tore schießen, aber sich noch mehr einfangen, bevorzugt. Der Quotient verhält sich für Liga-Tabellen deswegen im Allgemeinen recht merkwürdig und nicht immer gleich. Dies ist wohl auch der Grund, warum er abgeschafft und durch die sehr leicht zu überschauende Tordifferenz ersetzt wurde.

Wir sehen also, dass Mannschaften mit der gleichen Punktzahl in Tabellen großes Kopfzerbrechen bereiten können. Es ist dann schwierig, anhand anderer Kriterien Unterschiede festzustellen. Leider kommt man mit verschiedenen Methoden oft auch zu unterschiedlichen Reihenfolgen, und einige Gleichstände in Tabellen bei Welt- und Europameisterschafen lassen sich wegen der geringen Anzahl an Spielen und Toren noch nicht mal auflösen, wie wir anhand der Gruppe F bei der WM 1990 gesehen haben. Daher kann man sich die Frage stellen, ob es ein System gibt, das Gleichstände in Tabellen so gut wie immer auflösen kann.

Sofern es mathematisch nachvollziehbar und begründet ist, wäre es eigentlich das optimale System, mit dem die FIFA und UEFA bei ihren Turnieren die Reihenfolge in den Tabellen bestimmen sollten. Überraschenderweise gibt es tatsächlich ein solches ideales System, wie der österreichische Schachmeister Oscar Gelbfuhs im Jahr 1873 herausgefunden hat. Dieses System wurde 1882 erstmals von William Sonneborn und Johann Berger bei einem Schachturnier in Liverpool eingeführt, um Gleichstände bei Turnieren nach vielen Spielen zu vermeiden. Seitdem wird diese Methode nach diesen beiden Herren benannt.

Die Sonneborn-Berger-Methode funktioniert folgendermaßen. Für jede der punktgleichen Mannschaften wird eine Zahl ermittelt, indem die Mannschaft von allen Gegnern, gegen die sie gewonnen hat, deren jeweilige volle Punktzahl erhält sowie die halbe Punktzahl von allen Mannschaften, gegen die sie ein Unentschieden erzielt hat. Die Summe dieser Punktzahlen ist die Sonneborn-Berger-Zahl. Die Mannschaft mit einer höheren Sonneborn-Berger-Zahl erhält am Ende den höheren Tabellenplatz. Dieses Verfahren gewichtet einen Punktgewinn gegen einen Gegner, der hoch in der Tabelle steht, höher als gegen einen weiter unten stehenden Gegner, während es eine Niederlage gegen einen schwachen Gegner nicht stärker gewichtet als eine Niederlage gegen einen starken.

Bei Punktgleichheit wird also diejenige Mannschaft höher eingestuft, die öfter starke Gegner schlägt oder wenigstens ein Remis gegen sie erzielt, dafür aber Punkte bei den schwachen lässt, während die Mannschaft, die gegen die schwachen Gegner gewinnt und gegen die starken verliert, das Nachsehen hat. Man kann mathematisch beweisen, dass mit dieser Methode immer dann Gleichstände in Tabellen aufgelöst werden können, wenn nicht völlig symmetrische Spielabläufe vorliegen.

Für die Gleichstände in den Tabellen, die wir in diesem Abschnitt diskutiert haben, liegen aber leider jedes Mal völlig symmetrische Spielausgänge vor. Alle Mannschaften haben immer gleich häufig Unentschieden gespielt oder gewonnen. Wo kein Unterschied ist, kann natürlich auch die Sonneborn-Berger-Methode keinen feststellen. Es ist aber auch möglich, diese Methode auf die Toranzahl anzuwenden und so eine eindeutige Reihenfolge zu erzielen. Machen wir uns dies einmal anhand der deutschen Gruppe bei der Weltmeisterschaft 1982 klar. Die Abschlusstabelle mit Deutschland auf Platz 1 und Österreich auf Platz 2, wie sie sich nach dem »Frieden von Gijón« ergab, haben wir oben schon diskutiert. Deutschland hatte gegen Chile und Österreich gewonnen und somit 3 plus 3, also 6 als Sonneborn-Berger-Zahl, nämlich die jeweils von Chile und Österreich erzielten Treffer. Österreich hatte gegen Chile und Algerien gewonnen, das ergibt 3 plus 5, also die Sonneborn-Berger-Zahl 8. Algerien hatte gegen Chile und Deutschland gesiegt, das ergibt dann 3 plus 6, also 9 als Sonneborn-Berger-Zahl. Bei diesem System wäre also Algerien Gruppensieger geworden vor Österreich und Deutschland, weil beispielsweise der algerische Sieg gegen unser Team höher bewertet worden wäre als unser Sieg gegen Österreich.

Zum Glück ist diese Zählweise viel zu kompliziert für die FIFA, sodass 1982 die einfache Tordifferenz ausreichte. Und auch hier ist wieder Vorsicht angebracht: Deutschland hätte seine Sonneborn-Berger-Zahl im Spiel gegen Österreich nur dann verbessern können, wenn Österreich bei einem deutschen Sieg noch mehr Tore erzielt hätte. Dies hätte möglicherweise zu einem »Anti-Frieden von Gijón« geführt, indem die Deutschen nach jedem erzielten Tor schnell ein Eigentor fabriziert hätten, um so die österreichische Torquote und damit die Sonneborn-Berger-Zahl hochzutreiben.

Hätte man mit diesem System auch die vorher gezeigte Tabelle der Vorrundengruppe F bei der Weltmeisterschaft 1990 auflösen können? Da Irland und die Niederlande dreimal unentschieden gespielt haben, liegt hier eine besonders harte Nuss vor. Das Problem entsteht in der Gruppe F dadurch, dass Irland und die Niederlande jeweils auch ein identisches Torverhältnis von 2:2 aufweisen. Um dies aufzulösen, müssen wir die Sonneborn-Berger-Methode wieder etwas modifizieren. Im Sinne dieser Methode sollen nun Torerfolge gegen stärkere Teams höher bewertet werden. Wir sagen daher, dass alle Spiele, in denen keine Tore gefallen sind, quasi als Niederlagen zählen sollen und somit nicht zur Berechnung der Sonneborn-Berger-Zahl herangezogen werden. Irland hat 1:1 gegen England und Holland gespielt und 0:0 gegen Ägypten. Als Sonneborn-Berger-Zahl ergibt sich somit, wenn wir wieder die Tore zählen, 2 plus 2, also 4. Die Niederlande haben gegen Irland und Ägypten 1:1 und gegen England 0:0 gespielt. Damit ergibt sich als Sonneborn-Berger-Zahl der Wert 2 plus 1, also 3. Damit haben die Niederländer eine kleinere Sonneborn-Berger-Zahl und sind zu Recht auf dem dritten Gruppenplatz gelandet. Auch diese harteste aller Tabellennüsse ist somit von der Mathematik geknackt worden!

Wir mussten also mit Entsetzen feststellen, dass die Tabellen der Gruppen bei Welt- und Europameisterschaften gewisse Tücken aufweisen können. Das derzeit bei EM-Turnieren angewendete System, bei dem nur die Ergebnisse der Mannschaften untereinander gewertet werden, die jeweils die gleiche Punktzahl haben, hat bei den letzen beiden Europameisterschaften schon seine Schwächen gezeigt. Insbesondere die Tatsache, dass dieses System wieder Konstellationen zulässt, wie wir sie beim unseligen »Frieden von Gijón« 1982 hatten, sollte die UEFA dazu bewegen, dieses System so schnell es geht zu verändern und wieder die

Tordifferenz als alleiniges Kriterium heranzuziehen, wie dies die FIFA für WM-Turniere seit 1982 macht. Sofern die letzten Gruppenspiele dann gleichzeitig ausgetragen werden, droht keine Gefahr, dass es wieder zu »Friedensverträgen« auf dem Fußballfeld kommt. Die Sonneborn-Berger-Methode ist für den Fußball wahrscheinlich zu kompliziert und den Fans sicher nicht zu vermitteln. Prinzipiell kann man mit ihr aber auch die kleinsten Unterschiede in einer Tabelle noch in eine Reihung der Mannschaften auflösen und so beispielsweise eine Tabelle wie die der Gruppe F bei der WM 1990 nach einem mathematischen Algorithmus ordnen. Allerdings ist die Sonneborn-Berger-Methode für Schachturniere entwickelt worden. Rudi Völler sagte einmal nach einem verlorenen Spiel seiner Leverkusener den legendären Satz: »Wir spielen hier kein Schach!« Er kritisierte damit allerdings nicht den Spielmodus, sondern die zunehmenden Schwalben und Schauspieleinlagen in der Bundesliga, weil er hinzufügte: »Es kann doch nicht sein, dass alle fünf Minuten einer umfällt.«

Wann lohnt sich eine »Notbremse«?

Ich wollte den Ball treffen, aber der Ball war nicht da.

(Anthony Yeboah, nachdem er Michael Schulz umgetreten hatte)

Schon häufig haben wir diese Situation erlebt. Ein Spieler läuft allein auf den Torwart zu und droht mit an Sicherheit grenzender Wahrscheinlichkeit einen Treffer zu erzielen. Einem verzweifelten Verteidiger bleibt da oft nur die Möglichkeit, diesen Spieler von hinten umzuhauen und somit recht unsanft zu stoppen.

Die DFB-Fußballregeln sagen dem Schiedsrichter, was er in einem solchen Fall zu tun hat: »Ein Spieler, Auswechselspieler oder ausgewechselter Spieler erhält die Rote Karte und wird des Feldes verwiesen, wenn er das folgende Vergehen begeht: Vereiteln einer offensichtlichen Torchance für einen auf sein Tor zulaufenden Gegenspieler durch ein Vergehen, das mit Freistoß oder Strafstoß zu ahnden ist.« Diese Regel gilt seit 1990. Seither wird also eine »Notbremse« rigoros mit der Roten Karte bestraft, und wenn das Foul im Strafraum begangen wurde, kommt sogar noch ein Elfmeter für den Angreifer hinzu. Nun ist es einleuchtend, dass eine »Notbremse« in der 1. Minute möglicherweise ein Tor verhindert, durch den Feldverweis die Mannschaft aber so stark geschwächt wird, dass das gegnerische Team aufgrund seiner Überzahl in den verbleibenden 89 Minuten noch zwei oder mehr Tore schießen kann. Eine »Notbremse« in der 89. Minute hingegen hätte sicher nicht mehr solch fatale Konsequenzen. Es ist daher klar, dass es einen Zeitpunkt im Spiel geben muss, ab dem es sich für einen Abwehrspieler lohnt, durch ein schweres Foul ein Tor zu verhindern, obwohl er dafür vom Platz gestellt wird. Wann also ist der Zeitpunkt erreicht, dass sich eine solche »Notbremse« lohnt?

Wir gehen davon aus, dass ein Spieler eine »Notbremse« zu einem bestimmten Zeitpunkt t_{Not} im Spiel macht und deshalb vom Platz fliegt. Dadurch erhöht sich die Torrate, also die Toranzahl pro Minute, der gegnerischen Mannschaft, da nun zehn gegen elf Spieler stehen. Wenn die gegnerische Mannschaft A Tore pro Minute im Spiel gegen elf Spieler erzielt und diese

Torrate nach der »Notbremse« auf A_{Not} ansteigt, dann erzielt die gegnerische Mannschaft im gesamten Spiel $A \times t_{Not} + A_{Not} \times (90 - t_{Not})$ Tore. Andernfalls, also ohne »Notbremse«, hätte diese Mannschaft einfach $A \times 90 + 1$ Tore erzielt. Wir gehen hierbei davon aus, dass das Foul außerhalb des Strafraums passiert und es andernfalls sicher zum Torerfolg gekommen wäre, und werden später diese Überlegungen auch auf andere Fälle übertragen können. Eine »Notbremse« lohnt sich dann also für die Mannschaft des foulenden Spielers, wenn gilt: $A \times t_{Not} + A_{Not} \times (90 - t_{Not}) < A \times 90 + 1$.

Dabei sind A die Torrate und $a = 90 \times A$ die Gesamtzahl der Tore, die die gegnerische Mannschaft gegen elf Spieler erzielen würde. Entsprechendes gilt für A_{Not} und $a_{Not} = 90 \times A_{not}$ als Gesamtzahl der Tore, die die gegnerische Mannschaft gegen zehn Spieler schießen würde. Wenn wir die obige Ungleichung nach t_{Not} auflösen, ergibt sich schließlich für die Spielminute, ab der sich eine »Notbremse« lohnen würde: $t_{Not} > 90 \times (1 - 1/\Delta a)$.

Hierbei ist $\Delta a = a_{Not} - a$ der Unterschied der Gesamtzahl der Tore, die die gegnerische Mannschaft einmal gegen zehn und einmal gegen elf Spieler auf 90 Minuten hochgerechnet erzielen würde. Die Abbildung auf Seite 304 veranschaulicht das obige Resultat.

Nach oben sind die Spielminuten von 0 bis 90 aufgetragen, nach rechts die Erhöhung der Gesamtzahl der Tore der gegnerischen Mannschaft durch die Hinausstellung des foulenden Spielers. Das hervorgehobene Feld ist nun der Bereich, für den sich eine »Notbremse« lohnt, d.h. für den die vorher bestimmte Ungleichung erfüllt ist. Beispielsweise bedeutet der große Punkt: Wenn die gegnerische Mannschaft durch den Feldverweis insgesamt über 90 Minuten gerechnet zwei Tore

Wann lohnt sich eine Notbremse? Konstante Torrate

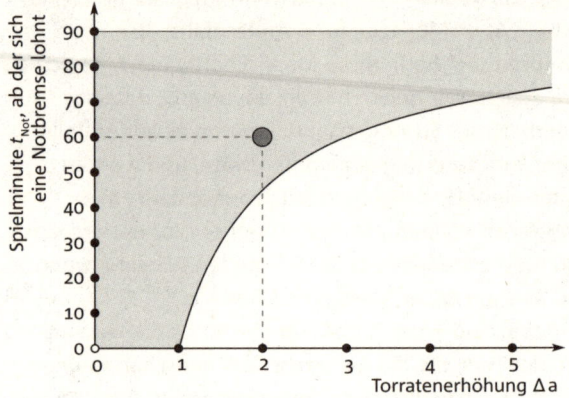

mehr schießen würde, dann lohnt sich eine Notbremse in der 60. Minute für den verteidigenden Spieler, da dieser Punkt im unterlegten Feld liegt. Wenn wir von diesem Punkt senkrecht nach unten gehen, finden wir, dass sich eine »Notbremse« sogar schon ab der 45. Minute lohnen würde.

Die bisherigen Überlegungen sind zwar im Prinzip richtig, lassen aber eine wesentliche Tatsache noch unberücksichtigt. Die Torrate einer Mannschaft ist über den Verlauf eines Spiels nicht konstant. Zum Ende hin fallen in einem Spiel mehr Tore als am Anfang, wie die Statistik der bisherigen Treffer in der Bundesliga ganz deutlich zeigt.

Während in den Anfangsminuten bisher insgesamt etwa 300 Tore pro Minute gefallen sind, steigt diese Zahl sehr gleichmäßig auf 600 gegen Ende des Spiels. Für die Torrate der gegnerischen Mannschaft im Spiel gegen elf Mann setzen wir daher nun an: $A(t) = \alpha \times t + \beta$.

Entsprechend gilt für die Torrate der gegnerischen Mannschaft im Spiel gegen nur zehn Mann: $A_{Not}(t) = \alpha_{Not} \times t + \beta_{Not}$.

α, α_{Not} und β, β_{Not} sind hierbei Zahlen, die sich durch einen Vergleich mit Daten aus der Bundesliga oder für Länderspiele berechnen lassen. Beide Torraten steigen also linear mit der Spielzeit t an. Dabei ist hier mit der Torrate wieder die Zahl der Tore pro Minute gemeint. Die Gesamtzahl der Tore in einem Spiel ist bei einer konstanten Torrate einfach 90-mal die Torrate. Nun ist die Torrate aber nicht konstant, sondern steigt mit der Zeit an. Um die Gesamtzahl a bzw. a_{Not} der Tore zu berechnen, müssen die Torraten der jeweiligen Minuten von der 1. bis zur 90. Minute aufaddiert werden.[4]

Eine ähnliche Überlegung wie vorher, die nun allerdings wegen der nicht-konstanten Torraten etwas komplizierter ist, führt auf die folgende Ungleichung für die Spielminute t_{Not}, ab der sich eine »Notbremse« lohnen würde: $t_{Not} > 90 \times \sqrt{1 - 1/\Delta a}$.

Was bedeutet nun diese Formel? In der Grafik auf Seite 306 sind nach oben wieder die Spielminuten von 0 bis 90 aufgetragen und nach rechts die Erhöhung der auf 90 Minuten hochgerechneten Toranzahl der gegnerischen Mannschaft. Das hervorgehobene Feld ist wieder der Bereich, für den sich eine »Notbremse« lohnt, d. h. für den die vorige Ungleichung erfüllt ist.

Im Vergleich zu der Grafik auf Seite 304 ist das unterlegte Feld jetzt kleiner geworden. Eine »Notbremse« lohnt sich nun also in viel weniger Fällen als zuvor bei der Annahme einer konstanten Torrate. Der große

4 Es ergibt sich dann der Zusammenhang: $a = 0{,}5 \times \alpha \times 90^2 + \beta \times 90$ bzw. $a_{Not} = 0{,}5 \times \alpha_{Not} \times 90^2 + \beta_{not} \times 90$.

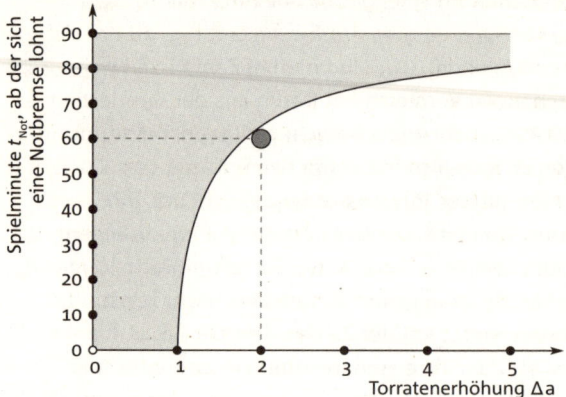

Wann lohnt sich eine Notbremse? Ansteigende Torrate

Spielminute t_{Not}, ab der sich eine Notbremse lohnt (y-Achse)

Torratenerhöhung Δa (x-Achse)

Punkt, der für den Fall steht, dass die gegnerische Mannschaft wegen des Feldverweises insgesamt über 90 Minuten gerechnet zwei Tore mehr schießen würde und eine »Notbremse« mit Feldverweis in der 60. Minute stattfindet, liegt nun nicht mehr im unterlegten Feld. Nun würde sich eine »Notbremse« für den verteidigenden Spieler also nicht mehr lohnen. Die Formel ergibt, dass sie sich in diesem Fall erst ab der 64. Spielminute für den verteidigenden Spieler auszahlen würde.

Jetzt können wir unser Modell noch um zwei Einzelheiten verfeinern. Erstens ist nicht gesagt, dass der auf das Tor zulaufende Angreifer dieses auch wirklich trifft. Man hat hier schon die kuriosesten Szenen und Spieler erlebt, die das Leder aus kürzester Distanz nicht im Tor unterzubringen vermochten. Wir nehmen daher an, dass ein Tor nicht mit Sicherheit, sondern nur mit einer Wahrscheinlichkeit $w_{Angriff}$ fällt. Zweitens gibt es bei einer »Notbremse« im Strafraum nicht nur eine Rote Karte, sondern auch noch einen Elfmeter. Dieser wird mit einer Wahrscheinlichkeit $w_{Elfmeter}$ verwandelt. Dann ergibt sich für die Zeit t_{Not}, ab der sich eine »Notbremse« im Spiel lohnen würde: $t_{Not} > 90 \times \sqrt{1 - w/\Delta a}$

Dabei ist $w = w_{Angriff} - w_{Elfmeter}$. Für eine »Notbremse« außerhalb des Strafraums mit einem ansonsten sicheren Torerfolg des Angreifers ist $w_{Elfmeter} = 0$ und $w_{Angriff} = 1$. Für ein Foul im Strafraum, das ein sicheres Tor vereitelt hätte, gilt beispielsweise: $w_{Angriff} = 1$ und $w_{Elfmeter} = 0{,}75$, da etwa 75 % aller Strafstöße verwandelt werden. Es ist dann also $w = 0{,}25$, und mit $\Delta a = 2$ ergibt sich $t_{Not} > 84$. Nun lohnt sich eine solche »Notbremse« im Strafraum also erst ab der 84. Minute. Als weiteres Beispiel betrachten wir jetzt den Fall, dass der Angreifer außerhalb des Strafraums umgehauen wird, er aber nur mit einer Wahrscheinlichkeit von 80 % das Tor wirklich erzielt hätte. Dann ist $w = 0{,}8$, und mit $\Delta a = 2$ ergibt sich dann $t_{Not} > 70$ Minute. In diesem Fall sollte man also schon vierzehn Minuten früher den Angreifer unsanft stoppen.

Bisher ist es so, dass wir in unseren Beispielrechnungen davon ausgegangen sind, dass sich die Gesamtzahl der von einer Mannschaft erzielten Tore gegen nur zehn Mann um $\Delta a = 2$ Tore erhöhen würde im Vergleich zu der Anzahl an Toren, die die Mannschaft gegen elf Spieler erzielt hätte. Es ist einfach zu ermitteln, wie viele Tore eine Mannschaft im Durchschnitt erzielt. Es ist aber schwer, wenn nicht sogar unmöglich festzustellen, wie viele Tore dieselbe Mannschaft gegen um einen Spieler reduzierte Teams erzielen würde. Weiterhin sind wir bisher davon ausgegangen, dass sich nur die Torrate des noch vollzähligen Teams erhöht, die des um einen Spieler reduzierten Teams aber nicht reduziert. Genau dies haben die Amsterdamer Wissenschaftler G. Ridder, J.S. Cramer und P. Hopstaken anhand statistischer Modelle und Daten aus der ersten holländischen Liga festgestellt.[5] Dabei fanden sie für gleich starke Teams die folgenden Resultate: Wenn der Angreifer mit absoluter Sicherheit das Tor erzielen würde, sollte man ihn schon ab der 16. Minute foulen, selbst wenn man dafür vom Platz fliegt. Wenn der Angreifer nur mit 60%iger Sicherheit trifft, sollte man ihn als Verteidiger nicht vor der 48. Minute umsäbeln. Wenn seine Trefferwahrscheinlichkeit allerdings nur 30% beträgt, lohnt sich eine Notbremse erst ab der 70. Minute. Ihr Modell ist aber deutlich anders als das oben von uns diskutierte.

Im Jahr 2006 haben M. Bar-Eli, G. Tenenbaum und S. Geister anhand der Analyse von 41 Bundesliga-Spielzeiten nachgewiesen, dass die Torrate des um einen Spieler reduzierten Teams doch abnimmt.[6] Die Autoren argumentieren hier aber auch mit psychologischen Effekten, die nicht immer quantitativ voll zu erfassen sind. Allerdings könnte die reduzierte Torrate in unserem Modell leicht berücksichtigt werden, wenn wir nicht von absoluten Torraten ausgingen, sondern nur mit Torratendifferenzen rechnen würden.

Die neueste Studie der Wissenschaftler J. Vecer, F. Kopriva und T. Ichiba von der Columbia University hat den Effekt der Hinausstellung eines Spielers auf die Torrate der gegnerischen Mannschaft anhand von

5 G. Ridder, J.S. Cramer, P. Hopstaken, »Down to Ten: Estimating the Effect of a Red Card in Soccer«, *Journal of the American Statistical Association*, Vol. 89, 1994, S. 1124–1127.

6 M. Bar-Eli, G. Tenenbaum, S. Geister, »Consequences of Players' Dismissal in Professional Soccer: A Crisis-Related Analysis of Group Size Effects«, *Journal of Sport Sciences*, Vol 24, 2006, S. 1083–1094.

Daten der Fußball-Weltmeisterschaft 2006 und der Europameisterschaft 2008 genauer untersucht.[7] Dabei wurde die Veränderung von Wettquoten, die während der Welt- und Europameisterschaft jede Minute auf das nächste Tor abgegeben werden konnten, akribisch ausgewertet und deren Beeinflussung durch Rote Karten untersucht. Auch hier ist das Resultat nicht durch so eine klare Formel zu fassen wie in unserem Modell. Generell ergibt sich, dass man den Gegner immer umhauen sollte, selbst wenn der Angreifer nur mit 57,5 %iger Wahrscheinlichkeit das Tor schießen würde. Wenn die »Notbremse« zusätzlich mit einem Elfmeter bestraft wird, lohnt sie sich immer noch ab der 51. Minute. Diese Studie erscheint aber wegen des Vorgehens über Wettstatistiken von der Methodik her nicht so zwingend wie die zuvor genannten Ergebnisse anderer Autoren. Vecer, Kopriva und Ichiba weisen ferner nach, dass die Torrate des angreifenden Teams durch die Hinausstellung des »Notbremsers« um den Faktor 5/4 steigt, während die Torrate der verteidigenden Mannschaft um den Faktor 2/3 sinkt. Wenn wir davon ausgehen, dass in der Bundesliga jede Mannschaft im Durchschnitt 1,5 Tore pro Spiel erzielt, hieße das, dass die absolute Torzahl hochgerechnet auf die gesamte Spielzeit um etwa $\Delta a = 1$ Tor zunimmt. Unsere Formel ergibt dann, dass sich eine »Notbremse« immer lohnen würde, wenn der auf das Tor zulaufende Spieler ansonsten mit absoluter Sicherheit getroffen hätte. Säbelt man den Spieler aber im Strafraum um, und wird der folgende Elfmeter mit 80 %iger Sicherheit verwandelt,

7 J. Vecer, F. Kopriva, I. Ichiba, »Estimating the Effect of the Red Card in Soccer: When to Commit an Offense in Exchange for Preventing a Goal Opportunity«, *Journal of Quantitative Analysis in Sports*, Vol 5, Issue 1, Article 8, 2009.

ergibt unsere Formel mit $\Delta a = 1$ und $w = 0{,}2$ den Wert $t_{Not} > 80$. Nun zahlt sich die unsportliche Tat also erst ab der 80. Minute aus.

So moralisch bedenklich es auch sein mag, kann es sich ab einem bestimmten Zeitpunkt im Spiel durchaus für eine Mannschaft lohnen, einen Angreifer mit einer »Notbremse« brutal zu stoppen. Der anschließende Platzverweis des Missetäters kann mit zunehmender Spielzeit nicht mehr durch eine erhöhte Torrate der gegnerischen Mannschaft ausgeglichen werden. Wir haben gesehen, dass man sogar die genaue Spielminute ausrechnen kann, ab der sich eine »Notbremse« in diesem Sinne lohnt. Allerdings ist der praktische Nutzen unserer Formel recht eingeschränkt. Erstens müssten die Spieler kurz vor einem Foul blitzschnell die Berechnung $90^2 \times (1 - w/\Delta a)$ im Kopf durchführen können und dann daraus noch die Quadratwurzel ziehen, was selbst für geschulte Köpfe recht schwierig sein dürfte. Auch ein mit einem Taschenrechner bewaffneter Trainer an der Seitenlinie kann hier nicht wirklich weiterhelfen. Zweitens hängt das Ergebnis ganz entscheidend von Parametern wie der Erhöhung der Gesamttoranzahl gegen zehn Spieler oder der Wahrscheinlichkeit für einen Treffer in der konkreten Spielsituation ab, die für eine Mannschaft nicht einfach zu bestimmen sind.

Aus allen Berechnungen und Statistiken können aber die folgenden groben, recht einfachen Aussagen abgeleitet werden: Im Strafraum lohnt sich eine »Notbremse« wegen des folgenden Elfmeters erst in den letzten fünfzehn Minuten eines Spiels. Außerhalb des Strafraums sollte man eine »Notbremse« in der ersten Halbzeit vermeiden. Die Torwahrscheinlichkeit des gegnerischen Teams wird ansonsten um mehr als einen Treffer erhöht, was den Effekt der »Notbremse« überkompensiert. Dies gilt zumindest, wenn Profimannschaften gegeneinander spielen, die ungefähr gleich stark sind. Diese beiden Regeln sind so einfach, dass unsere Jungs sie bei der Weltmeisterschaft 2014 in Brasilien im Eifer des Gefechts sicher leicht beherzigen können.

»Die Mauer muss weg!«

Die DDR scheitert an einer falsch gebauten Mauer!

(Schlagzeile der *Süddeutschen Zeitung* vom 27. Juni 1974, nachdem die Nationalmannschaft der damaligen DDR am Vortrag mit 0:1 gegen Brasilien verlor)

Freistöße sind ein wichtiges Element im Fußballspiel. Sie gelten neben dem Eckball, Einwurf und Elfmeter als Standardsituationen, weil der Ball nicht aus dem laufenden Spiel heraus getreten wird. Die Meisterschaft der Saison 2000/01 wurde durch einen indirekten Freistoß entschieden, den der Münchner Patrik Andersson in der Nachspielzeit durch die Hamburger Mauer zum Ausgleich in die Maschen drosch. Bayern holte den Titel, Schalke gewann die Herzen der Nation – der Rest ist Geschichte. Ähnliches passierte der DDR bei der Weltmeisterschaft 1974 in der Zwischenrunde im Spiel gegen Brasilien. Die Mannschaft verlor durch ein Freistoßtor des Brasilianers Rivelino. Bei der Weltmeisterschaft 2006 hat David Beckham für England gegen Ecuador im Achtelfinale das entscheidende 1:0 per Freistoß erzielt. Aus 22 Metern hat er den Ball von einer Position links vor dem Strafraum an einer aus nur vier Spielern bestehenden Mauer vorbeigezirkelt. Wie hätte man diese drei Tore verhindern können? Hätten vielleicht mehr Spieler in der Mauer stehen sollen?

Die Frage, ob genügend Spieler bei einem Freistoß in einer Mauer stehen, kann durch einfache geometrische Überlegungen beantwortet werden. Wir wollen die minimale Anzahl von Spielern berechnen, die für eine effektive Mauer bei einem Freistoß nötig sind. Natürlich ist eine größere Mauer besser, aber sie sollte auch nicht zu viele Spieler umfassen, da sonst zu wenig Spieler übrig bleiben, um die gegnerischen Angreifer zu decken. Außerdem wollen wir bei unseren Betrachtungen auch die Höhe der Mauer außer Acht lassen. Natürlich kann ein Kunstschütze auch über eine Mauer hinwegschießen. Der Ball ist dann aber so lange in der Luft, dass der Torwart eine gute Chance zur Abwehr hat. Deswegen interessieren wir uns im Folgenden nur für Freistöße, die an der Mauer vorbeigehen. Um die Frage nach der minimalen Anzahl von Verteidigern in einer Mauer zu beantworten, betrachten wir zunächst die Abbildung auf der nächsten Seite.

Die Größe w ist die gesuchte Breite der Mauer. Wenn wir diese Größe durch die mittlere Breite eines Feldspielers teilen, ergibt sich die gesuchte Zahl der Spieler, die in der Mauer stehen müssen. Der Freistoß werde vom Punkt P im Abstand R unter einem Winkel α zur Torlinie geschossen. Der Torwart befindet sich auf der Line am Punkt T, die Mitte des Tores ist bei dem Punkt M zu finden. Die Mauer befindet sich in der durch die Regeln vorgeschriebenen Entfernung von $d = 9{,}15$ Meter vom Schützen. Das Tor habe die Breite $2p = 7{,}32$ Meter. Die Mauer soll jetzt so stehen, dass eine Hälfte des Tors vollständig abgedeckt wird und die andere Seite bis zum Punkt T. Diese andere Seite ist dann die sogenann-

Die Größe der Mauer beim Freistoß

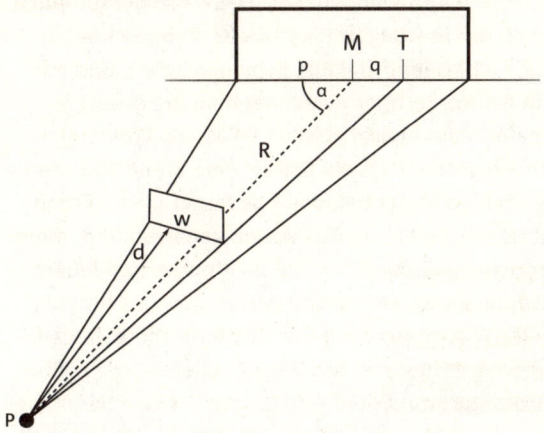

te Torwartecke, auf die sich der Keeper vollständig
konzentriert. Bei Freistößen wird diese Taktik häufig
angewendet. Die Entfernung q gibt dann den Teil der
Torlinie an, der durch die Mauer auf der Torwartseite
auch noch abgedeckt werden soll. Wählen wir q = p/2 =
1,83 Meter, dann werden 3/4 der Torlinie von der
Mauer abgedeckt, und der Torwart muss sich nur noch
um das restliche Viertel kümmern. Dies erscheint
eine gute Wahl, da eine Überschlagsrechnung zeigt,
dass der Keeper etwa 1/4 der Fläche des Tores direkt –
also ohne zu springen – mit seinen Händen erreichen
kann. Dann ergibt eine einfache geometrische Überlegung die folgende Formel für die Breite der Mauer[8]:
$w = d \times \sin\alpha \times (p/(R - p \times \cos\alpha) + q/(R + q \times \cos\alpha))$.

8 Siehe auch die Arbeit von Ken Bray & David G. Kerwin,
»Modelling the flight of a soccer ball in a direct free kick«,
Journal of Sports Sciences, Vol. 21, 2003, S. 75–85.

Diese Formel sieht zwar kompliziert aus, ist aber ganz einfach anzuwenden. Beispielsweise gilt für einen Freistoß, der zentral aus $R = 30$ Metern abgeschossen wird, $\alpha = 90°$. Damit sind alle Zahlen bekannt, und mit einem Taschenrechner berechnet man die gesuchte Breite der Mauer leicht zu $w = 1{,}67$ Meter. Wenn wir davon ausgehen, dass ein Spieler eine Breite von etwa einem halben Meter hat, dann bedeutet dieses Ergebnis, dass drei Spieler in der Mauer stehen sollten. Wenn der Freistoß allerdings aus nur 20 Metern abgefeuert wird, dann ergibt die gleiche Rechung $w = 2{,}51$ Meter, also eine Mauer aus etwa fünf Spielern. Diese Zahlen stimmen recht gut mit den Werten überein, die Fußballer auch intuitiv auf dem Feld für die Größe einer Mauer wählen. Es ist klar, dass eine verteidigende Mannschaft umso mehr Spieler in eine Mauer stellen muss, je näher der Freistoßschütze zum Tor steht. Die obige Formel gibt uns einen genauen Anhaltspunkt dafür, wie die Zahl der Spieler mit geringer werdendem Abstand zunimmt.

Bei diesen Beispielrechnungen ist noch nicht der Winkel berücksichtigt, unter dem ein Freistoß auf das Tor geschossen wird. Je kleiner dieser Winkel α in der Grafik ist, desto weiter außen im Spielfeld wird der Freistoß getreten. Intuitiv ist sofort klar, dass nun weniger Spieler in der Mauer benötigt werden, um den gleichen Bereich der Torlinie abzudecken. Im Extremfall für $\alpha = 0°$, also wenn der Freistoß von der Torauslinie geschossen wird, wird natürlich keine Mauer benötigt. Da $\sin(0°) = 0$ ist, liefert unsere Formel auch für diesen Fall ein korrektes Ergebnis. Wenn wir nun einen aus 18 Metern geschossenen Freistoß betrachten, zeigt die Abbildung auf der nächsten Seite, wie viele Spieler jeweils in der Mauer stehen müssen, je nachdem unter welchem Winkel der Schütze abzieht.

Die minimale Anzahl von Spielern in einer Mauer

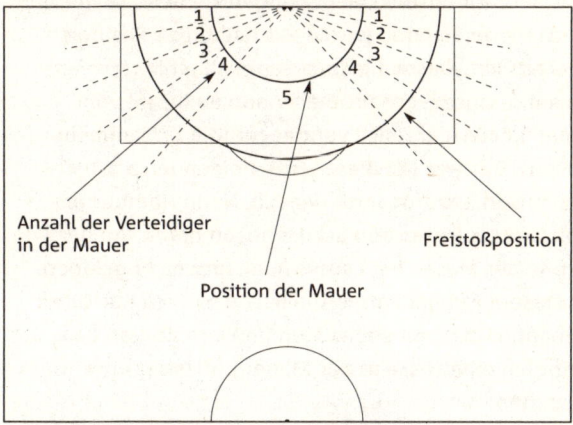

Anzahl der Verteidiger
in der Mauer

Freistoßposition

Position der Mauer

Wenn der Schuss also aus dem zentralen Bereich erfolgt, benötigen wir fünf Verteidiger in der Mauer. Nach außen hin nimmt diese Zahl kontinuierlich ab.

Zum Abschluss wollen wir unsere drei Beispiele aus der Praxis durchrechnen. Der entscheidende Freistoß von David Beckham wurde aus 22 Metern von halb-linker Position vor dem Tor geschossen. Dann gilt für den Schusswinkel ungefähr α = 60°. Unsere Formel liefert dann eine Zahl von vier Spielern, die man in die Mauer stellen sollte. Genau diese Zahl an Verteidigern hatte das Nationalteam aus Ecuador auch aufgeboten. Daran lag es also nicht, dass der Freistoß versenkt wurde. Der Grund war in diesem Fall einfach das Kön-nen von David Beckham, der den Ball geschickt ange-schnitten und so um die Mauer herumgezirkelt hatte. Im Fall des Freistoßes von Patrik Andersson ergibt sich ein ähnliches Bild. Da es ein indirekter Freistoß war, hatte ein Bayern-Spieler vorher den Ball kurz berührt, was aber für unsere Überlegungen keine Rolle spielt. Auch dieser Freistoß wurde aus halblinker Position geschossen, diesmal jedoch aus etwa elf Metern Entfernung. Unsere Formel liefert nun eine Zahl von neun Spielern, die sich vor der Torlinie versammeln sollten. Das war bei dieser entscheidenden Szene der Saison 2000/01 auch der Fall. Neun Hamburger Spieler versuchten den Schuss abzublocken. An der Größe der Mauer hat es also auch hier nicht gelegen. In diesem Fall hat Patrik Andersson einfach nur Glück gehabt. Er hat voll abgezogen und konnte den Ball so durch eine Lücke in der Mauer ins Hamburger Tor dreschen.

Der Freistoß von Rivelino im Spiel DDR–Brasilien 1974 wurde aus 18 Metern geschossen. Mit sechs Spielern stand sogar ein Spieler mehr, als es unsere Formel verlangt, in der Mauer. Allerdings hatte sich auch ein Brasilianer in das Bollwerk eingeschlichen, der im richtigen Moment wegtauchte und so den Weg für den strammen Schuss von Rivelino freimachte. Jürgen Croy im Tor der DDR hatte keine Chance. Gegen ein Loch in der Mauer kann auch die beste Mathematik nichts ausrichten.

Die Angst des Tormanns beim Elfmeter

Torhüter spinnen alle ein bisschen. Ich kannte mal
einen, der schrieb einen Brief deshalb so langsam,
weil er wusste, dass seine Mutter nur langsam lesen
konnte.

(Der Trainer Zlatko »Tschik« Čajkovski, der die Bayern
1965 in die Bundesliga führte, über die Marotten
von Torhütern)

Wer kennt noch Rudi Kargus, die Torwartlegende
des Hamburger Sportvereins aus den Siebzigerjahren?
Der dreimalige Nationalspieler und heutige Künstler
Rudi Kargus hält aber einen bemerkenswerten Rekord:
Er hat von allen Torhütern, die je in der Bundesliga
gespielt haben, die meisten Elfmeter gehalten! Seine Zahl von 24 gehaltenen Strafstößen bei insgesamt 76
gegen den HSV verhängten Elfmetern ist einmalig.
Vier weitere gingen gegen die Latte oder den Pfosten,
zwei gingen über das Tor. Immerhin hat dieser »Elfmetertöter« mit einer Quote von 31,6 % fast jeden dritten Strafstoß gehalten. Nur der heutige Torwarttrainer
der deutschen Nationalmannschaft Andreas Köpke
hat mit 32,6 % eine etwas bessere Quote. Er hat aber
mit 14 von 43 gehaltenen Strafstößen immerhin
zehn Elfmeter weniger gehalten als Rudi Kargus.[9]
Warum ist eine Quote von über 30 % gehaltener

9 Eine genaue statistische Analyse, die Katja Ickstadt, Björn
Bornkamp und Arno Fritsch an der TU Dortmund gemeinsam
mit Oliver Kuß von der Martin-Luther-Universität Halle durchgeführt
haben, ergibt, dass Rudi Kargus in der Tat der beste Elfmetertöter
der Bundesliga-Geschichte ist. Diese Studie weist übrigens die Torwartlegende Sepp Maier als Schlusslicht der Statistik aus …

Strafstöße bemerkenswert? Ganz einfach – bei einem Elfmeter hat der Torwart nämlich im Prinzip überhaupt keine Chance, an den Ball zu kommen, wenn er sich regelgerecht verhält und sich nicht schon vorher bewegt – und wenn der Spieler den Ball halbwegs gut schießt. Dies wollen wir nun etwas genauer untersuchen.

Als Erstes fragen wir uns, warum ein Elfmeter aus exakt elf Metern geschossen wird. Genau genommen wird er nicht aus elf Metern, sondern aus zwölf Yard Entfernung geschossen, was nur 10,97 Meter entspricht. Seit 1891 werden Strafstöße im Fußball verhängt, und erst seit 1902 müssen sie vom Elfmeterpunkt aus geschossen werden. Davor durften sie von einem beliebigen Punkt in zwölf Yards Entfernung getreten werden. Regel 14 des offiziellen DFB-Fußball-Regelwerks besagt: »Begeht ein Spieler bei laufendem Spiel eines der zehn Vergehen, die mit direktem Freistoß zu bestrafen sind, innerhalb des eigenen Strafraums, wird gegen das Team des fehlbaren Spielers ein Strafstoß ausgesprochen.« Unter den zehn Vergehen ist das Foulspiel genauso wie das Handspiel erwähnt. Dabei ist zu bedenken, dass ein Elfmeter eine relativ große Strafe für das verursachende Team sein soll, was bei einer Trefferwahrscheinlichkeit von 75 % sicher auch der Fall ist. Allerdings bliebe die Spannung noch erhalten, da immerhin einer von vier Schüssen im Mittel nicht trifft. Nun kann man sich fragen, in welcher Entfernung vom Tor der Ball liegen muss, damit diese Quote in etwa gewährleistet wird. Dass es so etwas wie einen optimalen Strafstoßabstand geben sollte, zeigt die folgende Überlegung: Liegt der Ball direkt vor dem Torwart – also in null Meter Entfernung –, kann der Elfmeterschütze ihn sicher nicht verwandeln. Befindet sich der Ball aber in großer Entfernung vom Tor – beispielsweise in 50 Metern –, kann der Schütze den Elfmeter ebenfalls nicht im Tor unterbringen. Es muss also eine oder mehrere Entfernungen geben, für die die Trefferwahrscheinlichkeit des Elfmeterschützen maximal ist. Es ist einfach zu überlegen, dass ein Elfmeter aus einer Entfernung von etwa zwei bis sechs Metern mit absoluter Sicherheit verwandelt werden kann, wenn der Schütze nur halbwegs genau flach in eine Ecke zielt. Aus dieser Entfernung kann man das Tor nun wirklich nur mit großer Anstrengung verfehlen. Das ergäbe aber keinen Nervenkitzel. Also geht man etwas weiter zurück. Bei elf Metern ist dann die Trefferwahrscheinlichkeit nicht mehr 100 %, sondern auf etwa 75 % bis 80 % gesunken. In der Fußball-Bundesliga liegt die Quote ziemlich genau bei 75 %. Gute Schützen schaffen regelmäßig 80 %. In der Saison 1993/94 wurden von 74 Strafstößen immerhin 63 verwandelt, was einer sagenhaften Quote von 85 % entspricht. In der Saison 2006/07 wurden hingegen von 67 Elfmetern nur 46 verwandelt, was miserable 69 % bedeutet. Wir sehen also, dass die elf Meter Entfernung mit großer Sorgfalt gewählt wurden. Ein Elfmeter ist eine große Strafe, die aber noch nicht so groß ist, dass es keinen Nervenkitzel mehr gibt. Auch scheinen die elf Meter Entfernung noch eine große Streuung um den Mittelwert von 75 % der Quote der verwandelten Strafstöße zu erlauben, was die Spannung der Zuschauer zusätzlich erhöht.

Die 75 % Trefferwahrscheinlichkeit können wir uns auch noch durch eine andere Überschlagsrechnung klarmachen. Wenn wir davon ausgehen, dass ein Tor 8 Fuß = 2,44 Meter hoch und 8 Yard = 7,32 Meter breit ist, dann hat es eine Fläche von etwa 18 Quadratmetern. Wenn wir ganz grob sagen, dass ein Torwart von 2 Meter Körpergröße eine Armspannweite von etwa 2 Metern hat, dann kann er eine Fläche von ca. 4 Quadratmetern mit seinen Armen und seinem Körper überdecken. Er beherrscht also $4/18 = 22\%$ der Gesamtfläche des Tores, die restlichen 78% sind für ihn aus dem Stand nicht erreichbar. 78% liegen doch schon ziemlich nah an den zuvor diskutierten 75%! Ist das Zufall? Nein, wir werden gleich sehen, dass der Torwart im Prinzip keine Chance hat, einen Strafstoß zu parieren, sodass die obige Überlegung gar nicht so falsch sein kann.

Nachdem wir nun wissen, warum es genau elf Meter Entfernung sein müssen, und eingesehen haben, dass 75% Trefferwahrscheinlichkeit recht plausibel sind, kommen wir jetzt zu den realistischen Möglichkeiten des Torwarts, einen Elfmeter zu halten. Wir haben bereits früher gesehen, dass ein Spieler einen ruhenden Ball bei Anlauf mit maximal 120 bis 130 km/h schießen kann. Im Elfmeterschießen des Halbfinales der Europameisterschaft 1996 zwischen England und Deutschland sind für die zwölf geschossenen Elfmeter im Durchschnitt 110 Stundenkilometer gemessen worden, wobei Andreas Möller mit 130 km/h den härtesten Schuss aufwies. Wir können also als durchschnittliche Geschwindigkeit für einen Strafstoß etwa 100 km/h = 27,7 Meter pro Sekunde ansetzen. Bei elf Metern Entfernung (genau genommen sind es etwas mehr als elf Meter, da der Schütze ja nicht direkt geradeaus schießt) benötigt der Fußball also $11/27,7 = 0,4$ Sekunden, bis er das Tor erreicht.

Nun müssen wir erst einmal diskutieren, was der Torwart an Gegenmaßnahmen ergreifen darf. Regel 14 des DFB besagt hier weiterhin: »Der Torwart des verteidigenden Teams bleibt mit Blick zum Schützen auf seiner Torlinie zwischen den Pfosten stehen, bis der Ball mit dem Fuß getreten wurde.« Diese Regel bedarf wohl einer Erläuterung. Offensichtlich darf sich der Torwart nicht mit dem Rücken zum Schützen aufstellen. Dies wäre auch nicht unbedingt sinnvoll – interessant ist aber, dass es nach den Regeln sogar strengstens verboten ist! Was wohl der historische Hintergrund dieser sonderbaren Regel ist? Viele Jahre lang bedeutete diese Regel 14 sogar, dass sich der Torwart vor dem Schuss nicht nur auf der Torlinie befinden musste, sondern auch seine Beine vorher nicht bewegen durfte. Dies wurde im Laufe der Zeit geändert. Heutzutage darf sich der Schlussmann auf der Linie auf und ab bewegen, solange er sie nicht verlässt. Auch dieses Bewegen bringt nicht unbedingt einen Vorteil, wird aber häufig zur Irritation des Schützen eingesetzt.

Damit ist die Situation nun klar: Ein Fußball kommt mit etwa 100 km/h auf den Torwart zugerauscht und hat in 0,4 Sekunden die Torlinie erreicht. Diese 0,4 Sekunden hat der Keeper nun Zeit für Gegenmaßnahmen. Leider gehen aber ungefähr die Hälfte, also 0,2 Sekunden, als reine Reaktionszeit verloren. Der Ball befindet sich dann schon auf halber Strecke zum Tor, sodass für den Torwart nur noch die restlichen 0,2 Sekunden bleiben, um ihn abzuwehren. In diesen 0,2 Sekunden kann er jedoch nicht mehr in eine Ecke springen, sondern lediglich mit den Armen oder Beinen zucken. Dies kann man sich klarmachen, wenn man bedenkt, dass ein Torwart mit maximal 40 km/h = 11 m/s in eine der von der Mitte aus gemessen in 7,32/2 = 3,66 Meter entfernten Ecken hechten kann. Für einen solchen Hechtsprung benötigt er dann 3,66/11 = 0,33 Sekunden – er hat aber im besten Fall nur 0,2 Sekunden Zeit.

Ein halbwegs in eine der Ecken platzierter Strafstoß, der relativ hart geschossen wird, kann somit von einem Tormann nicht gehalten werden. So einfach ist das.

Was kann der arme Torwart nun machen, um das Unmögliche zu schaffen und einen Strafstoß zu halten? Wenn er die Regeln einhält, muss er spekulieren und sich bereits beim Anlauf des Schützen für eine Ecke entscheiden, in die er sich wirft. Dadurch gewinnt er etwas Zeit zurück, wobei er sehr darauf achten muss, dass er nicht zu früh abspringt und dem Schützen damit vorzeitig einen sicheren Treffer garantiert, da dieser den Ball dann seelenruhig in die andere Ecke schieben kann. Sepp Maier hat dies beim entscheidenden Strafstoß im Elfmeterschießen des Europameisterschaftsfinales 1976 zu spüren bekommen. Der tschechische Spieler Antonín Panenka lief an, Maier sprang in eine Ecke, und Panenka lupfte das Leder fast schon provokant in die Mitte des Tores. Zu früh darf der Torwart also auch nicht spekulieren!

Es gibt verschiedene Anhaltspunkte dafür, in welche Ecke der Schütze wohl schießen wird. A.M. Franks und T. Hanvey haben in einer Studie die Elfmeter der Europameisterschaft 1996 analysiert.[10] Dabei haben sie eine 85%ige Korrelation der Richtung des Fußes, mit dem der Schütze nicht schießt, und der Richtung, in die der Schütze schießt, festgestellt. Eine andere Untersuchung korreliert die Hüfthaltung des Schützen mit der Schussrichtung, für die er sich entscheidet.[11]

10 A.M. Franks, T. Hanvey, »Cues for Goalkeepers«, *Soccer Journal* 5-6, 1997, S. 30–38.
11 A.M. Williams, L. Burwitz, »Advance Cue Utilisation in Soccer«, in: *Science and Football* II, London 1993, S. 239–244.

Der sichere Elfmeterschuss

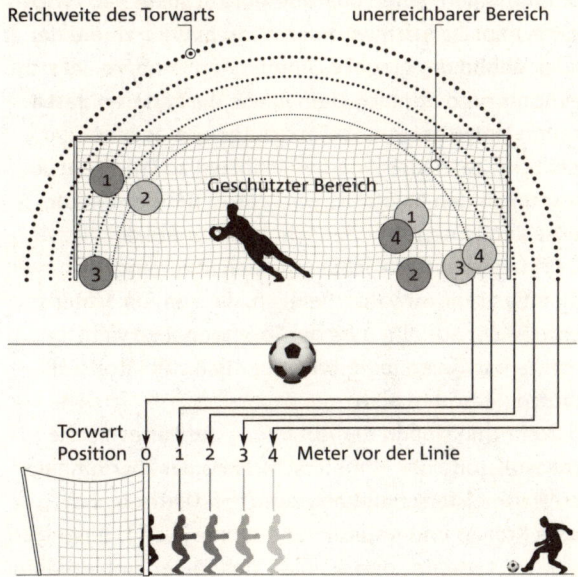

Insgesamt kann der Keeper, wenn er etwas spekuliert, einen recht großen Bereich des Tores überdecken,
wie die obige Abbildung zeigt.

Der innere gestrichelte Kreis deutet den Bereich an,
den der Tormann in 0,4 Sekunden mit einem Sprung
sicher erreichen kann. Wir sehen, dass trotzdem noch
Zonen übrig bleiben, die in 0,4 Sekunden auch vom
schnellsten und sprungkräftigsten Torwart nicht erreichbar sind. Ein Elfmeter sollte also nach Möglichkeit
vom Schützen genau in diese Zonen rechts und links
außen möglichst hoch geschossen werden. Dann ist er
sicher unerreichbar, wenn der Torwart die Regeln
beachtet. Wenn der Keeper allerdings spekuliert und

sich schon vor dem Schuss bewegt, kann man ihm nur empfehlen, einen oder mehrere Schritte nach vorn zu machen. Dadurch wird der Winkel verkürzt und der in der Abbildung eingezeichnete unerreichbare Bereich des Tores wird deutlich kleiner, wie die anderen gestrichelten Linien zeigen. Wenn der Torwart es schafft, zwei Schritte in Richtung des Schützen zu laufen, bevor dessen Fuß den Ball trifft, wird dieser Bereich um die Hälfte verkleinert. Bei vier Schritten könnte der Torwart im Prinzip sogar alle Schüsse halten. Allerdings erscheint es sehr unwahrscheinlich, dass einem Schiedsrichter nicht auffällt, dass der Torwart ganze vier Schritte nach vorn läuft, bevor der Ball vom Strafstoßschützen getreten wird.

Weiterhin sind in der Abbildung auf Seite 323 die acht Strafstöße des Elfmeterschießens des Viertelfinales der Weltmeisterschaft 2006 zwischen Deutschland (helle Kreise) und Argentinien (dunkle Kreise) eingezeichnet. Lediglich drei Schüsse sind in den unhaltbaren Bereich geschossen worden – der erste und dritte Schuss der Argentinier und Tim Borowskis vierter absolut cool getretener Strafstoß. Der zweite deutsche Schuss von Michael Ballack war auch noch recht gut. Deutschland hatte aber Glück, dass insbesondere der erste sehr unplatzierte Schuss von Oliver Neuville nicht gehalten wurde. Die beiden von Jens Lehmann parierten Strafstöße der Argentinier waren hingegen sehr klar in dem Bereich, den der Torwart ohne zu spekulieren leicht abdecken konnte. Wenn man den Abstand der jeweiligen Schüsse vom Torpfosten als Qualität eines Strafstoßes definieren würde, dann waren die deutschen Schüsse in der Summe nicht besser als die argentinischen. Aber der deutsche Torwart Jens Lehmann war besser, da er sich immer nach vorn und zweimal in die richtige Ecke bewegt hat, seinem Gegenüber ist dies hingegen keinmal gelungen. Wir wissen heute, dass dies einem Zettel zu verdanken war, den ihm der Torwarttrainer Andi Köpke vorher gegeben hatte. Jens Lehmann zog diesen Zettel, auf dem die Lieblingsecken der argentinischen Schützen verzeichnet waren, während des Elfmeterdramas hinter seinem Stutzen hervor und war somit bestens informiert. Auch hier ist der Rest Geschichte …

Was können wir nun also zu Elfmetern sagen? Ein Tormann sollte in der Tat Angst haben vor guten Schützen, denn er hat keine Chance, wenn der Ball platziert und hoch in eine Ecke geht. Profis sollten so etwas im Training eigentlich leicht üben können. Bei so platziert geschossenen Strafstößen hat der Keeper sogar nicht einmal eine Chance, wenn er spekuliert und sich schon vorher in eine Ecke wirft. Nur wenn der Torwart sich regelwidrig – schon bevor der Schütze den Ball trifft – von der Linie bewegt, hat er eine realistische Chance, einen Strafstoß zu halten.

Elfmeter haben auch bei den letzten beiden Weltmeistertiteln der deutschen Nationalmannschaft 1974 und 1990 eine große Rolle gespielt. Paul Breitner hat im WM-Finale in München vor 75 000 Zuschauern in der 25. Minute einen Strafstoß gegen den holländischen Torhüter Jan Jongbloed kaltschnäuzig verwandelt. Sein Schuss traf aus Sicht des Schützen links unten platziert in die für den Keeper unhaltbare Zone und war die Wende zum Guten in diesem Endspiel. Sechzehn Jahre später hat Andreas Brehme dies im WM-Finale in Rom ebenfalls vollbracht. Nachdem Rudi Völler im Strafraum eindeutig gelegt wurde, hat Brehme den fälligen Strafstoß in der 85. Spielminute ebenfalls links unten ins argentinische Tor zum entscheidenden 1:0 gezirkelt.

Beide Spieler haben also unter der größten Nervenbelastung, die ein Fußballer überhaupt ertragen muss,
alles richtig gemacht und den Ball in die unhaltbare
Zone des Tores befördert – Chapeau!

Ob Paul Breitner, Andi Brehme und Rudi Kargus allerdings all dies wussten, was wir in diesem Abschnitt
über Elfmeter zusammengetragen haben? Sicher nicht.
Wenn sie so intensiv über Strafstöße nachgedacht
hätten, wären den Deutschen höchstwahrscheinlich
zwei Weltmeistertitel entgangen, und Rudi Kargus hätte
wohl nie 24 Elfmeter gehalten …

Wie man ein Elfmeterschießen gewinnt

*Da kam dann das Elfmeterschießen. Wir hatten alle
die Hosen voll, aber bei mir lief's ganz flüssig.*

(Paul Breitner beschreibt die Nervenbelastung
beim Elfmeterschießen)

Bei Welt- und Europameisterschaften spielt das Elfmeterschießen oft eine große Rolle. Wenn ab dem
Achtel- bzw. Viertelfinale nur noch Top-Teams mit her-
vorragenden Abwehrreihen aufeinandertreffen, ist die
Wahrscheinlichkeit für ein Unentschieden nach Verlängerung sehr groß. Dann kommt es zum Elfmeterschießen. Die deutsche Nationalmannschaft hat hier immer
sehr große Nervenstärke bewiesen. So wurde bei
der WM 1982 im Halbfinale Frankreich bezwungen,
bei der WM 1986 im Viertelfinale der Gastgeber Mexiko,
bei der WM 1990 im Halbfinale die Engländer, bei der
EM 1996 ebenfalls im Halbfinale der Gastgeber England

und bei der WM 2006 im Viertelfinale Argentinien. Nur einmal, im Finale der EM 1976 in Belgrad, hat ein gewisser Uli Hoeneß dem Druck nicht standgehalten, den entscheidenden Elfmeter in die Wolken gehämmert und so die Tschechoslowakei zum Europameister gemacht. Dies war das erste Großturnier überhaupt, welches auf diese Art entschieden wurde. Beim Elfmeterschießen müssen fünf vorher ausgewählte Spieler jeder Mannschaft abwechselnd vom Elfmeterpunkt antreten. Die Mannschaft, die am Ende mehr Treffer erzielt hat, hat gewonnen. Andernfalls wird abwechselnd so lange geschossen, bis eine Mannschaft in Führung geht, wobei beide Teams gleich viele Schüsse abgegeben haben müssen. Ausgedacht hat sich dieses System der deutsche Schiedsrichter Karl Wald im Jahr 1970. Kurz danach wurde diese Regel vom DFB, der UEFA und der FIFA übernommen. Nun stellt sich die Frage, ob die Vize-Europameisterschaft 1976 mit einer optimalen Strategie beim Elfmeterschießen hätte vermieden werden können. Doch was ist hier mit einer optimalen Strategie gemeint?

Wir gehen später davon aus, dass die fünf ausgewählten Spieler, die für ihre Mannschaft die Elfmeter schießen müssen, unterschiedliche Trefferwahrscheinlichkeiten haben. Da gibt es einerseits sehr gute Elfmeterschützen, aber auch solche, die nicht ganz so gut treffen. Unsere Frage lautet nun: Gibt es eine optimale Reihenfolge, in der diese fünf unterschiedlich starken Schützen zum Elfmeter antreten sollten? Sollte man den stärksten Schützen zuerst antreten lassen, damit er erst einmal für eine gewisse Sicherheit sorgt? Oder sollte man den stärksten Schützen zuletzt schießen lassen, da ein früher Fehlschuss noch im weiteren Verlauf korrigiert werden kann, am Ende aber nicht mehr?

Bevor wir uns dieser Frage genauer zuwenden, sollen aber noch ein paar generelle Überlegungen zum Elfmeterschießen angestellt werden. Wenn wir annehmen, dass zunächst doch alle Schützen einer Mannschaft mit der gleichen Wahrscheinlichkeit p einen Treffer erzielen, dann verwandeln sie mit der Wahrscheinlichkeit $q = 1 - p$ den Elfmeter nicht. Es ist klar, dass in diesem Fall die Reihenfolge der Schützen keine Rolle spielt und es damit auch keine optimale Strategie gibt. Für fünf Treffer ergäbe sich dann einfach die Wahrscheinlichkeit p^5. Vier Tore im Elfmeterschießen werden dann mit einer Wahrscheinlichkeit von $5 \times p^4 \times q$ erzielt, da der eine Fehlschuss durch den ersten, zweiten usw. Schützen verursacht werden kann und die Wahrscheinlichkeit für vier Treffer und einen Fehlschuss einfach $p^4 \times q$ ist. Für drei Treffer und zwei Nieten ergibt sich dann auf ähnliche Weise die Wahrscheinlichkeit $10 \times p^3 \times q^2$. Die Zahl 10 ergibt sich hierbei aus der Tatsache, dass die beiden Fehlschüsse an mehreren unterschiedlichen Positionen auftreten können. Wenn wir nun die Wahrscheinlichkeiten mit einem Index für den jeweiligen Schuss versehen, etwa p_3 für die Wahrscheinlichkeit, dass ein Elfmeterschütze den dritten Schuss versenkt, dann gilt in unserem Spezialfall also: $p_1 = p_2 = p_3 = p_4 = p_5 = p$.

Wenn man sich nun die Wahrscheinlichkeiten für eine bestimmte Zahl von Toren als Funktion der Trefferwahrscheinlichkeit p ausrechnet, ergibt sich die Tabelle von Seite 329.

Die Zahlenwerte lassen sich mit der sogenannten Binomialverteilung berechnen. Sie spielt immer dann eine Rolle, wenn Ereignisse mit genau zwei Ausgängen betrachtet werden – in unserem Fall »Tor« oder »kein Tor«. Die Tabelle zeigt, dass eine Erhöhung der Treffer-

Zahl der Treffer beim Elfmeterschießen

p	0	1	2	3	4	5
0,05	0,77	0,20	0,02	—	—	—
0,10	0,59	0,33	0,07	0,01	—	—
0,15	0,44	0,39	0,14	0,02	—	—
0,20	0,33	0,41	0,20	0,05	0,01	—
0,25	0,24	0,40	0,26	0,09	0,01	—
0,30	0,17	0,36	0,31	0,13	0,03	—
0,35	0,12	0,31	0,34	0,18	0,05	0,01
0,40	0,08	0,26	0,35	0,23	0,08	0,01
0,45	0,05	0,21	0,34	0,28	0,11	0,02
0,50	0,03	0,16	0,31	0,31	0,16	0,03
0,55	0,02	0,11	0,28	0,34	0,21	0,05
0,60	0,01	0,08	0,23	0,35	0,26	0,08
0,65	0,01	0,05	0,18	0,34	0,31	0,12
0,70	—	0,03	0,13	0,31	0,36	0,17
0,75	—	0,01	0,09	0,26	0,40	0,24
0,80	—	0,01	0,05	0,20	0,41	0,33
0,85	—	—	0,02	0,14	0,39	0,44
0,90	—	—	0,01	0,07	0,33	0,59
0,95	—	—	—	0,02	0,20	0,77

p = Wahrscheinlichkeit, einen Elfmeter zu versenken

wahrscheinlichkeit p auch zu einer Erhöhung der Wahrscheinlichkeit für eine große Toranzahl führt. Dies allein ist allerdings zutiefst trivial. Wichtig ist, dass diese erhöhte Wahrscheinlichkeit für vier oder fünf Treffer nicht-linear ansteigt. Eine Erhöhung der Trefferwahrscheinlichkeit um 10 % von 75 % auf 85 % führt zu einem Anstieg der Wahrscheinlichkeit für fünf verwandelte Elfmeter von 24 % auf 44 %. 10 % Unterschied vergrößern sich also im Ergebnis zu einem 20 %igen Gewinn. Daraus folgt, dass es sich für eine Mannschaft in jedem

Fall lohnt, Elfmeterschießen zu üben. Kleine Verbesserungen, d. h. Erhöhungen von p, führen hier wegen der Binomialverteilung in der Regel schon zu großen positiven Auswirkungen.

Bisher galten alle Betrachtungen unter der leicht unrealistischen Annahme, dass alle Schützen die gleiche Trefferwahrscheinlichkeit p haben. Deswegen wollen wir als Nächstes diese Voraussetzung fallen lassen, um so auch Einblicke in die Taktik beim Elfmeterschießen zu gewinnen. Die Trefferwahrscheinlichkeiten p sind nun also alle verschieden. Wir ordnen die Schützen der Stärke nach und schreiben z. B. für die Trefferwahrscheinlichkeit des drittbesten Schützen, der den zweiten Elfmeter tritt $p_{3,2}$. Die Wahrscheinlichkeit P, dass alle fünf Spieler treffen, lässt sich dann so schreiben: $P = p_{k,1} \times p_{l,2} \times p_{m,3} \times p_{n,4} \times p_{r,5}$.

Dabei sind k, l, m, n, r die Zahlen 1 bis 5 und stellen die jeweiligen Stärken der Spieler dar. So ist z. B. $k = 1$, $l = 2$, $m = 3$, $n = 4$ und $r = 5$ die Reihenfolge, bei der der Spieler mit der größten Trefferwahrscheinlichkeit zuerst schießt, der mit der zweitgrößten Trefferwahrscheinlichkeit als Zweiter usw. Auch jetzt ist wieder klar, dass die Reihenfolge der Schützen an der Gesamtwahrscheinlichkeit P nichts ändert, wenn alle Wahrscheinlichkeiten fest vorgegeben und unabhängig voneinander sind. In diesem Fall gäbe es zwar unterschiedlich starke Schützen, deren Reihenfolge wäre aber völlig unerheblich für den Ausgang des Elfmeterschießens, da sich bei Umstellung der Faktoren eines Produkts nichts am Ergebnis ändert. Die Reihenfolge der Schützen beeinflusst das Ergebnis für P nur, wenn die Trefferwahrscheinlichkeiten $p_{i,j}$ nicht unabhängig voneinander sind. Dies ist auch der weitaus realistischere Fall, da im Verlauf des Elfmeterschießens die Spieler unter immer stärkerem Druck stehen. Während ein Fehlschuss am Anfang später noch korrigiert werden kann, gilt dies für den vierten oder fünften Schuss nur noch sehr eingeschränkt. Es ist daher klar, dass die Nervenbelastung mit zunehmender Dauer des Elfmeterschießens von Schuss zu Schuss steigt. Wir wollen dies nun in einem einfachen Modell simulieren und gehen davon aus, dass sich die Trefferwahrscheinlichkeit $p_{i,j}$ des i-besten Schützen beim j-ten Schuss folgendermaßen berechnen lässt (i, j = 1 bis 5): $p_{i,j} = p_i - j \times p_{nerv}$.

Dabei ist p_i die Trefferwahrscheinlichkeit des i-besten Schützen ohne Nervenbelastung also beispielsweise im Training. p_{nerv} ist der Betrag, um den sich die Trefferwahrscheinlichkeit von Schuss zu Schuss aufgrund der steigenden Nervenbelastung verringert. Die obige Formel besagt also, dass die Nervenbelastung linear mit jedem Schuss für einen Spieler ansteigt. Bei dem fünften Schützen verringert die Nervenbelastung also seine Trefferwahrscheinlichkeit um $5 \times p_{nerv}$. Sicher ist dieses Modell viel zu einfach, um die Realität wiederzugeben, aber prinzipielle Aussagen lässt es schon zu, wie wir weiter unten sehen werden.

Wir wollen mit realistischen Zahlen weiterrechnen und für die Wahrscheinlichkeiten p_i die folgenden Zahlen annehmen: $p_1 = 0{,}85$, $p_2 = 0{,}80$, $p_3 = 0{,}75$, $p_4 = 0{,}70$, $p_5 = 0{,}65$. In der Bundesliga werden etwa 75 % bis 80 % aller Strafstöße verwandelt. p_1 wäre also der Wert für einen besonders guten Schützen, p_2 und p_3 sind Bundesliga-Durchschnitt, p_4 und p_5 entsprechen den Werten eher schwächerer Schützen. Eine Analyse aller Elfmeterschießen der Weltmeisterschaften von 1982 bis 1998 und der Europameisterschaft 1996 ergibt mit $p_1 = 0{,}86$, $p_2 = 0{,}81$, $p_3 = 0{,}78$, $p_4 = 0{,}72$, $p_5 = 0{,}66$ leicht höhere Werte als die oben angenommenen. Insgesamt scheint es sich aber durchaus um realistische Zahlen zu handeln, welche die Spanne der Qualität der Elfmeterschützen innerhalb einer Mannschaft gut widerspiegeln. Für die Nervenbelastung setzen wir den Wert $p_{nerv} = 0,01$ an. Dieser Wert ist recht willkürlich gewählt, da die Nervenbelastung nur schwer messbar ist. Zur Demonstration des Prinzips reicht er jedoch aus. Die Größenordnung von p_{nerv} erscheint aber vernünftig, weil die Nervenbelastung den einzelnen Schützen auch nicht zu stark beeinflussen sollte.

Nun können wir uns wieder die Wahrscheinlichkeit P für fünf Treffer in einem Elfmeterschießen ausrechnen. Wir berechnen zunächst den Fall, dass die Spieler der Stärke nach in absteigender Reihenfolge zum Elfmeter antreten, der stärkste Spieler schießt also zuerst, der zweitstärkste danach etc. Für die Wahrscheinlichkeit P_{1-5} von fünf Treffern ergibt sich dann: $P_{1-5} = (0,85 - 1 \times 0,01) \times (0,80 - 2 \times 0,01) \times (0,75 - 3 \times 0,01) \times (0,70 - 4 \times 0,01) \times (0,65 - 5 \times 0,01) = 0,187$.

Im umgekehrten Fall, d.h. dass die Spieler der Stärke nach in aufsteigender Reihenfolge zum Elfmeter antreten, der schwächste Spieler also zuerst schießt, der zweitschwächste danach etc., gilt für die Wahrscheinlichkeit P_{5-1} von fünf Treffern: $P_{5-1} = (0,65 - 1 \times 0,01) \times (0,70 - 2 \times 0,01) \times (0,75 - 3 \times 0,01) \times (0,80 - 4 \times 0,01) \times (0,85 - 5 \times 0,01) = 0,191$.

Im zweiten Fall ist die Wahrscheinlichkeit für fünf Treffer beim Elfmeterschießen leicht gestiegen – es ist also etwas besser, zunächst die schwächeren Schützen antreten zu lassen und am Ende erst die stärksten.

Wir können nun noch eine gemischte Taktik testen. Man könnte argumentieren, dass auf jeden Fall der stärkste Schütze am Anfang mit dabei sein sollte, da jeder verwandelte Elfmeter dem Team beim Weiterkommen hilft. Deswegen berechnen wir jetzt einmal die Wahrscheinlichkeit P_{51423} dafür, dass der schwächste Schütze beginnt, danach der stärkste schießt, dann der zweitschwächste, dann der zweitstärkste und am Ende schließlich der drittbeste. Eine analoge Rechnung ergibt dann: $P_{51423} = (0{,}65 - 1 \times 0{,}01) \times (0{,}85 - 2 \times 0{,}01) \times (0{,}70 - 3 \times 0{,}01) \times (0{,}80 - 4 \times 0{,}01) \times (0{,}75 - 5 \times 0{,}01) = 0{,}189$.

Diese Zahl ist zwar größer als P_{1-5}, aber immer noch kleiner als P_{5-1}. Somit ist diese Reihenfolge der Schützen auch nicht besser als die, bei der nach aufsteigender Stärke geschossen wird. Allgemein lässt sich zeigen, dass P_{5-1} der größte Wert ist, den man erzielen kann. Mithin handelt es sich bei der Reihenfolge der Elfmeterschützen, die den schwächsten zuerst in die Pflicht nimmt, den zweitschwächsten danach etc. um die beste mögliche Reihenfolge, fünf Treffer beim Elfmeterschießen zu erzielen und es damit möglicherweise auch zu gewinnen. Mathematisch folgt dies aus der Tatsache, dass ein Produkt von in unserem Fall fünf Zahlen, deren Summe gleich ist, immer dann am größten ist, wenn die einzelnen Faktoren möglichst gleich groß sind. Dies kann man sich am einfachsten an einem Beispiel mit zwei Zahlen, deren Summe 8 sein soll, klarmachen. Hier ist $4 \times 4 = 16$ größer als $3 \times 5 = 15$, und dies ist wieder größer als $2 \times 6 = 12$ und $1 \times 7 = 7$.

Wir haben also berechnet, dass bei einem Elfmeterschießen immer der schwächste Schütze der fünf ausgewählten Spieler beginnen sollte, gefolgt vom zweitschwächsten etc. Dann ist die Wahrscheinlichkeit maximal, dass sich fünf Treffer am Ende ergeben, wenn man im Modell die gesteigerte Nervosität berücksichtigt, die sich mit zunehmender Zahl der geschossenen Elfmeter unweigerlich einstellt. Natürlich ist diese Aussage zunächst recht speziell und an unser einfaches

Modell mit der Annahme $p_{i,j} = p_i - j \times p_{nerv}$ für die Treffer-wahrscheinlichkeit gekoppelt. Auch ist noch lange nicht gesagt, dass fünf Treffer zum Erfolg in einem Elf-meterschießen nötig sind oder auch immer ausreichen. All dies müsste man im Rahmen einer umfangreichen Computersimulation prüfen. Genau dies haben Tim McGarry und Ian M. Franks getan, indem sie weitaus ausgefeiltere Modelle für die Trefferwahrscheinlichkeit und den Einfluss der Nervosität ausgearbeitet und im Rahmen von Computersimulationen direkt getestet haben, welche Taktik sich beim Elfmeterschießen durchsetzen würde.[12] Sie stellten fest, dass das, was wir oben im Rahmen recht einfacher Überlegungen veri-fiziert haben, auch ganz allgemein gilt. Bei einem Elf-meterschießen ist es immer am besten, wenn die fünf Schützen in umgekehrter Reihenfolge, also der schwächste zuerst, zum Strafstoß antreten. Sollte das Elfmeterschießen dann noch nicht entschieden sein, sollten aber immer die dann noch verbliebenen Schüt-zen in der Reihenfolge ihrer Stärke antreten, also der stärkste zuerst. Dies ist eine triviale Folgerung aus dem dann einsetzenden K. o.-System.

 Fazit: Die Reihenfolge der Schützen beim Elfmeter-schießen ist immer dann nicht gleichgültig, wenn Fak-toren wie eine erhöhte Nervenanspannung mit zuneh-mender Schusszahl mitberücksichtigt werden. Die beste Strategie ist diejenige, die der Intuition am meis-ten zu widersprechen scheint: Der schwächste Schütze sollte beginnen, danach der zweitschwächste usw., und der stärkste Schütze sollte den fünften Elfmeter treten.

12 T. McGarry, I. M. Franks, »On winning the penalty shoot-out in soccer«, in: *Journal of Sports Science*, Vol. 18, 2000, S. 401–409.

Wer hätte das gedacht? Ob das unserem Team 1976 bei der EM weitergeholfen hätte, ist nicht klar. Hier hätte man vorher im Training durch umfangreiche Studien eine Reihenfolge, gegeben durch die Trefferwahrscheinlichkeiten der einzelnen Spieler, aufstellen müssen. Vielleicht hätte sich Uli Hoeneß als Schütze des ersten Elfmeters leichter getan. Weiterhin ist zu bemerken, dass unsere Ausführungen gezeigt haben, dass sich Elfmetertraining überproportional auszahlt. Eine kleine Verbesserung der Trefferwahrscheinlichkeit führt wegen der Binomialverteilung oft zu einem merklich besseren Endergebnis im Elfmeterschießen.

Zum Abschluss dieses Abschnitts soll noch ein Vorschlag für eine Regeländerung bei großen Turnieren gemacht werden. 1994 ist Brasilien durch Elfmeterschießen gegen Italien Weltmeister geworden. Auch bei der WM 2006 wurde der Titel auf diese Weise vergeben. Bis zum Jahr 1970 wurde zumindest das Finale von großen Turnieren im Fall von Unentschieden nach 90 Minuten und Verlängerung durch ein Wiederholungsspiel und nicht durch Elfmeterschießen entschieden. Viele wichtige Spiele bei Welt- und Europameisterschaften, aber auch im Europapokal sind bisher schon durch diese zwar sehr spannende, aber eher an eine Lotterie erinnernde Nervenschlacht zu Ende gegangen. Dabei ist es höchst unangemessen, ein großes Turnier wie eine Weltmeisterschaft durch eine solche Entscheidung zu beenden. Wegen seines verschossenen Elfmeters konnten die Italiener 1994 beispielsweise Roberto Baggio den Verlust des Titels komplett anlasten, obwohl er vorher durchaus besser gespielt hatte als der Rest seines Teams. Elfmeterschießen polarisieren immer – sie produzieren Helden und Sündenböcke gleichermaßen. Das Elfmeterschießen trägt auch zum unattraktiven

Sicherheitsfußball maßgeblich mit bei, da häufig beide Mannschaften bei großen Turnieren auf diese Art der Entscheidung hoffen und gegen Ende der Verlängerung nicht mehr darauf bedacht sind, selbst Tore zu schießen, sondern nur noch Gegentore verhindern wollen. So wurden 1986 bei der WM in Mexiko drei von vier Viertelfinalpartien durch Elfmeterschießen entschieden. Beide Halbfinals der WM 1990 sind ebenfalls durch diese Lotterie beendet worden. Ein Elfmeterschießen ist aber immer noch besser als die Entscheidung, mit der der spätere Europameister Italien 1968 im Halbfinale der EM gegen die UdSSR nach einem 0:0 nach 90 Minuten plus Verlängerung ins Finale einzog. Man hat einfach eine Münze geworfen! Auch der 1. FC Köln hat im Viertelfinale des Europapokals der Landesmeister 1965 gegen den FC Liverpool diese äußerst bittere Erfahrung des Ausscheidens machen müssen. Hier war es sogar noch schlimmer: Nachdem das Hin- und das Rückspiel jeweils 0:0 ausgingen und das Entscheidungsspiel 2:2 endete, wurde noch auf dem Feld vom Schiedsrichter eine Münze geworfen. Nach dem ersten Wurf blieb die Münze senkrecht im Rasen stecken, und erst der zweite Wurf sorgte für große Bestürzung auf Kölner Seite. Dann bitte doch lieber Elfmeterschießen!

Hier also der neue Vorschlag: Man sollte ab dem Achtel- bzw. Viertelfinale bei einer WM bzw. EM und in den K. o.-Runden des Europapokals bereits *vor* jedem Spiel ein Elfmeterschießen abhalten! Der Gewinner wäre dann im Falle eines Unentschiedens nach Verlängerung der Sieger des Spiels. Der Vorteil dieser Regel ist, dass die Zuschauer einerseits bei jedem Spiel den Nervenkitzel und das Spektakel eines Elfmeterschießens genießen könnten, andererseits aber eines der beiden Teams beim Anpfiff bereits weiß, dass ihm ein Unentschieden nicht reicht. Dies würde zu deutlich attraktiveren Spielen in den K. o.-Runden der großen Turniere führen, bei denen man – wie vorher erwähnt – häufig das Gefühl hat, dass sich beide Mannschaften am Ende nur noch ins Elfmeterschießen retten möchten. Vielleicht denkt man darüber bei der FIFA ja einmal nach.

Der Druck des ersten Schützen

Druck erzeugt Gegendruck. In unserer Branche heißt das leider in den meisten Fällen: Dreck erzeugt Gegendreck.

(Der ehemalige Profi von Hertha BSC Berlin und Eintracht Frankfurt Axel Kruse zu den Mechanismen des Fußballs)

In der Münchner Allianz-Arena erreichte im Viertelfinale der WM 2006 beim Elfmeterschießen der deutschen Nationalmannschaft gegen Argentinien die Spannung einen Siedepunkt. Oliver Neuville hat diesen Showdown eröffnet. Wie groß muss wohl die Nervenbelastung des ersten Schützen sein? Neuville hat seinen Schuss verwandelt und das deutsche Team auf einen guten Weg gebracht. Doch um wie viel hat er die Siegchancen unserer Jungs durch seinen Treffer erhöht?

Beim Elfmeterschießen scheint es immer so, als ob der erste Schütze einer Mannschaft besonders wichtig ist. Er kann durch einen Treffer die Nervosität seiner Kameraden drastisch absenken. Umgekehrt setzt ein Fehlschuss seine Mannschaft sofort unter großen Druck. Wir wollen uns daher nun einer Frage zuwenden, die vorher schon einmal in einem anderen Zusammenhang diskutiert wurde. Wir hatten gesehen, dass eine mit 1:0

führende Mannschaft bereits mit einer sehr großen Wahrscheinlichkeit von über 80 % dieses Spiel nicht mehr verliert. Wie verhält es sich aber beim Elfmeterschießen? Mit welcher Wahrscheinlichkeit gewinnt oder verliert ein Team ein Elfmeterschießen, wenn der erste Schütze getroffen oder wenn er das Tor verfehlt hat?

Dies hängt ganz entscheidend von der Trefferwahrscheinlichkeit p der Schützen ab. Wir nehmen nun wieder vereinfachend an, dass diese Wahrscheinlichkeit für alle Schützen der beiden Mannschaften gleich groß ist. Mit etwas Kombinatorik lässt sich diese Frage dann wie im ersten Teil des vorigen Abschnitts beantworten. Die Grafik auf der gegenüberliegenden Seite zeigt das Resultat.

Wenn alle Spieler die gleiche Trefferwahrscheinlichkeit p haben, ist es klar, dass die Siegwahrscheinlichkeit am Anfang des Elfmeterschießens für beide Teams 0,5 ist. Dies ändert sich, wenn der erste Spieler seinen Elfmeter verwandelt. Dann gibt die obere Kurve in der Grafik an, wie groß die Wahrscheinlichkeit dafür ist, dass sein Team auch das ganze Elfmeterschießen gewinnt. Diese Kurve liegt immer oberhalb von 0,5, da durch einen Treffer die Siegwahrscheinlichkeit nur erhöht werden kann. Beispielsweise lesen wir ab, dass bei sehr schlechten Schützen mit p = 0,2 die Siegwahrscheinlichkeit von 0,5 auf 0,74 steigt, wenn der erste Schütze trifft. Bei guten Schützen mit p = 0,8, wie sie im Profifußball und bei Nationalmannschaften zu finden sind, steigt die Siegwahrscheinlichkeit hingegen nur um 6 % von 0,50 auf 0,56. Oliver Neuville hat durch seinen Treffer im Elfmeterschießen gegen Argentinien also noch nicht viel für seine Mannschaft gewonnen. Die untere Kurve gibt die gleiche Siegwahrscheinlichkeit an, nur dass jetzt der erste

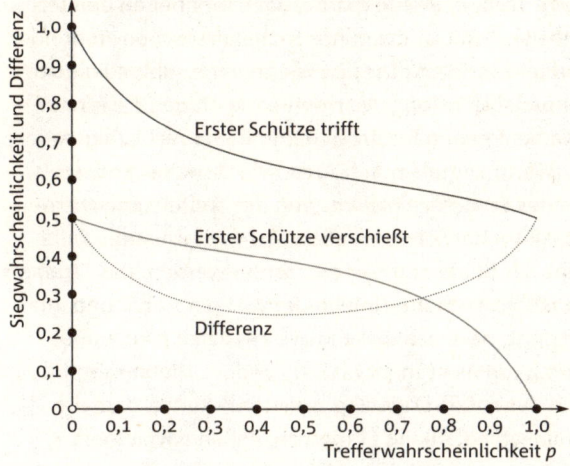

Siegwahrscheinlichkeit beim Elfmeterschießen, wenn der erste Schütze trifft bzw. verschießt

Siegwahrscheinlichkeit und Differenz

Erster Schütze trifft

Erster Schütze verschießt

Differenz

Trefferwahrscheinlichkeit *p*

Schütze seinen Strafstoß nicht im Tor unterbringt. Diese Kurve liegt immer unterhalb des Wertes von 0,5, denn ein Fehlschuss führt selbstverständlich immer zu einer Verringerung der Siegwahrscheinlichkeit. Bei schlechten Schützen auf beiden Seiten mit $p = 0,2$ lesen wir ab, dass dann die Siegwahrscheinlichkeit seines Teams nur um 6 % von 0,5 auf 0,44 abnimmt. Für sehr gute Schützen mit $p = 0,8$ ist dieser Fehlschuss hingegen fatal. Die Siegwahrscheinlichkeit sinkt stark um 24 % von 0,50 auf 0,26. Dies ist klar, da nun damit zu rechnen ist, dass die gegnerische Mannschaft sicher trifft. Sollte also einer unserer Nationalspieler schon beim ersten Schuss eines Elfmeterschießens bei der nächsten WM oder EM versagen, ist die Partie schon zu fast 75 % verloren – wer hätte das gedacht!

Wir wissen jetzt, dass Oliver Neuville bei seinem Elfmeter nicht viel gewinnen konnte. Trifft er, bringt es seine Truppe gerade einmal um 6 % näher an den Sieg. Trifft er nicht, ist die ganze Sache aber schon zu drei Vierteln verloren! Dies ist wieder eine subtile Folge der Binomialverteilung. Man sollte die obigen Berechnungen dem ersten Schützen daher lieber nicht zeigen.

Wenn wir uns nun fragen, wie stark das Endergebnis des Elfmeterschießens von der Trefferwahrscheinlichkeit p der Schützen abhängt, dann muss die Differenz der beiden Kurven betrachtet werden. Das Ergebnis ist die gestrichelte Linie in der vorigen Abbildung. Man erkennt, dass sich diese Kurve zwischen $p = 0,2$ und $p = 0,8$ um nicht mehr als 0,05 ändert. Hieraus ergibt sich das zutiefst bemerkenswerte Resultat, dass der Unterschied, ob ein Elfmeterschießen nach einem Treffer oder Fehlschuss des ersten Schützen noch gewonnen wird, nicht davon abhängt, wie gut die Elfmeterschützen treffen! Allerdings gilt auch diese Aussage genauso wie die Aussagen vorher nur für den Fall, dass alle Schützen beider Mannschaften die gleiche Trefferwahrscheinlichkeit p haben. Dies ist sicher nur eine grobe Näherung der realen Verhältnisse.

Und noch ein Tipp: Über die Fußballschuhe sagt die DFB-Regel 4 zur Ausrüstung der Spieler nur das Folgende aus: »Das Spielen in normalen Schuhen ist gestattet, wenn diese keine Gefährdung für andere Spieler darstellen. Das Spielen ohne Schuhe ist nicht erlaubt und mit indirektem Freistoß zu ahnden.« Wichtig hierbei ist der erste Satz. Jede Form von Schuhen scheint also erlaubt zu sein. Im Abschnitt über die Geschwindigkeit von Schüssen hatten wir gesehen, dass das Verhältnis der Ballmasse zur Masse des Unterschenkels plus Fuß und Schuh eine große Rolle spielt. Je größer die Masse des Schuhs, desto schneller sollte ein Schuss werden. Es wäre daher angebracht, spezielle Schuhe für ein Elfmeterschießen anzufertigen, die besonders schwer sind. Für das Spiel über 90 oder 120 Minuten wären sie sicher ungeeignet, denn sie würden die Kondition der Spieler zu stark strapazieren, da diese die Gewichte mit über den Platz schleppen müssten. Aber für das Elfmeterschießen wären sie sicher von großem Vorteil. Es ist erstaunlich, warum bisher keine speziellen Fußballschuhe für Elfmeterschützen entwickelt wurden und dieser einfache Trick noch von keinem Team aufgegriffen wurde.

Nach der Bundesliga ist vor dem Turnier

Es war ein wunderschöner Augenblick, als der Bundestrainer sagte: Komm, Steffen, zieh deine Sachen aus, jetzt geht's los.

(Steffen Freund beschreibt seine Gefühle in der Nationalmannschaft)

Nach einer Bundesliga-Saison in einem geraden Jahr ist der Fußball alles andere als vorbei. Es steht dann immer etwa vier bis sechs Wochen später ein Großereignis wie die WM 2014 in Brasilien oder die EM 2012 in Polen und der Ukraine vor der Tür. Daher werden wir nun ein Simulationsprogramm vorstellen, mit dem sich jeder seine eigene Welt- oder Europameisterschaft am Computer ausrechnen kann – nur für den Fall, dass man schon so gespannt auf das Großereignis ist und das Ergebnis unbedingt bereits jetzt wissen möchte. Zunächst wollen wir uns auf die Europameisterschaft konzentrieren, um danach zur Weltmeisterschaft überzugehen.

Wir machen wieder die Annahme, dass eine Fußballmannschaft im Prinzip nichts anderes ist als eine radioaktive Quelle, nur dass sie eben keine Strahlung emittiert, sondern Tore. Mit dieser Annahme haben wir vorher schon festgestellt, dass die Verteilung der Anzahl der Spiele mit jeweils k geschossenen Toren durch eine Poisson-Verteilung, die auch den radioaktiven Zerfall bestimmt, sehr gut beschrieben werden kann. Eine solche Verteilung beginnt immer bei einem bestimmten Wert, läuft dann durch ein Maximum und fällt für große Werte stark ab. Dabei liegt das Maximum ungefähr bei der mittleren Anzahl a der Tore. Für die Poisson-Verteilung gilt dann: $p_a(k) = a^k \times e^{-a}/k!$.

Diese Formel gibt nun wieder an, wie groß die Wahrscheinlichkeit $p_a(k)$ ist, dass ein Spiel mit einer Gesamtzahl von k Toren endet, wenn im Durchschnitt a Tore pro Spiel fallen. Die gleiche Formel gilt aber auch für eine einzelne Mannschaft: Die Wahrscheinlichkeit $p_a(k)$ ist dann die Wahrscheinlichkeit dafür, dass eine Mannschaft in einem Spiel k Tore erzielt, wenn sie im Durchschnitt a Tore pro Spiel schießt[13]. Dabei ist $e = 2{,}7182818\ldots$ die Euler'sche Zahl und $k! = 1 \times 2 \times \ldots \times (k-1) \times k$.

So weit waren wir schon für die Mannschaften der Fußball-Bundesliga gekommen. Nun schauen wir uns einmal die Verteilung der Tore bei allen EM-Qualifikationsspielen an.[14] Die Säulen der Grafik rechts zeigen die Zahl der EM-Qualifikationsspiele, bei denen insgesamt k Tore gefallen sind.

Man kann ablesen (dunkle Balken), dass es bisher knapp 200 EM-Qualifikationsspiele mit k = 1 Tor gab. Das

13 Zur Erinnerung: Es ist $e = 2{,}7182818\ldots$ die Euler'sche Zahl und $k! = 1 \times 2 \times \ldots \times (k-1) \times k$.
14 Die Daten sind wieder der Website www.dasfussballstudio.de entnommen.

Torverteilung bei EM-Qualifikationsspielen

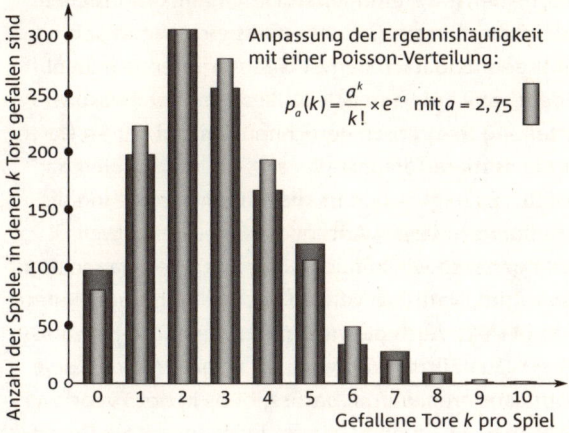

Anpassung der Ergebnishäufigkeit mit einer Poisson-Verteilung:

$$p_a(k) = \frac{a^k}{k!} \times e^{-a} \text{ mit } a = 2,75$$

sind alle Spiele mit den Endergebnissen 1:0 oder 0:1. Bei den meisten Spielen fallen jedoch zwei Tore, da Endergebnisse wie 2:0, 0:2 und 1:1 relativ häufig vorkommen. Insgesamt ist dies bisher knapp über 300-mal passiert. Auch vier und fünf Tore sind noch recht häufig, während die Kurve dann für größere Toranzahlen k schnell abfällt. 13 Tore, wie beim 13:0 der deutschen Nationalmannschaft im EM-Qualifikationsspiel im Jahr 2007 gegen San Marino, kommen zwar vor, sind aber doch äußerst selten.

Wenn wir nun die durchschnittliche Anzahl von Toren eines Spiels ausrechnen, ergibt sich der Mittelwert a = 2,75. Mit diesem Wert und der oben angegebenen Formel für die Poisson-Verteilung kann man wieder die Wahrscheinlichkeit $p_a(k)$ dafür ausrechnen, dass in einem Spiel k Tore fallen, wenn die Mannschaften im Durchschnitt a = 2,75 Tore pro Spiel erzielen.

Wird diese Wahrscheinlichkeit mit der Gesamtzahl aller bisher stattgefundenen EM-Qualifikationsspiele multipliziert, ergibt sich ebenfalls eine Verteilung der Ergebnisse nach den gefallenen Toren pro Spiel. In der Grafik auf Seite 343 ist diese mit der Poisson-Verteilung theoretisch berechnete Anzahl der Spiele für die mittlere Toranzahl a = 2,75 als helle Säulen dargestellt. Es zeigt sich, dass die Poisson-Verteilung die Verteilungskurve der Anzahl der Spiele mit jeweils k Toren genauso wie bei der Fußball-Bundesliga recht gut wiedergibt. Natürlich ist die Übereinstimmung wieder nicht perfekt. Auch diesmal gibt es mehr 0:0-Ergebnisse bei EM-Qualifikationsspielen, als es die Poisson-Kurve prognostizieren würde. Dafür gibt es in der Theorie deutlich mehr Ergebnisse mit einem Tor, also 1:0- und 0:1-Resultate, als bisher in der Realität. Diesen Effekt hatten wir schon bei der Analyse der Bundesliga-Ergebnisse gesehen. Hier scheint sich also eine gewisse Systematik anzudeuten, die wir jetzt nicht weiter ergründen wollen. Eine Fußballmannschaft schießt also nicht nur in der Bundesliga mit derselben Wahrscheinlichkeit Tore, mit der radioaktive Atomkerne zerfallen, dies gilt vielmehr auch für Nationalmannschaften bei EM-Qualifikationsspielen. Wieder bleibt zu bemerken, dass in der Theorie diese Tore unkorreliert fallen, d. h. ein Tor beeinflusst das Fallen des nächsten Tores nicht. Das ist in der Realität natürlich nicht unbedingt gewährleistet, da eine Mannschaft durchaus ihre Taktik ändern kann, nachdem sie ein Tor geschossen oder hingenommen hat. Allerdings zeigt eine Detailanalyse, wie wir sie auch schon durchgeführt haben, dass die Korrelation von Toren beim Fußball in der Tat sehr schwach ist.

Damit haben wir alles beisammen, was wir für eine EM-Simulation benötigen. Wir wissen, dass jede Mannschaft Tore mit einer Wahrscheinlichkeit schießt, die der Poisson-Verteilung entspricht. Um diese Wahrscheinlichkeit auszurechnen, müssen wir lediglich eine mittlere Toranzahl a für jede Mannschaft ansetzen. Hier bietet es sich an, die durchschnittlich bei der letzten EM-Qualifikationsrunde erzielte Trefferanzahl für jedes Team als Spielstärke zu nehmen. Dadurch wird das aktuelle Leistungsvermögen der Mannschaften am besten reflektiert. Die Durchschnittswerte a für jedes Team für die Europameisterschaft 2008 sind in der Tabelle auf Seite 346 aufgeführt.

Deutschland hat also die meisten Treffer pro Qualifikationsspiel erzielt, nämlich erstaunliche 2,92, gefolgt von Kroatien mit 2,33. Für die Gastgeber Schweiz und Österreich haben wir hier die durchschnittliche Trefferanzahl angesetzt, die diese Mannschaften bisher bei Großereignissen vorzuweisen haben, da sie sich für die EM 2008 nicht qualifizieren mussten. In beiden Fällen ist dies sicher eher großzügig zum Vorteil der Heimmannschaften gerechnet.

Nun kann die Simulation beginnen: Man errechnet jetzt einfach per Zufallszahlengenerator mit der Poisson-Verteilung eine Zahl von Toren, die eine Mannschaft erzielt, und tut das Gleiche für den Gegner. So können also einzelne Partien per Computer simuliert werden. Dies kann man dann für alle Spiele in den EM-Gruppen durchführen und erhält die jeweiligen Tabellen, aus denen sich dann die Viertelfinalisten ergeben. Diese Spiele berechnet man nun ebenfalls nach dem gleichen Schema und erhält die Halbfinalisten und dann die Finalisten und schließlich den Europameister. Dieser Europameister besagt allerdings noch nicht viel, da der Zufall hier eine große Rolle gespielt hat. Je nach verwendeten Zufallszahlen wird möglicherweise ein ande-

EM 2008: Durchschnittliche Toranzahl der Endrunden-teilnehmer in der Qualifikation

Gruppe A	a	Gruppe B	a
1. Schweiz	1,50	1. Österreich	1,48
2. Tschechien	2,25	2. Kroatien	2,33
3. Portugal	1,71	3. Deutschland	2,92
4. Türkei	2,08	4. Polen	1,71

Gruppe C	a	Gruppe D	a
1. Niederlande	1,25	1. Griechenland	2,08
2. Italien	1,83	2. Schweden	1,92
3. Rumänien	2,17	3. Spanien	1,92
4. Frankreich	2,08	4. Russland	1,50

res Team den (virtuellen!) Titel erringen. Um diesen Effekt auszuschalten, muss nun das EM-Turnier sehr häufig, etwa 100 000-mal, durchgespielt werden. Wenn sich dabei Deutschland 25 000-mal als Europameister ergibt, dann kann man dies geteilt durch 100 000 annähernd als die Wahrscheinlichkeit für den Titel-gewinn unserer Jungs ansehen. Auf diese Weise kann für jedes Team eine Wahrscheinlichkeit berechnet werden, den Europameisterschafts-Pokal mit nach Hause zu nehmen. Die Grafik auf der nächsten Seite zeigt Ergebnisse solcher Simulationen.

In der linken Spalte sind die Wahrscheinlichkeiten für den Titelgewinn der einzelnen EM-Teams aufgeführt, wie sie sich nach dem obigen Modell aus den Torraten der Qualifikationsspiele für die EM 2008 berechnen lassen. Deutschland hatte also genau genommen eine Titelwahrscheinlichkeit von 24,75 %. Übrigens geht es hier nur um die Frage nach dem wahrscheinlichsten

Wahrscheinlichkeiten für den EM-Titelgewinn 2008

Mit Torraten EM-Qualifikation		*Mit Torraten Deutschland +1*		*Mit Deutschland +1, sonst −1*	
Deutschland	24,75 %	Deutschland	48,15 %	Deutschland	80,60 %
Kroatien	10,59 %	Kroatien	7,35 %	Kroatien	3,76 %
Tschechien	9,34 %	Tschechien	6,56 %	Tschechien	3,02 %
Rumänien	8,88 %	Rumänien	6,21 %	Rumänien	2,87 %
Griechenland	7,37 %	Frankreich	5,20 %	Frankreich	2,13 %
Frankreich	7,34 %	Griechenland	5,05 %	Griechenland	1,99 %
Türkei	6,76 %	Türkei	4,55 %	Türkei	1,81 %
Spanien	5,06 %	Spanien	3,62 %	Schweden	1,13 %
Schweden	5,03 %	Schweden	3,56 %	Spanien	1,09 %
Italien	4,25 %	Italien	2,91 %	Italien	0,78 %
Portugal	2,81 %	Portugal	1,84 %	Portugal	0,33 %
Polen	2,69 %	Polen	1,75 %	Polen	0,30 %
Russland	1,59 %	Russland	1,10 %	Russland	0,09 %
Schweiz	1,51 %	Schweiz	0,90 %	Schweiz	0,07 %
Österreich	1,36 %	Österreich	0,83 %	Österreich	0,05 %
Niederlande	0,68 %	Niederlande	0,41 %	Niederlande	0,00 %

Europameister. Die Tabelle bedeutet nicht, dass Kroatien Zweiter und Tschechien Dritter wird, sondern dass Kroatien die zweitgrößte Wahrscheinlichkeit hatte, den Titel zu erringen, und Tschechien die drittgrößte – über zweite und dritte Plätze sagt die obige Tabelle hingegen nichts aus. Sie sind auch uninteressant, denn vielleicht sagt dem einen oder anderen der Spruch »Der Zweite ist bereits der erste Verlierer!« etwas – schon wer Zweiter wird, interessiert wirklich niemanden mehr. Oder wissen Sie noch, was der zweite Mann auf dem Mond Buzz Aldrin gesagt hat, als er den Erdtrabanten betrat?

24,75 % Wahrscheinlichkeit für den Titelgewinn sind zwar schon recht gut im Vergleich zu den anderen

Nationen, aber irgendwie ist das noch nicht wirklich überzeugend. Dieser Prozentsatz kann jedoch noch durch weitere »statistische Maßnahmen« gesteigert werden. Bisher war es beispielsweise immer so, dass jeder Bundestrainer seine Spieler gerade in der Phase kurz vor einem großen Turnier besonders motivieren konnte. Man denke nur an die unterschiedliche Verfassung der Nationalmannschaft vor und während der letzten Weltmeisterschaft. Es war also 2008 zu hoffen, dass Jogi Löw unsere Jungs so »heiß« machen kann, dass sie im Schnitt sogar noch ein Tor drauflegen können. Wenn wir dann wieder die Europameisterschaft am Computer durchspielen, ergibt sich die mittlere Spalte in der obigen Grafik mit einer Wahrscheinlichkeit von 48,15 % für den Titelgewinn des deutschen Teams – nicht schlecht, aber immer noch nicht wirklich überzeugend. Vor der EM 2008 wurde der Leverkusener René Adler anstelle von Timo Hildebrand als Ersatztorhüter nominiert. Hätte Jens Lehmann sich in der Vorbereitung verletzt (was ihm natürlich keiner gewünscht hat!), wäre dieser Klassetorwart zum Einsatz gekommen. Die restlichen Teams wären von dieser Maßnahme dann sicher so geschockt gewesen, dass sie im Schnitt ein Tor weniger erzielt hätten als in der Qualifikation. Wenn wir diesen »René-Adler-Effekt« also mit in der Simulation berücksichtigen, ergeben sich die Wahrscheinlichkeiten in der rechten Spalte mit einer Titelchance von über 80 % für unsere Jungs! Ein netter Zusatzeffekt ist, dass die rechte Spalte für den Titelgewinn der Holländer dann satte 0,00 % ausweist – hier hat die Prognose also wenigstens gestimmt. Den »René-Adler-Effekt« hat es aber nicht gegeben, da Jens Lehmann im Tor stand – das Ergebnis ist bekannt ...

Wir finden also bestätigt, dass sich auch die Nationalmannschaften der Europameisterschafts-Endrunde
in den Qualifikationsspielen wie radioaktive Quellen
verhalten haben. Sie »emittierten« Tore mit der gleichen Wahrscheinlichkeitsverteilung, mit der Atomkerne
zerfallen. Diese Beobachtung erlaubt es, Ergebnisse
bei der EM-Endrunde mit relativ einfachen Formeln zu
berechnen, woraus dann durch häufiges Simulieren des
ganzen Turniers Wahrscheinlichkeiten der einzelnen
Mannschaften für den Titelgewinn abgeleitet werden
können. Diese Wahrscheinlichkeiten hängen natürlich
zum größten Teil (aber nicht nur!) davon ab, welche
mittlere Torrate in der Simulation für die Poisson-Verteilungen angesetzt wird. Hier kann der Leser gern
einmal selbst mit den Torraten herumspielen, da weiter
unten die Adresse zum Herunterladen des Simulations-
programms inklusive der Anleitung zur Installation
zu finden ist. Es muss noch angemerkt werden, dass das
diskutierte Modell mit den Poisson-Verteilungen für
die geschossenen Tore wieder ein reines Offensivmodell
ist. Die Spielstärke einer Mannschaft wird dabei ausschließlich über die Fähigkeit definiert, ein Tor zu erzielen, und nicht darüber, eines zu verhindern. Die Stärke
der Abwehrreihen bleibt also völlig unberücksichtigt.
Deswegen könnte man das Modell sicher noch deutlich
weiter verfeinern – probieren Sie es doch einfach einmal selbst aus!

Das Endergebnis des Endspiels der EM 2008, 1:0 für
Spanien, war übrigens äußerst unwahrscheinlich. Es
hatte nur eine Wahrscheinlichkeit von 1,5 %, wenn
wieder eine Poisson-Verteilung der Ergebnisse und die
Torraten aus der EM-Qualifikation zugrunde gelegt
werden. Die wahrscheinlichsten Ergebnisse wären ein
2:1 oder 3:1 für das deutsche Team gewesen. Für diese

Ergebnisse waren die Wahrscheinlichkeiten mit 6,4 % bzw. 6,3 % fast dreimal so hoch. Dies ist sicher nur ein schwacher Trost für alle Fans. Fußball muss man eben trotz aller Mathematik doch immer noch spielen ...

Eine ähnliche Simulation wurde auch für die Weltmeisterschaft 2006 durchgeführt. Hier nehmen wir einmal als durchschnittliche Torraten der Mannschaften die Werte an, welche die qualifizierten Mannschaften bisher bei Weltmeisterschaften erzielten. Sie sind in der Tabelle auf der gegenüberliegenden Seite zu sehen.

Dies sind nun wieder die Mittelwerte a, die für die Poisson-Verteilungen bei den Simulationen benötigt werden. Deutschland hatte also vor der WM 2006 mit 2,07 Toren die drittmeisten Treffer pro Spiel nach Brasilien und Portugal bei WM-Endrunden erzielt. Für Mannschaften wie die aus Trinidad und Tobago oder Togo, die sich bisher noch nie für eine WM-Endrunde qualifiziert hatten, wurde 0,1 als Durchschnittswert für die Torrate angenommen. Natürlich ist all dies etwas willkürlich, denn was sollen die aktuellen Torraten einer Mannschaft mit den in der Vergangenheit von ganz anderen Teams erzielten Treffern zu tun haben? Genau – gar nichts! Aber etwas Besseres können wir im Prinzip nicht machen, außer wir würden wieder die WM-Qualifikationsspiele heranziehen. Diese reflektieren selbstverständlich etwas besser die aktuelle Spielstärke einer Mannschaft. Wir haben dies aber schon bei der Europameisterschaft getan und wollen nun etwas anderes versuchen, weshalb wir bei den durchschnittlich bei WM-Endrunden vor 2006 erzielten Treffern als Torraten für die Poissson-Verteilungen bleiben. Eine Simulation des Weltmeisterschaftsturniers liefert nun das wahrscheinlichste Ergebnis

Durchschnittlich erzielte Treffer der Endrundenteilnehmer vor der WM 2006

Gruppe A	a	Gruppe B	a
Deutschland	2,07	England	1,36
Costa Rica	1,28	Paraguay	1,31
Polen	1,50	Trinidad und Tobago	0,10
Ecuador	0,66	Schweden	1,69

Gruppe C	a	Gruppe D	a
Argentinien	1,70	Mexiko	1,05
Elfenbeinküste	0,10	Iran	0,66
Serbien und Montenegro	1,62	Angola	0,10
Niederlande	1,75	Portugal	2,08

Gruppe E	a	Gruppe F	a
Italien	1,57	Brasilien	2,19
Ghana	0,10	Kroatien	1,30
USA	1,14	Australien	0,10
Tschechien	1,46	Japan	0,86

Gruppe G	a	Gruppe H	a
Frankreich	1,95	Spanien	1,58
Schweiz	1,50	Ukraine	0,10
Südkorea	0,90	Tunesien	0,55
Togo	0,10	Saudi Arabien	0,70

der WM 2006 unter der Annahme, dass sich alles in etwa so weiterentwickelt, wie es sich bei den 17 Turnieren vorher ergeben hat. Überraschungen können so natürlich nicht prognostiziert werden. Aber wer kann das schon? Eine ähnliche Simulation am Computer wie die vorher für die EM 2008 beschriebene liefert die Wahrscheinlichkeiten für den Titelgewinn bei der letzten Weltmeisterschaft 2006, wie sie in der Grafik auf der nächsten Seite zu sehen sind.

Die linke Spalte zeigt, dass unter diesen Annahmen Brasilien mit 15,56 % die höchste Titelwahrscheinlichkeit hatte, gefolgt von Frankreich und Portugal mit 11,99 % und unserem Team mit immerhin noch 10,69 %. Interessant ist, dass Frankreich zwar eine geringere Torrate hat als Portugal und Deutschland, sich dies aber wegen der unterschiedlichen Gegner auf dem Weg ins Finale bei den Titelwahrscheinlichkeiten fast umkehrt. Berücksichtigen wir nun, dass unser Team Heimvorteil hatte und sich ein solcher Heimvorteil bei Weltmeisterschaften fast immer mit einer um einen Treffer erhöhten Torrate auswirkte, dann ergeben sich die Titelwahrscheinlichkeiten in der mittleren Spalte der vorigen Grafik. Der Titelgewinn ist nun schon zu 33,18 % sicher. Der bei den bisherigen Weltmeisterschaftsturnieren maximal erreichte Heimvorteil war sogar ein Plus von zwei Toren bei der WM 1950 in Brasilien. Dort schoss die Heimmannschaft sogar zwei Treffer mehr, als sie sonst im Durchschnitt bei Weltmeisterschaften erzielt hat. Zwar reichte es nicht zum Titel, da die Brasilianer das entscheidende Spiel gegen Uruguay mit 2:1 vor 200 000 Zuschauern verloren haben, aber das ist eben Statistik. Zwei Treffer im Durchschnitt mehr kann also der Heimvorteil maximal ausmachen. Wenn man das für das deutsche Team berücksichtigt, ergeben sich die Werte in der rechten Spalte der Tabelle auf der nächsten Seite. Deutschland holt dann mit 56,39 %iger Wahrscheinlichkeit den Weltpokal. Das ist doch ganz ordentlich, aber warum haben die

Wahrscheinlichkeiten für den WM-Titelgewinn 2006

Mit Torraten bei WMs		Deutsche Torrate Plus 1		Deutsche Torrate Plus 2	
Brasilien	15,56%	Deutschland	33,18%	Deutschland	56,39%
Portugal	11,99%	Brasilien	12,25%	Brasilien	9,38%
Frankreich	11,99%	Frankreich	9,26%	Portugal	6,33%
Deutschland	10,69%	Portugal	9,25%	Frankreich	6,01%
Niederlande	5,81%	Niederlande	4,25%	Niederlande	2,68%
Argentinien	5,16%	Spanien	3,93%	Spanien	2,56%
Schweden	5,06%	Argentinien	3,79%	Argentinien	2,38%
Spanien	5,03%	Schweden	3,69%	Schweden	2,32%
Schweiz	4,39%	Italien	3,21%	Schweiz	2,12%
Italien	4,26%	Schweiz	3,19%	Italien	2,00%
Serbien	4,24%	Serbien	3,03%	Serbien	1,92%
Tschechien	3,11%	Tschechien	2,36%	Tschechien	1,50%
Polen	2,83%	Polen	1,95%	Polen	1,25%
Kroatien	2,22%	Kroatien	1,52%	Kroatien	1,03%
England	2,00%	England	1,35%	England	0,82%
Paraquay	1,66%	Paraguay	1,07%	Paraguay	0,66%

Deutschen den Titel dann 2006 nicht geholt? Sie haben zwar viele Tore geschossen, ziemlich genau zwei pro Spiel im Schnitt, aber sie hätten vier Tore im Schnitt erzielen müssen, um die Parameter der Simulation für die rechte Spalte zu erfüllen. Fußball ist eben wieder einmal keine Mathematik, wie Karl-Heinz Rummenigge einst so treffend bemerkte![15]

15 Auch für die WM-Endrunde gibt es ein Simulationsprogramm zum Ausprobieren. Die Simulationsprogramme für EM- und WM-Endrunden wurden von Dr. Robert Fendt geschrieben und sind mit den Bedienungsanleitungen zum direkten Download hier zu finden: http://e1.physik.tu-dortmund.de/EM-Simulation.zip http://e1.physik.tu-dortmund.de/WM-Simulation.zip

Die WM-Formel

*Ich glaube, dass die deutsche Mannschaft über Jahre
hinaus nicht zu besiegen sein wird. Das tut mir leid
für den Rest der Welt.*

(Der scheidende Teamchef Franz Beckenbauer
nach dem WM-Triumph 1990)

Wir haben im vorigen Abschnitt gesehen, dass man
mit einem einfachen Modell des Fußballspiels eine
ganze Europa- oder Weltmeisterschaft simulieren
und somit Wahrscheinlichkeiten für den Titelgewinn
berechnen kann. Dies ist sicher eine feine Sache, doch
was bedeutet es, wenn Deutschland mit 56,39 %iger
Wahrscheinlichkeit Weltmeister wird? Das bedeutet
eben auch, dass der Titel mit 43,61 %iger Wahrscheinlichkeit *nicht* von unserer Mannschaft errungen wird.
Wenn man es also ganz genau wissen möchte, benötigt
man keine Wahrscheinlichkeitsaussage, sondern eine
Formel für den Titelgewinn. Gibt es so etwas? Es ist
sicher überflüssig zu erwähnen, dass die folgenden
Ausführungen nicht zu ernst genommen werden sollten, auch wenn sie vielleicht den einen oder anderen
überzeugen werden.

Was soll die gesuchte Formel leisten? Am schönsten
wäre eine Formel, bei der man die Nummer der Weltmeisterschaft einsetzt und dann die Platzierung des
deutschen Teams herauskommt. Hierfür müssen wir
also erst einmal eine Übersicht über die Platzierungen
unserer Nationalmannschaft bei Weltmeisterschafts-
Endrunden gewinnen.

Eine entsprechende Auswertung ergibt, dass
Deutschland sich bisher immer qualifiziert hat, wenn

man an einer Endrunde teilnehmen wollte oder durfte. 1930 bei der ersten Weltmeisterschaft in Uruguay wollte man nicht teilnehmen. Der Austragungsmodus war im K. o.-System von Anfang an. Dies hätte bedeutet, dass man möglicherweise die beschwerliche und teuere Schiffsreise nach Südamerika nur für ein einziges Spiel hätte machen müssen. 1950 bei der WM-Endrunde in Brasilien durfte eine deutsche Nationalmannschaft wegen des Zweiten Weltkriegs noch nicht auf der internationalen Bühne mitspielen. Dies war erst wieder 1954 in der Schweiz gestattet – mit dem bekannten Ausgang. Von 1934 bis 2006 gab es daher 16 WM-Endrunden mit deutscher Beteiligung. Wir nummerieren sie nun chronologisch von 1 bis 16 durch. Die 19. Fußball-Weltmeisterschaft in Südafrika war dann also für uns die WM mit der Nummer 17, und die 20. in Brasilien wird 2014 die Nummer 18.

Bei der Betrachtung der Platzierung des deutschen Teams bei der jeweiligen Weltmeisterschaft fällt eine gewisse Periodizität auf. Im Durchschnitt erreicht unser Team den Platz 3,7. Allerdings haben wir offenbar alle vier bis fünf Turniere ein besonders starkes Team, das weit kommt. Eine periodische Funktion ist beispielsweise die aus der Schule hinlänglich bekannte Kosinus-Funktion. Wir versuchen daher die Platzierungen P(n) der deutschen Mannschaft mit folgender Kosinus-Funktion zu beschreiben:

$$P(n) = \left(\bar{P} + \frac{1}{2}\right) + \left(\bar{P} - \frac{1}{2}\right) \times \cos\left(\frac{2\pi}{N}n\right)$$

Platzierung bei der n-ten WM	Mittlere Platzierung bei allen vorherigen Weltmeisterschaften $\bar{P} = 3{,}7$	Periode »starker« deutscher WM-Teams $N = 4{,}5$

Was bedeutet nun diese WM-Formel? Der Ausdruck P(n) ist die Platzierung des deutschen Teams als Funktion der Nummer n der Weltmeisterschaft mit deutscher Beteiligung. Diese Formel liefert also genau das, was wir am Anfang wollten: den Platz unserer Jungs, berechnet aus den Platzierungen bei vorigen WM-Turnieren, ohne schwammige Wahrscheinlichkeitsaussagen. Auf der rechten Seite steht nun, wie man diesen Platz berechnet. Der Wert $\bar{P} = 3{,}7$ gibt die bisherige durchschnittliche Platzierung der deutschen Teams an, und $N = 4{,}5$ ist die Periode der starken Mannschaften[16]. Wir hatten gesehen, dass Deutschland so alle vier bis fünf WM-Endrunden eine besonders starke Mannschaft ins Rennen schickt. Ganz rechts steht dann die Kosinus-Funktion, die für die Periodizität sorgt. Für Experten sei bemerkt, dass das Argument der Kosinus-Funktion in Bogenmaß einzusetzen ist. Deswegen kommt es hier noch zum Faktor $2 \times \pi$. Man muss dann auch noch das Ergebnis der rechten Seite auf eine ganze Zahl runden, da Platzierungen immer ganze Zahlen sind. Das Ergebnis der vorher gezeigten WM-Formel ist in der Abbildung auf Seite 357 als hellere Linie zu sehen.

Man erkennt, dass die mit der WM-Formel berechneten Platzierungen überraschend gut mit den tatsächlichen (dunklere Linie) übereinstimmen. Wenn wir nun $n = 16$ in die Formel einsetzen, dann ergibt sich $P(16) = 1{,}3$ bzw. $P(16) = 1$, da wir hier mit einer ganzen Zahl rechnen müssen. Die Klinsmann-Truppe hätte laut unserer Formel also den Titel sicher erringen müssen!

---

16 Genau genommen ist $\bar{P}$ nicht der Wert, um den die Kosinusfunktion schwankt, sondern $\bar{P} + \frac{1}{2}$. Dies sorgt dafür, dass die Funktion P(n) nicht über den Wert 1 hinauswachsen kann, weil es ja keinen besseren als den 1. Platz gibt.

Die Platzierung der deutschen Mannschaft bei den bisherigen Fußball-Weltmeisterschaften ... und in Zukunft

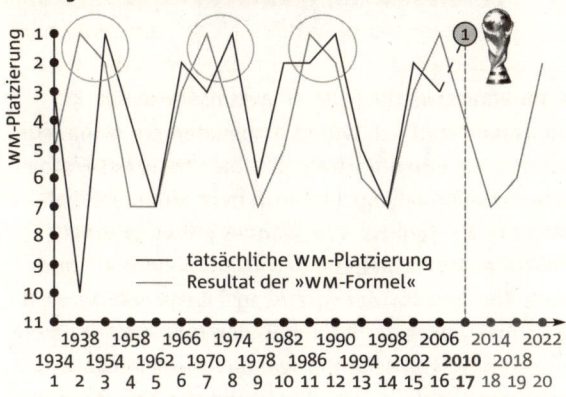

tatsächliche WM-Platzierung
Resultat der »WM-Formel«

Nach tollen Spielen wurde unsere Mannschaft 2006 im eigenen Land aber aber nur Dritter. Was ist hier bloß schiefgelaufen?

Wenn wir die hellere Linie in der vorigen Grafik genauer betrachten, erkennen wir, dass sie genau drei Mal den Titel für das deutsche Team anzeigt.

Allerdings ist die Formel im Vergleich zur dunkleren Linie, die die Realität widerspiegelt, immer eine Weltmeisterschaft im Voraus. Das konnte also nur bedeuten, dass unsere Jungs 2010 in Südafrika endlich wieder einmal dran waren mit dem Titel. Das ist so aber nicht eingetreten. Nach überragenden Spielen in Südafrika wurde Deutschland nur Weltmeister der Herzen. Unsere WM-Formel hat selbst in der korrigierten Version nicht funktioniert und liegt hoffentlich auch für 2014 daneben. Für 2014 brauchen wir deswegen eine neue Formel ...

Im Jahr 2006 fand die Fußball-Weltmeisterschaft in Deutschland statt. Ich wurde eingeladen, im Januar zur Einstimmung einen Vortrag über die Physik des Fußballspiels zu halten und suchte noch nach einem Paukenschlag für den Schluss. Wie wäre es mit einer WM-Formel – einer Formel, die den Triumph unserer Jungs bereits vor dem Turnier voraussagt? Genau das war es! Die Formel wurde der Renner in den Medien. Für einen »seriösen« Wissenschaftler war das aber eine äußerst ernüchternde Erkenntnis: Da forscht man seit zig Jahren an richtig wichtigen Dingen, veröffentlicht die Resultate auch fleißig in internationalen Fachzeitschriften und doch interessiert es keinen wirklich. Rechnet man aber etwas zusammen über Fußball, und dann noch eine Formel, bei der man deutlich das Augenzwinkern merkt, dann interessiert das plötzlich alle. Sogar die Nachrichtenagentur Al Jazeera! Fußball ist eben anders, oder wie es einmal der Liverpooler Trainer Bill Shankly ausgedrückt hat: »Manche sagen, beim Fußball gehe es um Leben oder Tod – dabei geht es um viel mehr!« So wurde die Idee zu diesem Buch geboren. Ich wollte mal wieder etwas schreiben, das die Welt wirklich interessiert…

Ich bedanke mich als erstes bei meinem Kollegen Professor Dr. Joachim Stolze für die gemeinsamen Vorlesungen zur Physik des Fußballs, die wir 2006 zur WM und 2008 zur EM gehalten haben. Sie haben mich zu einigen Gedanken in diesem Buch inspiriert. Professor Dr. Alfred Pflug danke ich für seinen Hinweis, dass Fußball nichts anderes ist als eine komplizierte Art, Bessel-Funktionen auszuspielen. Frank Prieß hat mir bei der technischen Umsetzung meiner Fußball-Vorträge wesentlich geholfen und auch das Manuskript des Buches kritisch durchgelesen. Für das Korrekturlesen des ersten Manuskriptentwurfes und ihre Anmerkungen danke ich Ralf Klüver und Ralph Wegner.

Mein Buch wurde im Piper Verlag wieder aufwendig begleitet und gestaltet. Mein größter Dank geht zunächst an meine Lektorin Katharina Wulffius, die das ganze Projekt angestoßen und hervorragend gemanagt hat, für die außerordentlich angenehme Zusammenarbeit. Ihre unermüdliche Unterstützung hat das Buch in der vorliegenden Form erst möglich gemacht. Wolfgang Gartmann danke ich für die gründliche Redaktion und die Überprüfung und Korrektur aller Fußball-Fakten. Einige peinliche Fehler haben es dank ihm nicht ins Buch geschafft. Janine Erdmann und Sebastian Lehnert danke ich für die sehr gelungene grafische Gestaltung. Die zahlreichen Abbildungen wären ohne den großen Einsatz von Florian Feldhaus von der TU Dortmund nicht so schön geworden.

Laut Sepp Herberger ist der nächste Gegner immer der Schwerste. Das gilt auch für Bücher: Das Schreiben des nächsten Buches ist immer am Schwersten ...

Metin Tolan, August 2011

Register der Grafiken,
Tabellen und Abbildungen